数字化人才职场赋能系列丛书

Java修炼指南

核心框架精讲

开课吧◎组编
肖爱良　胡　斌　刘小东　曹子方　杨富杰　李振东◎编著

本书从 Java 常用的三个框架入手，对 MyBatis、Dubbo、RocketMQ 的代码进行了深入解读，让读者可以从框架设计到实现细节上全面了解 Java 代码，并引领读者深入探索代码中的设计细节及架构模型。

本书分为 3 章：第 1 章为数据层主流框架——MyBatis 学习指南，解读 MyBatis 框架中关于接口层和配置文件解析过程；第 2 章为微服务 Dubbo 通信解密，阐述微服务 Dubbo 通信架构高扩展性架构设计原理，深度剖析 Netty 通信方式、Mina 通信方式、Grizzly 通信方式等；第 3 章为 RocketMQ 代码探索实践，详细解读 RocketMQ 架构原理、消息投递原理、消息消费原理、Broker 服务注册与发现、消息存储原理和事务消息原理，本书每章均配有重要知识点串讲视频。

本书适合 Java 从业人员阅读，可以帮助他们深入理解 Java 代码及核心框架，同时也适合对编译器感兴趣的读者阅读，使其真正掌握将编译器相关的理论知识应用到开发实践中的方法。

图书在版编目（CIP）数据

Java 修炼指南．核心框架精讲/肖爱良等编著．—北京：机械工业出版社，2020.8
（数字化人才职场赋能系列丛书）
ISBN 978-7-111-66016-3

Ⅰ．①J…　Ⅱ．①肖…　Ⅲ．①JAVA 语言-程序设计　Ⅳ．①TP312.8

中国版本图书馆 CIP 数据核字（2020）第 118306 号

机械工业出版社（北京市百万庄大街 22 号　邮政编码 100037）
策划编辑：尚　晨　　责任编辑：尚　晨　秦　菲
责任校对：张艳霞　　责任印制：张　博
三河市国英印务有限公司印刷

2020 年 8 月第 1 版 · 第 1 次印刷
184mm×260mm · 18.25 印张 · 451 千字
标准书号：ISBN 978-7-111-66016-3
定价：79.90 元

电话服务
客服电话：010-88361066
010-88379833
010-68326294

网络服务
机　工　官　网：www.cmpbook.com
机　工　官　博：weibo.com/cmp1952
金　书　网：www.golden-book.com
机工教育服务网：www.cmpedu.com

致数字化人才的一封信

如今，在全球范围内，数字化经济的爆发式增长带来了数字化人才需求量的急速上升。当前沿技术改变了商业逻辑时，企业与个人要想在新时代中保持竞争力，进行数字化转型不再是选择题，而是一道生存题。当然，数字化转型需要的不仅仅是技术人才，还需要能将设计思维、业务场景和ICT专业能力相结合的复合型人才，以及在垂直领域深度应用最新数字化技术的跨界人才。只有让全体人员在数字化技能上与时俱进，企业的数字化转型才能后继有力。

2020年对所有人来说注定是不平凡的一年，突如其来的新冠肺炎疫情席卷全球，对行业发展带来了极大冲击，在各方面异常艰难的形势下，AI、5G、大数据、物联网等前沿数字技术却为各行各业带来了颠覆性的变革。而企业的数字化变革不仅仅是对新技术的广泛应用，对企业未来的人才建设也提出了全新的挑战和要求，人才将成为组织数字化转型的决定性要素。与此同时，我们也可喜地看到，每一个身处时代变革中的人，都在加快步伐投入这场数字化转型升级的大潮，主动寻求更便捷的学习方式，努力更新知识结构，积极实现自我价值。

以开课吧为例，疫情期间学员的月均增长幅度达到300%，累计付费学员已超过400万。急速的学员增长一方面得益于国家对数字化人才发展的重视与政策扶持，另一方面源于疫情为在线教育发展按下的“加速键”。开课吧一直专注于前沿技术领域的人才培训，坚持课程内容“从产业中来到产业中去”，完全贴近行业实际发展，力求带动与反哺行业的原则与决心，也让自身抓住了这个时代机遇。

我们始终认为，教育是一种有温度的传递与唤醒，让每个人都能获得更好的职业成长的初心从未改变。这些年来，开课吧一直以最大限度地发挥教育资源的使用效率与规模效益为原则，在前沿技术培训领域持续深耕，并针对企业数字化转型中的不同需求细化了人才培养方案，即数字化领军人物培养解决方案、数字化专业人才培养解决方案、数字化应用人才培养方案。开课吧致力于在这个过程中积极为企业赋能，培养更多的数字化人才，并帮助更多人实现持续的职业提升、专业进阶。

希望阅读这封信的你，充分利用在线教育的优势，坚持对前沿知识的不断探索，紧跟数字化步伐，将终身学习贯穿于生活中的每一天。在人生的赛道上，我们有时会走弯路、会跌倒、会疲惫，但是只要还在路上，人生的代码就由我们自己来编写，只要在奔跑，就会一直矗立于浪尖！

希望追梦的你，能够在数字化时代的澎湃节奏中“乘风破浪”，我们每个平凡人的努力学习与奋斗，也将凝聚成国家发展的磅礴力量！

慧科集团创始人、董事长兼开课吧CEO　方业昌

前言

随着信息时代的到来，数字化经济革命的浪潮正在大刀阔斧地改变着人类的工作方式和生活方式。在数字化经济时代，从抓数字化管理人才、知识管理人才和复合型管理人才教育入手，加快培养知识经济人才队伍，为企业发展和提高企业核心竞争能力提供强有力的人才保障。目前，数字化经济在全球经济增长中扮演着越来越重要的角色，以互联网、云计算、大数据、物联网、人工智能为代表的数字技术近几年发展迅猛，数字技术与传统产业的深度融合释放出巨大能量，成为引领经济发展的强劲动力。

阅读优秀的源代码是软件工程师提高自身编程能力和学习开源框架的最佳手段之一。许多大咖写出过无数伟大的代码，后来者通过学习他们的编程技巧和技术风格，完成自己的作品，是一件非常值得且有意义的事情。都说读书有三境界，Java 源码解读亦如此。

第一层境界："昨夜西风凋碧树。独上高楼，望尽天涯路。"如果想做个有思想的程序员，成为一个有探索精神的"码农"和一个有创新精神的"后浪"。首先要有执着的追求，善于登高望远、瞰察路径，在源码中寻找明确目标与方向。

第二层境界："衣带渐宽终不悔，为伊消得人憔悴。"通达框架的原理，不是轻而易举、随便可得的，一定是经过自己的努力和勤奋，最后才能收获成功。与编程一样，阅读别人的源代码永远不是一件轻松的事，或者说，是一件困难的事情，需要持续地投入、阅读、研究和实践。本书将引领读者去探索 MyBatis、Dubbo、RocketMQ 这三个框架的源码，教会读者如何阅读源码，让读者少走弯路。

第三层境界："众里寻他千百度。蓦然回首，那人却在，灯火阑珊处。"要达到第三境界，必须有专注的精神，努力去反复追寻、研究源码，工具和方法永远不是最重要的，在阅读源码遇到困难和看不明白的时候，需要咬牙坚持，抽丝剥茧，逐个击破。

本书精心选取了 MyBatis、Dubbo、RocketMQ 这 3 个当前使用频率很高的 Java 框架，详细分析其底层的设计逻辑，深入解读其设计技巧及架构思想，从源码分析的角度带领读者认识这些优秀的框架是如何产生的，使读者的编程技巧及能力得到提升。

通过阅读本书，读者能在冰冷的二进制世界里找到一张地图或一座灯塔，然后去解释和还原这个底层世界中每一个细微方面的语义，重建出高层次的抽象概念和关系。

本书每章都配有专属二维码，读者扫描后即可观看作者对于本章重要知识点的讲解视频。扫描下方的开课吧公众号二维码将获得与本书主题对应的课程观看资格及学习资料，同时可以参与其他活动，获得更多的学习课程。此外，本书配有源代码资源文件，读者可登录 https://github. com/kaikeba 免费下载使用。

限于时间和作者水平，书中难免有不足之处，恳请读者批评指正。

编　者

目录

扫一扫观看串讲视频

第1章

数据层主流框架——MyBatis学习指南

MyBatis 是一款优秀的持久层框架，它支持自定义 SQL、存储过程以及高级映射。MyBatis 简洁高效，免除了几乎所有的 JDBC 代码以及设置参数和获取结果集的工作。MyBatis 可以通过简单的 XML 或注解来配置和映射原始类型、接口和 普通老式 Java 对象（Plain Old Java Object，Java POJO）并记录在数据库中。

在学习 MyBatis 框架之前，需要具有以下几方面的基础知识。

1）Java 基础：MyBatis 框架是由 Java 语言编写，所以需要读者有一定的 Java 基础。

2）JDBC 基础：MyBatis 是操作数据库的框架，所以需要用户对 JDBC 有一定的了解。

3）数据库基础：MyBatis 是操作数据库的框架，所以需要用户对 SQL、主流数据库（如 MySQL、Oracle）有一定的了解。

下面把 Mybatis 的功能架构分为三层。

1）接口层：提供给外部使用的接口 API，开发人员通过这些本地 API 来操纵数据库。接口层一接收到调用请求就会调用数据处理层来完成具体的数据处理。

2）核心处理层：负责具体的 SQL 查找、SQL 解析、SQL 执行和执行结果映射处理等。它主要的目的是根据调用的请求完成数据库操作。

3）基础支持层：负责最基础的功能支撑，包括连接管理、事务管理、配置加载和缓存处理，这些都是系统共用的功能，将它们抽取出来作为最基础的组件，为上层的数据处理层提供最基础的支撑。

1.1 接口层

SqlSession 是 MyBatis 接口的核心组件，这个接口是 MyBatis 中最重要的接口，能够让用户执行命令、获取映射、管理事务。SqlSession 对外提供 MyBatis 常用的 API。SqlSession 接口对象用于执行持久化操作。一个 SqlSession 接口对应一次数据库会话，一次会话以 SqlSession 对象的创建开始，以 SqlSession 对象的关闭结束。SqlSession 接口对象是线程，它是不安全的，所以每次数据库会话结束前，需要马上调用其 close( ) 方法将其关闭。再次需要会话时重新创建。在关闭时会判断当前的 SqlSession 是否被提交：若没有被提交，则会执行回滚后关闭；若已被提交，则直接将 SqlSession 关闭。所以，SqlSession 无须手工回滚。

1.1.1 SqlSession 接口

MyBatis 提供了两个 SqlSession 接口的实现，如图 1-1 所示，这里使用的是工厂方法模式，其中最常用的是 DefaultSqlSession 实现。

通过如下代码构建 SqlSession。

```
//MyBatis 的 xml 配置文件
 String resource = "mybatis-config.xml";
 //获取配置文件输入流
```

```
InputStream inputStream = Resources.getResourceAsStream(resource);
//根据配置文件输入流创建 SqlSessionFactory
SqlSessionFactory sqlSessionFactory = new SqlSessionFactoryBuilder().build
(inputStream);
//根据 SqlSessionFactory 创建 session
SqlSession session = sqlSessionFactory.openSession();
```

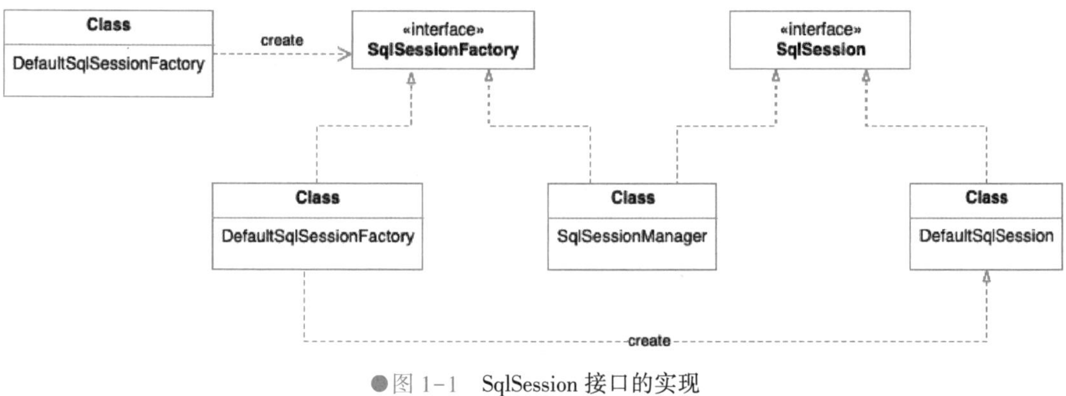

●图 1-1 SqlSession 接口的实现

SqlSessionFactory 是通过 SqlSessionFactoryBuilder 的 build 方法构建的，下面开始分析 SqlSessionFactoryBuilder 类。

1.1.2 SqlSessionFactoryBuilder 类

SqlSessionFactoryBuilder 类代码如下。

```
package org.apache.ibatis.session;
……
public class SqlSessionFactoryBuilder {

  public SqlSessionFactory build(Reader reader) {
    return build(reader, null, null);
  }

  public SqlSessionFactory build(Reader reader, String environment) {
    return build(reader, environment, null);
  }

  public SqlSessionFactory build(Reader reader, Properties properties) {
    return build(reader, null, properties);
  }
```

```
  public SqlSessionFactory build(Reader reader, String environment, Properties
properties) {
    try {
      XMLConfigBuilder parser = new XMLConfigBuilder(reader, environment, prop-
erties);
      return build(parser.parse());
    } catch (Exception e) {
      throw ExceptionFactory.wrapException("Error building SqlSession.", e);
    } finally {
      ErrorContext.instance().reset();
      try {
        reader.close();
      } catch (IOException e) {
        //Intentionally ignore. Prefer previous error.
      }
    }
  }

  public SqlSessionFactory build(InputStream inputStream) {
    return build(inputStream, null, null);
  }

  public SqlSessionFactory build (InputStream inputStream, String environ-
ment) {
    return build(inputStream, environment, null);
  }

  public SqlSessionFactory build(InputStream inputStream, Properties proper-
ties) {
    return build(inputStream, null, properties);
  }

  public SqlSessionFactory build(InputStream inputStream, String environment,
Properties properties) {
    try {
      //创建 XMLConfigBuilder 对象,读取文件流加载 XML 配置文件
      XMLConfigBuilder parser = new XMLConfigBuilder(inputStream, environment,
properties);
      //调用 parse 方法解析 XML 文件中的节点,然后返回一个 Configuration 对象(par-
ser.parse())
      return build(parser.parse());
    } catch (Exception e) {
```

```
        throw ExceptionFactory.wrapException("Error building SqlSession.", e);
      } finally {
        ErrorContext.instance().reset();
        try {
          inputStream.close();
        } catch (IOException e) {
          //Intentionally ignore. Prefer previous error.
        }
      }
    }

    public SqlSessionFactory build(Configuration config) {
      return new DefaultSqlSessionFactory(config);
    }

}
```

build 方法中的 XMLConfigBuilder 类代码如下。

```
package org.apache.ibatis.builder.xml;
......
public class XMLConfigBuilder extends BaseBuilder {
  private boolean parsed;
  private final XPathParser parser;
  private String environment;
  private final ReflectorFactory localReflectorFactory = new DefaultReflector-
Factory();

  public XMLConfigBuilder(Reader reader) {
    this(reader, null, null);
  }
......
  public Configuration parse() {
    if (parsed) {
       throw new BuilderException ( " Each XMLConfigBuilder can only be used
once.");
    }
    parsed = true;
    parseConfiguration(parser.evalNode("/configuration"));
    return configuration;
  }
......
}
```

SqlSessionFactoryBuilder 类有多个 build 方法，但最终都是调用 build（InputStream inputStream、String environment、Properties properties）方法。

在 build 方法中，创建了 XMLConfigBuilder 对象，读取文件流加载 XML 配置文件，调用 parse 方法解析 XML 文件中的节点，然后返回一个 Configuration 对象。

根据返回的 Configuration 对象可以生成 DefaultSqlSessionFactory 对象，因为 SqlSessionFactory 只是一个接口，DefaultSqlSessionFactory 实现了 SqlSessionFactory 接口，可以作为 SqlSessionFactory 返回，完成 SqlSessionFactory 的构建。

1.1.3 SqlSessionFactory 接口

SqlSessionFactory 负责创建 SqlSession 对象，其中包含了多个 openSession 方法的重载，可以通过其参数进行是否自动提交、连接池、事务的隔离级别以及底层 Executor 的类型等方面的配置。SqlSessionFactory 接口定义的代码如下。

```
package org.apache.ibatis.session;
……
public interface SqlSessionFactory {

  SqlSession openSession();

  SqlSession openSession(boolean autoCommit);

  SqlSession openSession(Connection connection);

  SqlSession openSession(TransactionIsolationLevel level);

  SqlSession openSession(ExecutorType execType);

  SqlSession openSession(ExecutorType execType, boolean autoCommit);

  SqlSession openSession(ExecutorType execType, TransactionIsolationLevel level);

  SqlSession openSession(ExecutorType execType, Connection connection);

  Configuration getConfiguration();

}
```

1.1.4 DefaultSqlSessionFactory 类

DefaultSqlSessionFactory 实现了 SqlSessionFactory 接口中定义 openSeesion 的方法，调用

openSession 时又调用了自身的 openSessionFromDataSource( )或者 openSessionFromConnection( )方法，完成 SqlSession 的构建。

DefaultSqlSessionFactory 是一个具体工厂类，主要提供了两种创建 DefaultSqlSession 对象的方式，一种是通过数据源获取数据库连接，并创建 Excutor 对象以及 DefaultSqlSession 对象，该方法名为 penSessionFromDataSource( )；另一种方式是用户提供数据库连接对象，DefaultSqlSessionFactory 会使用该数据库连接创建 Excutor 对象以及 DefaultSqlSession 对象，该方法是 openSessionFromConnection( )。

DefaultSqlSessionFactory 类源代码如下。

```
package org.apache.ibatis.session.defaults;
......
public class DefaultSqlSessionFactory implements SqlSessionFactory {

  private final Configuration configuration;

 //传入配置文件生成的对象,配置文件中包含了 mybatis 的所有配置信息
  public DefaultSqlSessionFactory(Configuration configuration) {
    this.configuration = configuration;
  }

 //autoCommit  true 为不支持事务,false 为支持事务
 @Override
  public SqlSession openSession(boolean autoCommit) {
    return openSessionFromDataSource(configuration.getDefaultExecutorType(),
null, autoCommit);
  }

  //执行类型有 4 种:BatchExecutor、ReuseExecutor、SimpleExecutor 和 CachingExecutor
  @Override
  public SqlSession openSession(ExecutorType execType) {
    return openSessionFromDataSource(execType, null, false);
  }

 //TransactionIsolationLevel 事务隔离等级,有 5 种,NONE、READ_COMMITTED、READ_UNCOM-
MITTED、REPEATABLE_READ、SERIALIZABLE
  @Override
  public SqlSession openSession(TransactionIsolationLevel level) {
    return openSessionFromDataSource(configuration.getDefaultExecutorType(),
level, false);
  }
  ......
```

```
private SqlSession openSessionFromDataSource(ExecutorType execType, Trans-
actionIsolationLevel level, boolean autoCommit) {
  Transaction tx = null;
  try {
  //获得配置文件中的 environment 配置
    final Environment environment = configuration.getEnvironment();
    //再从 environment 获取 transactionFactory 事务工厂
     final TransactionFactory transactionFactory = getTransactionFactory-
FromEnvironment(environment);
    //得到事务 tx
     tx = transactionFactory.newTransaction(environment.getDataSource(),
level, autoCommit);
    //得到一个 Executor(执行器)
    final Executor executor = configuration.newExecutor(tx, execType);
     //返回 SqlSession
    return new DefaultSqlSession(configuration, executor, autoCommit);
  } catch (Exception e) {
    closeTransaction(tx); //may have fetched a connection so lets call close()
    throw ExceptionFactory.wrapException("Error opening session.  Cause: " +
e, e);
  } finally {
    ErrorContext.instance().reset();
  }
}

private SqlSession openSessionFromConnection(ExecutorType execType, Connec-
tion connection) {
  try {
    boolean autoCommit;
    try {
      autoCommit = connection.getAutoCommit();
    } catch (SQLException e) {
      //Failover to true, as most poor drivers
      //or databases won't support transactions
      autoCommit = true;
    }
     //获得配置文件中的 environment 配置
    final Environment environment = configuration.getEnvironment();
    //再从 environment 获取 transactionFactory 事务工厂
     final TransactionFactory transactionFactory = getTransactionFactory-
FromEnvironment(environment);
    //得到事务 tx
```

```
        final Transaction tx = transactionFactory.newTransaction(connection);
        //得到一个 Executor(执行器)
        final Executor executor = configuration.newExecutor(tx, execType);
        //返回 SqlSession
        return new DefaultSqlSession(configuration, executor, autoCommit);
      } catch (Exception e) {
        throw ExceptionFactory.wrapException("Error opening session.  Cause: " +
e, e);
      } finally {
        ErrorContext.instance().reset();
      }
    }
  ......
}
```

1.1.5 DefaultSqlSession 类

SqlSession 中定义了常用的数据库操作以及事务的相关操作，为了方便使用，每种类型的操作都提供了多种重载。SqlSession 接口的定义如下。

```
package org.apache.ibatis.session;
......
public interface SqlSession extends Closeable {

//泛型方法,参数表示使用的查询 SQL 语句,返回值为查询的结果对象
  <T> T selectOne(String statement);

//parameter 表示需要用户传入的实参,也就是 SQL 语句绑定的实参
  <T> T selectOne(String statement, Object parameter);

//查询结果集有多条记录,会封装成结果对象列表返回
  <E> List<E> selectList(String statement);
  <E> List<E> selectList(String statement, Object parameter);

  //rowBounds 参数用于限制解析结果集的范围
  <E> List<E> selectList(String statement, Object parameter, RowBounds row-
Bounds);

//与 selectList()方法类似,但结果集会被映射成 map 对象返回.第二个参数指定结果集哪一列作
为 map 的 key.
  <K, V> Map<K, V> selectMap(String statement, String mapKey);
```

```
  <K, V> Map<K, V> selectMap(String statement, Object parameter, String mapKey);
  <K, V> Map<K, V> selectMap(String statement, Object parameter, String mapKey,
RowBounds rowBounds);

//参数含义同 selectList(),返回值是游标
  <T> Cursor<T> selectCursor(String statement);
  <T> Cursor<T> selectCursor(String statement, Object parameter);
  <T> Cursor<T> selectCursor(String statement, Object parameter, RowBounds row-
Bounds);

  //查询的对象由参数指定的 ResultHandler 对象处理(最后一个参数),其中参数同
selectList();
  void select(String statement, Object parameter, ResultHandler handler);
  void select(String statement, ResultHandler handler);
  void select (String statement, Object parameter, RowBounds rowBounds, Re-
sultHandler handler);

  int insert(String statement);
  int insert(String statement, Object parameter);

  int update(String statement);
  int update(String statement, Object parameter);

  int delete(String statement);
  int delete(String statement, Object parameter);

//提交事务
  void commit();
  void commit(boolean force);

//回归事务
  void rollback();
  void rollback(boolean force);

//刷新数据库
  List<BatchResult> flushStatements();

//关闭 Session
  @Override
  void close();

.......
}
```

DefaultSqlSession 是最常用的 SqlSession 接口实现，创建过程如图 1-2 所示。

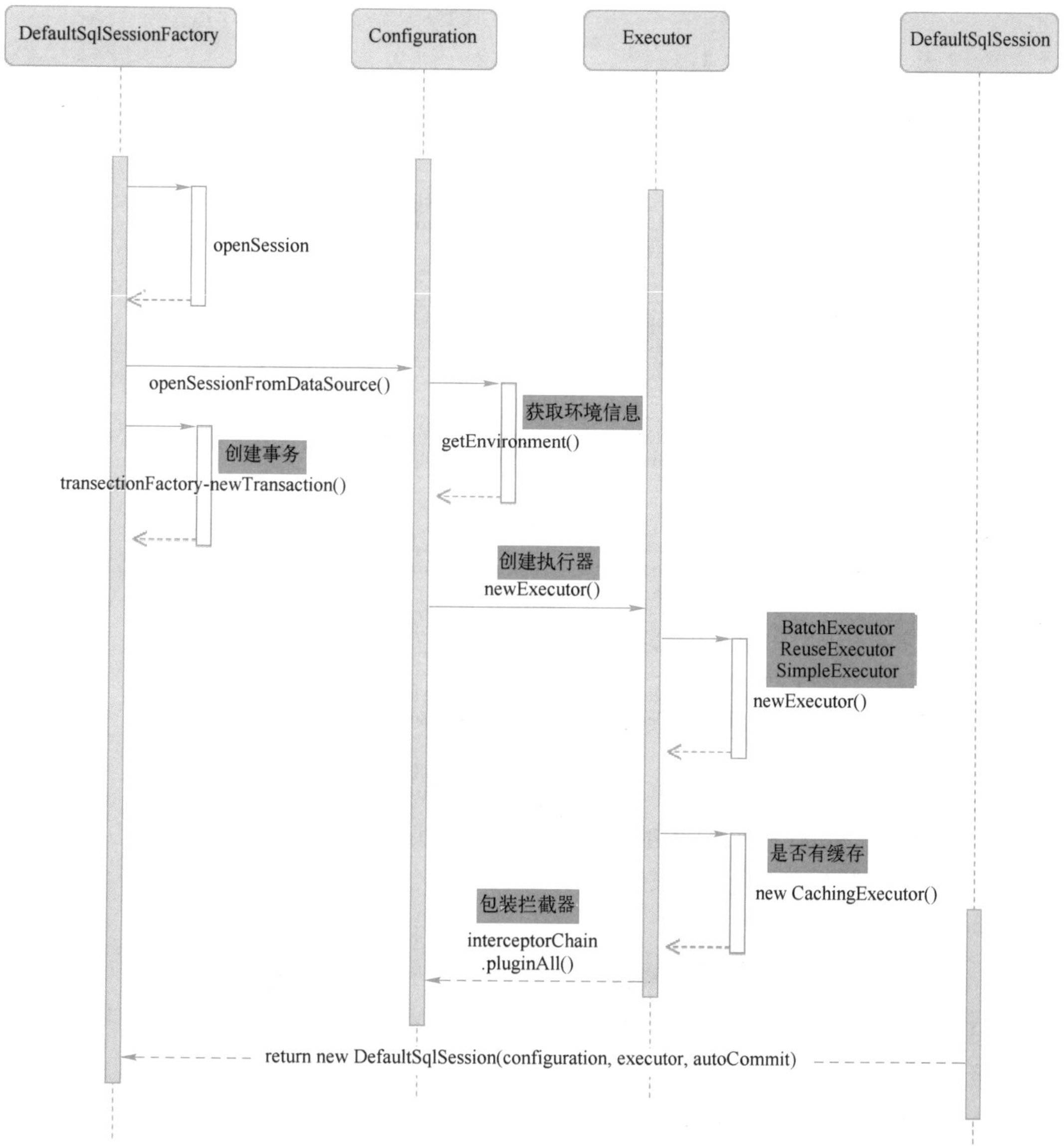

●图 1-2　DefaultSqlSession 创建过程

DefaultSqlSession 中实现了 SqlSession 接口中定义的方法，并且为每种数据库操作提供了多个重载。各个 select 重载方法之间的调用关系如图 1-3 所示。

上述 select 方法都是通过调用 Executor. query（MappedStatement ms、Object parameter、RowBounds rowBounds、ResultHandler resultHandler）方法实现数据库查询操作的，各自对结果对象进行了封装。

insert( )、update( )、delete( )方法也有多个重载，最后都是通过 update(MappedStatement ms、Object parameter）方法实现的。

commit( )、rollback( )以及 close( )方法都会调用 Executor 中相应的防范，其中就会涉及清空缓存的操作，之后就会将 dirty 字段设置为 false。

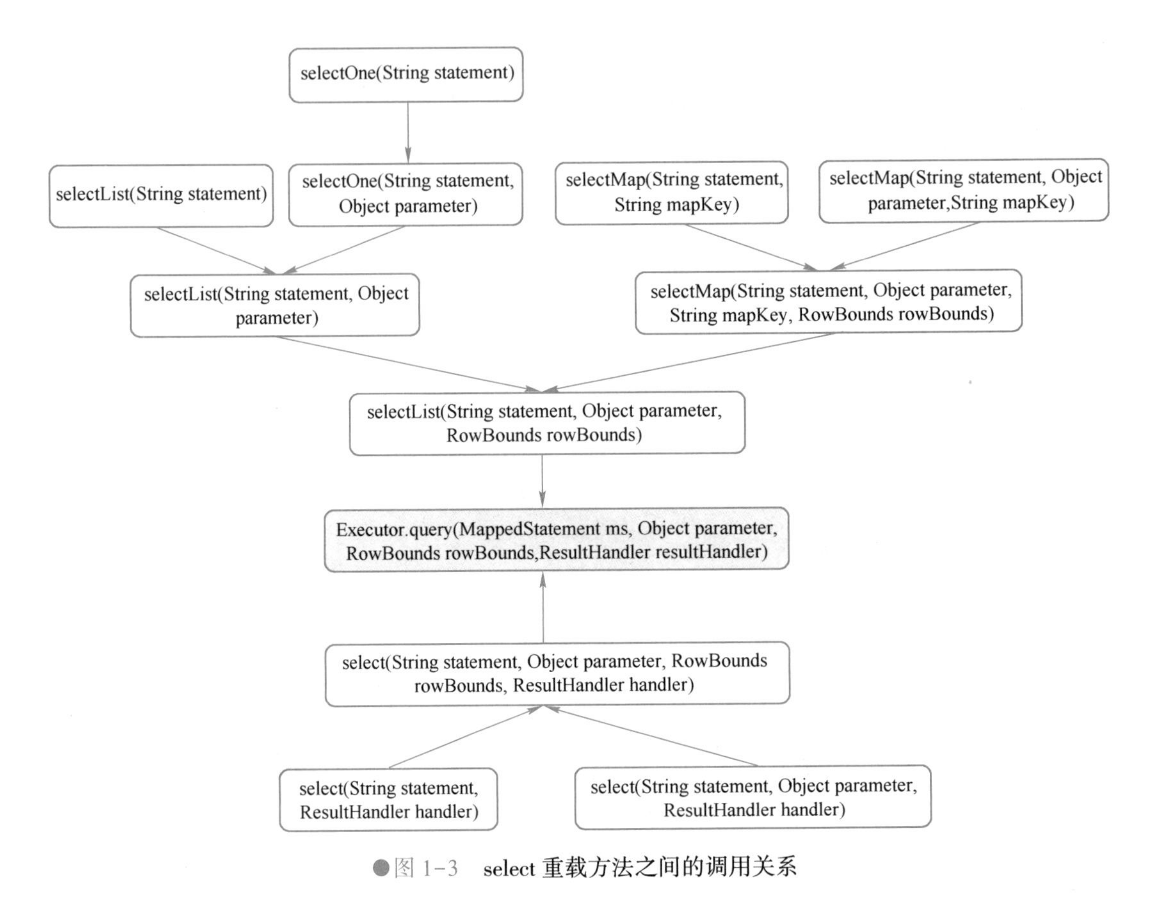

●图 1-3　select 重载方法之间的调用关系

dirty 字段主要在 isCommitOrRollbackRequired( ) 方法中，与 autoCommit 字段以及用传入的参数 force 共同判断是否提交回滚事务。

DefaultSqlSession 代码如下。

```
package org.apache.ibatis.session.defaults;
...
public class DefaultSqlSession implements SqlSession {

 //Configuration 配置对象
  private final Configuration configuration;
  private final Executor executor;

 //是否自动提交事务
  private final boolean autoCommit;
  //当前缓存是否存在脏数据
  private boolean dirty;
  //由该 SqlSession 对象生成的游标,执行 close()方法会统一关闭这些游标对象
  private List<Cursor<?>> cursorList;
```

```
  public DefaultSqlSession (Configuration configuration, Executor executor,
boolean autoCommit) {
    this.configuration = configuration;
    this.executor = executor;
    this.dirty = false;
    this.autoCommit = autoCommit;
  }
......
//核心 selectMap
  @Override
  public <K, V> Map<K, V> selectMap(String statement, Object parameter, String
mapKey, RowBounds rowBounds) {
    final List<? extends V> list = statement, parameter, rowBounds);
    final DefaultMapResultHandler<K, V> mapResultHandler = new DefaultMapRes-
ultHandler<>(mapKey,
            configuration.getObjectFactory(), configuration.getObjectWrapper Fac-
tory(), configuration.getReflectorFactory());
    final DefaultResultContext<V> context = new DefaultResultContext<>();
    for (V o : list) {
      context.nextResultObject(o);
      mapResultHandler.handleResult(context);
    }
    return mapResultHandler.getMappedResults();
  }
  .......
  @Override
  public <E> List<E> selectList(String statement, Object parameter, RowBounds
rowBounds) {
    try {
      //根据 statementId 去 Configuration 中获取对应的 MappedStatement 对象
      MappedStatement ms = configuration.getMappedStatement(statement);
      //用执行器来查询结果,参数包装 parameter、rowBounds 是用来进行逻辑分页操作的
      return executor.query(ms, wrapCollection(parameter), rowBounds, Execu-
tor.NO_RESULT_HANDLER);
    } catch (Exception e) {
      throw ExceptionFactory.wrapException("Error querying database.  Cause: "
+ e, e);
    } finally {
      ErrorContext.instance().reset();
    }
  }
......
```

```
//ResultHandler 和 selectList 代码差不多,区别就是多了一个 ResultHandler
  @Override
  public void select(String statement, Object parameter, RowBounds rowBounds,
ResultHandler handler) {
    try {
      MappedStatement ms = configuration.getMappedStatement(statement);
      executor.query(ms, wrapCollection(parameter), rowBounds, handler);
    } catch (Exception e) {
      throw ExceptionFactory.wrapException("Error querying database.  Cause: "
+ e, e);
    } finally {
      ErrorContext.instance().reset();
    }
  }
  .......
//核心 rollback
  @Override
  public void rollback(boolean force) {
    try {
      executor.rollback(isCommitOrRollbackRequired(force));
      dirty = false;
    } catch (Exception e) {
      throw ExceptionFactory.wrapException("Error rolling back transaction.
Cause: " + e, e);
    } finally {
      ErrorContext.instance().reset();
    }
  }
  //核心 flushStatements
  @Override
  public List<BatchResult> flushStatements() {
    try {
      return executor.flushStatements();
    } catch (Exception e) {
       throw ExceptionFactory.wrapException ( " Error flushing statements.
Cause: " + e, e);
    } finally {
      ErrorContext.instance().reset();
    }
  }

 //核心 close
```

```
  @Override
  public void close() {
    try {
      executor.close(isCommitOrRollbackRequired(false));
      closeCursors();
      dirty = false;
    } finally {
      ErrorContext.instance().reset();
    }
  }
  private void closeCursors() {
    if (cursorList != null && !cursorList.isEmpty()) {
      for (Cursor<?> cursor : cursorList) {
        try {
          cursor.close();
        } catch (IOException e) {
          throw ExceptionFactory.wrapException("Error closing cursor.  Cause: "
+ e, e);
        }
      }
      cursorList.clear();
    }
  }

  @Override
  public Configuration getConfiguration() {
    return configuration;
  }

//最后去调用 MapperRegistry.getMapper
  @Override
  public <T> T getMapper(Class<T> type) {
    return configuration.getMapper(type, this);
  }

  @Override
  public Connection getConnection() {
    try {
      return executor.getTransaction().getConnection();
    } catch (SQLException e) {
      throw ExceptionFactory.wrapException("Error getting a new connection.
Cause: " + e, e);
```

```
    }
  }

  //核心 clearCache
  @Override
  public void clearCache() {
    executor.clearLocalCache();
  }

  private <T> void registerCursor(Cursor<T> cursor) {
    if (cursorList == null) {
      cursorList = new ArrayList<>();
    }
    cursorList.add(cursor);
  }

//检查是否需要强制 commit 或 rollback
  private boolean isCommitOrRollbackRequired(boolean force) {
    return (!autoCommit && dirty) || force;
  }

//把参数包装成 Collection
  private Object wrapCollection(final Object object) {
    if (object instanceof Collection) {
      StrictMap<Object> map = new StrictMap<>();
      map.put("collection", object);
      if (object instanceof List) {
        map.put("list", object);
      }
      return map;
    } else if (object != null && object.getClass().isArray()) {
      StrictMap<Object> map = new StrictMap<>();
      map.put("array", object);
      return map;
    }
    return object;
  }

//如果找不到对应的 key,直接抛 BindingException 例外,而不是返回 null
  public static class StrictMap<V> extends HashMap<String, V> {
    private static final long serialVersionUID = -5741767162221585340L;
    @Override
```

```
    public V get(Object key) {
      if (!super.containsKey(key)) {
        throw new BindingException("Parameter '" + key + "' not found. Available
parameters are " + this.keySet());
      }
      return super.get(key);
    }

  }
}
```

1.1.6 SqlSessionManager

SqlSessionManager 既实现了 SqlSessionFactory 接口，也实现了 SqlSession 接口。具备生产 SqlSession 的能力，也具备 SqlSession 操作数据库的能力。

SqlSessionManager 有三个成员变量如下。

```
package org.apache.ibatis.session;
......
public class SqlSessionManager implements SqlSessionFactory, SqlSession {

//SqlSessionManager 没有再做额外的处理,本质上,使用 DefaultSqlSessionFactory 和使
用 SqlSessionManager 调用相同的方法,它们的返回结果是一样的,没有区别
  private final SqlSessionFactory sqlSessionFactory;

  //实现 SqlSession 的功能,SqlSessionManager 同样对相关方法也没有做额外处理
  private final SqlSession sqlSessionProxy;

  private final ThreadLocal<SqlSession> localSqlSession = new ThreadLocal<>();

//SqlSessionManager 唯一的构造方法
private SqlSessionManager(SqlSessionFactory sqlSessionFactory) {
    this.sqlSessionFactory = sqlSessionFactory;
    this.sqlSessionProxy = (SqlSession) Proxy.newProxyInstance(
        SqlSessionFactory.class.getClassLoader(),
        new Class[]{SqlSession.class},
        new SqlSessionInterceptor());
  }
  .......
  public static SqlSessionManager newInstance(SqlSessionFactory sqlSession-
Factory) {
```

```
        return new SqlSessionManager(sqlSessionFactory);
    }
    .......
}
```

SqlSessionManager 如果要创建 SqlSessionManager 对象，需要调用其 newInstance( ) 方法（注意这里不是单例模式），代码如下。

```
package org.apache.ibatis.session;
......
public class SqlSessionManager implements SqlSessionFactory, SqlSession {
......
//SqlSessionManager 唯一的构造方法
            private SqlSessionManager(SqlSessionFactory sqlSessionFactory) {
        this.sqlSessionFactory = sqlSessionFactory;
        this.sqlSessionProxy = (SqlSession) Proxy.newProxyInstance(
            SqlSessionFactory.class.getClassLoader(),
            new Class[]{SqlSession.class},
            new SqlSessionInterceptor());
    }
    .......
    public static SqlSessionManager newInstance(SqlSessionFactory sqlSession-
Factory) {
        return new SqlSessionManager(sqlSessionFactory);
    }
    .......
}
```

sqlSessionFactory 作为入参，直接赋值给成员变量，而 sqlSessionProxy 的赋值使用的是动态代理的方式，动态代理的三个入参：第一个是 appClassLoader；第二个是需要被代理的类，这里是 SqlSession；第三个是代理拦截器，新建了一个 SqlSessionInterceptor，它是 SqlSessionManager 的内部类。

在调用 SqlSession 时，会触发动态代理，先到成员变量 localSqlSession 中获取 SqlSession，第一次到达该变量是空的，于是需要通过 openSession( ) 方法获得一个 SqlSession，然后使用这个 SqlSession 去完成其他事情，成员变量的任何方法调用都是对 localSqlSession 的反射。

SqlSessionManager 源码内容如下。

```
package org.apache.ibatis.session;
......
public class SqlSessionManager implements SqlSessionFactory, SqlSession {
    ......
    private class SqlSessionInterceptor implements InvocationHandler {
        public SqlSessionInterceptor() {
```

```
      //Prevent Synthetic Access
    }
    @Override
    public Object invoke (Object proxy, Method method, Object [] args) throws
  Throwable {
      final SqlSession sqlSession = SqlSessionManager.this.localSqlSession.get();
      if (sqlSession != null) {//第二种模式
        try {
          return method.invoke(sqlSession, args);
        } catch (Throwable t) {
          throw ExceptionUtil.unwrapThrowable(t);
        }
      } else { //第一种模式
        try (SqlSession autoSqlSession = openSession()) {
          try {
            final Object result = method.invoke(autoSqlSession, args);
            autoSqlSession.commit();
            return result;
          } catch (Throwable t) {
            autoSqlSession.rollback();
            throw ExceptionUtil.unwrapThrowable(t);
          }
        }
      }
    }
  }
}
```

为避免资源浪费，SqlSessionManager还可以作为线程安全类，所以SqlSessionManager也提供了很多设置localSqlSession的方法。

```
package org.apache.ibatis.session;

......
public class SqlSessionManager implements SqlSessionFactory, SqlSession {

public void startManagedSession(ExecutorType execType, boolean autoCommit) {
  this.localSqlSession.set(openSession(execType, autoCommit));
}

public void startManagedSession(ExecutorType execType, TransactionIsolation-
Level level) {
```

```
    this.localSqlSession.set(openSession(execType, level));
  }

  public void startManagedSession(ExecutorType execType, Connection connec-
tion) {
    this.localSqlSession.set(openSession(execType, connection));
  }
  .......
}
```

SqlSessionManager 与 DefaultSqlSessionFactory 的主要不同点体现在 SqlSessionManager 有两种模式。

第一种模式与 DefaultSqlSessionFactory 的行为相同，同一线程每次通过 SqlSession Manager 对象访问数据库时，都会创建 DefaultSession 对象完成数据库操作。

第二种模式是 SqlSessionManager 通过 localSqlSession 这个 ThreadLocal 成员变量，记录与当前线程绑定的 SqlSession 对象，供当前线程复用，从而避免在同一线程多次创建 SqlSession 对象带来性能损失。

这里需要注意的是，每个线程独享一份 SqlSession，可以保证 SqlSession 的方法都是线程安全的，但是非 SqlSession 的方法，并不是线程安全的。

SqlSessionManager 中实现 SqlSession 的接口方法，例如 select*()、insert()、update()、delete()，都是直接调用 SqlSessionProxy 记录的 SqlSession 代理对象实现的。

```
package org.apache.ibatis.session;

......
public class SqlSessionManager implements SqlSessionFactory, SqlSession {
......
@Override
public <E> List<E> selectList(String statement) {
  return sqlSessionProxy.selectList(statement);
}

@Override
public <E> List<E> selectList(String statement, Object parameter) {
  return sqlSessionProxy.selectList(statement, parameter);
}

@Override
public <E> List<E> selectList(String statement, Object parameter, RowBounds
rowBounds) {
  return sqlSessionProxy.selectList(statement, parameter, rowBounds);
```

```
}

@Override
public void select(String statement, ResultHandler handler) {
  sqlSessionProxy.select(statement, handler);
}

@Override
public void select(String statement, Object parameter, ResultHandler handler) {
  sqlSessionProxy.select(statement, parameter, handler);
}

@Override
public void select(String statement, Object parameter, RowBounds rowBounds, Re-
sultHandler handler) {
  sqlSessionProxy.select(statement, parameter, rowBounds, handler);
}

@Override
public int insert(String statement) {
  return sqlSessionProxy.insert(statement);
}

@Override
public int insert(String statement, Object parameter) {
  return sqlSessionProxy.insert(statement, parameter);
}

@Override
public int update(String statement) {
  return sqlSessionProxy.update(statement);
}

@Override
public int update(String statement, Object parameter) {
  return sqlSessionProxy.update(statement, parameter);
}

@Override
public int delete(String statement) {
  return sqlSessionProxy.delete(statement);
```

```
}

@Override
public int delete(String statement, Object parameter) {
  return sqlSessionProxy.delete(statement, parameter);
}
.....
}
```

当需要提交、回滚事务或者是关闭 localSqlSession 中记录的 SqlSession 对象时，可通过 SqlSessionManager. commit( )、rollback( )、close( )方法实现，这些方法会先检测当前线程是否绑定 SqlSession 对象，如果绑定则调用 SqlSession 对象的方法，否则抛出异常。

```
package org.apache.ibatis.session;

......
public class SqlSessionManager implements SqlSessionFactory, SqlSession {

@Override
public void commit() {
  final SqlSession sqlSession = localSqlSession.get();
  if (sqlSession == null) {
    throw new SqlSessionException("Error:  Cannot commit.  No managed session
is started.");
  }
  sqlSession.commit();
}
.....
@Override
  public void rollback() {
    final SqlSession sqlSession = localSqlSession.get();
    if (sqlSession == null) {
      throw new SqlSessionException("Error:  Cannot rollback.  No managed ses-
sion is started.");
    }
    sqlSession.rollback();
  }
  ......
  @Override
  public void close() {
    final SqlSession sqlSession = localSqlSession.get();
    if (sqlSession == null) {
```

```
        throw new SqlSessionException("Error: Cannot close. No managed session
  is started.");
      }
      try {
        sqlSession.close();
      } finally {
        localSqlSession.set(null);
      }
    }
    .......
  }
```

1.2　配置解析

在核心处理层中实现了 MyBatis 的核心处理流程，其中包括 MyBatis 的初始化以及完成一次数据库操作涉及的全部流程。

使用 MyBatis 时候会编写两个重要配置文件——mybatis-config. xml 和 xxxMapper. xml。在 mybatis-config. xml 配置文件中，会有一个专门的标签映射相关的 mapper 映射文件，如图 1-4 所示。

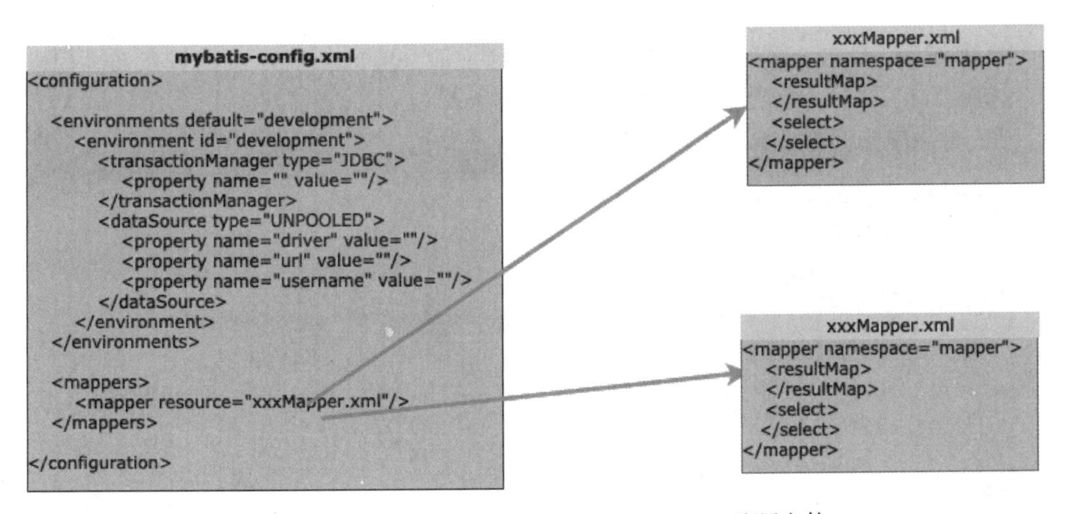

●图 1-4　mybatis-config. xml 和 xxxMapper. xml 配置文件

1.2.1　MyBatis 初始化

任何框架的初始化，无非是加载自己运行时所需要的配置信息。MyBatis 的配置信息，大概包含以下信息，其层级结构如下。

configuration 配置
properties 属性
settings 设置
typeAliases 类型命名
typeHandlers 类型处理器
objectFactory 对象工厂
plugins 插件
environments 环境
environment 环境变量
transactionManager 事务管理器
dataSource 数据源
mappers 映射器

MyBatis 使用 org. apache. ibatis. session. Configuration 对象作为一个所有配置信息的容器，Configuration 对象的组织结构和 XML 配置文件的组织结构几乎完全一样。

MyBatis 根据初始化好的 Configuration 信息，这时候用户就可以使用 MyBatis 进行数据库操作了。

可以这么说，MyBatis 初始化的过程，就是创建 Configuration 对象的过程。

MyBatis 的初始化可以有以下两种方式。

1）基于 XML 配置文件：基于 XML 配置文件的方式是将 MyBatis 的所有配置信息放在 XML 文件中，MyBatis 通过加载 XML 配置文件，将配置文件信息组装成内部的 Configuration 对象。

2）基于 Java API：这种方式不使用 XML 配置文件，需要 MyBatis 使用者在 Java 代码中手动创建 Configuration 对象，然后将配置参数 set 进入 Configuration 对象中。

下面是一段正常情况下从加载配置到执行 sql 语句的代码。

```
//MyBatis 的 xml 配置文件
String resource = "mybatis-config.xml";
//获取配置文件输入流
InputStream inputStream = Resources.getResourceAsStream(resource);
//根据配置文件输入流创建 SqlSessionFactory
SqlSessionFactory sqlSessionFactory = new SqlSessionFactoryBuilder().build
(inputStream);
//根据 SqlSessionFactory 创建 session
SqlSession session = sqlSessionFactory.openSession();
//执行 SQL 语句
    Integer count = session.selectOne("org.apache.ibatis.domain.blog. map-
pers.BlogMapper.selectCountOfPosts");
```

初始化的基本过程图 1-5 所示。

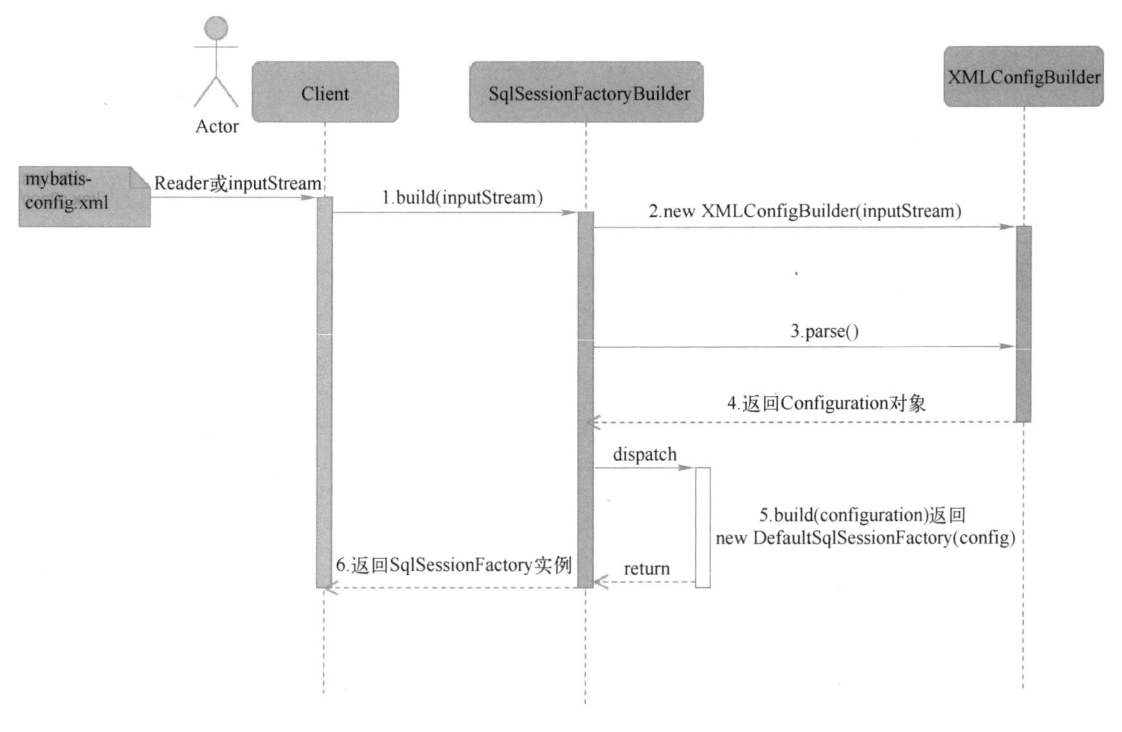

●图 1-5 初始化基本流程序列图

如图 1-5 所示，mybatis 初始化要经过以下几个简单的步骤。

1）调用 SqlSessionFactoryBuilder 对象的 build（inputStream）方法。

2）SqlSessionFactoryBuilder 会根据输入流 inputStream 等信息创建 XMLConfigBuilder 对象。

3）SqlSessionFactoryBuilder 调用 XMLConfigBuilder 对象的 parse( )方法。

4）XMLConfigBuilder 对象返回 Configuration 对象。

5）SqlSessionFactoryBuilder 根据 Configuration 对象创建一个 DefaultSessionFactory 对象。

6）SqlSessionFactoryBuilder 返回 DefaultSessionFactory 对象给 Client，供 Client 使用。

1.2.2 SqlSessionFactoryBuilder

SqlSessionFactoryBuilder 代码如下。

```
package org.apache.ibatis.session;
......
public class SqlSessionFactoryBuilder {

  .......
```

```
    public SqlSessionFactory build(InputStream inputStream, String environment,
  Properties properties) {
      try {
       //2.创建 XMLConfigBuilder 对象用来解析 XML 配置文件,生成 Configuration 对象
        XMLConfigBuilder parser = new XMLConfigBuilder(inputStream, environment,
  properties);
        //3.将 XML 配置文件内的信息解析成 Java 对象 Configuration
        Configuration config = parser.parse();
          //4.根据 Configuration 对象创建出 SqlSessionFactory 对象
        return build(config);
      } catch (Exception e) {
        throw ExceptionFactory.wrapException("Error building SqlSession.", e);
      } finally {
        ErrorContext.instance().reset();
        try {
          inputStream.close();
        } catch (IOException e) {
          //Intentionally ignore. Prefer previous error.
        }
      }
    }

  .......
  }
```

上述的初始化过程中，涉及以下几个对象。

1）SqlSessionFactoryBuilder：SqlSessionFactory 的构造器，用于创建 SqlSessionFactory，采用了 Builder 设计模式。

2）Configuration：该对象是 mybatis-config.xml 文件中的所有 mybatis 配置信息。

3）SqlSessionFactory：SqlSession 工厂类，以工厂形式创建 SqlSession 对象，采用了 Factory 设计模式。

4）XMLConfigBuilder：负责将 mybatis-config.xml 配置文件解析成 Configuration 对象，供 SqlSessonFactoryBuilder 使用，创建 SqlSessionFactory。

1.2.3 BaseBuilder

XMLConfigBuilder 继承自 BaseBuilder 抽象类，BaseBuilder 的子类如图 1-6 所示。

MyBatis 的初始化过程使用了 Builder 模式，这里的 BaseBuilder 抽象类扮演建造者接口的角色，BaseBuilder 代码如下。

```
  package org.apache.ibatis.builder;
  .......
```

```
public abstract class BaseBuilder {
//configuration 是 MyBatis 初始化过程中的核心对象,configuration 对象是 MyBatis 初始化过程中创建的并且是全局唯一的,几乎所有的配置信息都会保存到 configuration 对象中
  protected final Configuration configuration;

  //mybatis-config.xml 配置文件中的<typeAliasRegistry>标签记录在该对象中
  protected final TypeAliasRegistry typeAliasRegistry;

//mybatis-config.xml 配置文件可以使用<typeHandlers>标签添加自定义 TypeHandler,完成指定数据库类型与 Java 类型的转换,这些 TypeHandler 会被记录在 TypeHandlerRegistry 中
  protected final TypeHandlerRegistry typeHandlerRegistry;

//TypeAliasRegistry 和 TypeHandlerRegistry 对象,是全局唯一的,它们都是 Configuration 对象初始化是创建的
  public BaseBuilder(Configuration configuration) {
    this.configuration = configuration;
    this.typeAliasRegistry = this.configuration.getTypeAliasRegistry();
    this.typeHandlerRegistry = this.configuration.getTypeHandlerRegistry();
  }

  public Configuration getConfiguration() {
    return configuration;
  }
  ........
//MyBatis 使用 JdbcType 枚举类型表示 JDBC 类型
  protected JdbcType resolveJdbcType(String alias) {
    if (alias == null) {
      return null;
    }
    try {
      return JdbcType.valueOf(alias);
    } catch (IllegalArgumentException e) {
      throw new BuilderException("Error resolving JdbcType. Cause: " + e, e);
    }
  }

//MyBatis 使用 ResultSetType 枚举类型表示结果集类型
  protected ResultSetType resolveResultSetType(String alias) {
    if (alias == null) {
      return null;
    }
```

```
    try {
      return ResultSetType.valueOf(alias);
    } catch (IllegalArgumentException e) {
      throw new BuilderException("Error resolving ResultSetType. Cause: " + e,
e);
    }
  }

//MyBatis 使用 ParameterMode 枚举类型表示参数类型
  protected ParameterMode resolveParameterMode(String alias) {
    if (alias == null) {
      return null;
    }
    try {
      return ParameterMode.valueOf(alias);
    } catch (IllegalArgumentException e) {
      throw new BuilderException("Error resolving ParameterMode. Cause: " + e,
e);
    }
  }
  ........
//该方法依赖 TypeHandlerRegistry 查找指定的 TypeHandler 对象
  protected TypeHandler<?> resolveTypeHandler(Class<?> javaType, Class<? ex-
tends TypeHandler<?>> typeHandlerType) {
    if (typeHandlerType == null) {
      return null;
    }
    //javaType ignored for injected handlers see issue #746 for full detail
    TypeHandler<?> handler = typeHandlerRegistry.getMappingTypeHandler(type-
HandlerType);
    if (handler == null) {
      //not in registry, create a new one
      handler = typeHandlerRegistry.getInstance(javaType, typeHandlerType);
    }
    return handler;
  }
//该方法依赖 TypeAliasRegistry 解析别名
  protected <T> Class<? extends T> resolveAlias(String alias) {
    return typeAliasRegistry.resolveAlias(alias);
  }
}
```

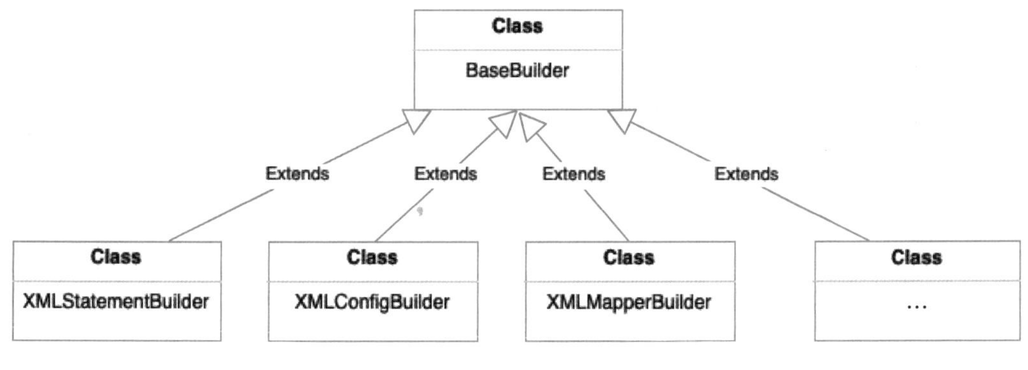

●图 1-6 BaseBuilder 的子类图

1.2.4 XMLConfigBuilder

XMLConfigBuilder 是 BaseBuilder 的子类之一，它扮演的是具体建造者的角色。XMLConfigBuilder 主要负责解析 mybatis-config.xml 配置字段，其核心字段如下。

```
package org.apache.ibatis.builder.xml;
.......
public class XMLConfigBuilder extends BaseBuilder {

//标识是否已经解析过 mybatis-config.xml 配置文件
  private boolean parsed;
  //用于解析 mybatis-config.xml 配置文件的 XPathParser 对象,后面会详细分析
  private final XPathParser parser;
  //标识<environment>配置的名称,默认读取<environment>标签的 default 属性
  private String environment;
  //ReflectorFactory 负责创建和缓存 Reflector 对象
  private final ReflectorFactory localReflectorFactory = new DefaultReflector-
Factory();
  .......
}
```

创建 Configuration 对象的过程如下：

当 SqlSessionFactoryBuilder 执行 build( ) 方法时，调用了 XMLConfigBuilder 的 parse( ) 方法，然后返回了 Configuration 对象。那么 parse( ) 方法是如何处理 XML 文件，生成 Configuration 对象的呢？

XMLConfigBuilder 会将 XML 配置文件的信息转换为 Document 对象，而 XML 配置定义文件 DTD 转换成 XMLMapperEntityResolver 对象，然后将二者封装到 XpathParser 对象中，XpathParser 的作用是提供根据 Xpath 表达式获取基本的 DOM 节点信息的操作，如图 1-7 所示。

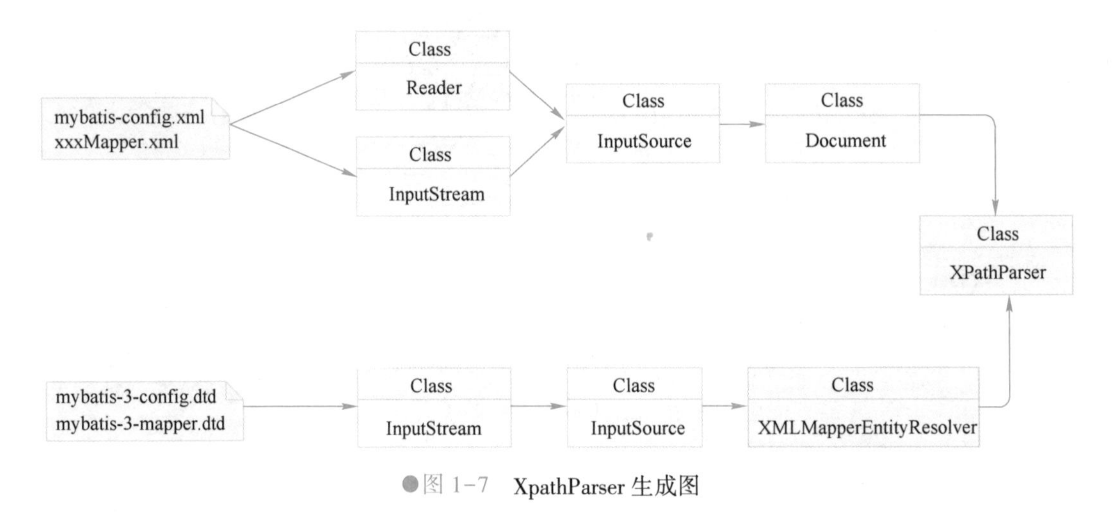

●图 1-7　XpathParser 生成图

XpathParser 代码如下。

```
package org.apache.ibatis.parsing;
......
public class XPathParser {
  private final Document document;
  private boolean validation;
  private EntityResolver entityResolver;
  private Properties variables;
  private XPath xpath;
  .......
}
```

之后 XMLConfigBuilder 调用 parse( )方法：会从 XpathParser 中取出 节点对应的 Node 对象，然后解析此 Node 的子 Node：properties、settings、typeAliases、typeHandlers、objectFactory、objectWrapperFactory、plugins、environments、databaseIdProvider、mappers。

```
package org.apache.ibatis.builder.xml;

......
public class XMLConfigBuilder extends BaseBuilder {
.......
  public Configuration parse() {
    if (parsed) {
       throw new BuilderException ( " Each XMLConfigBuilder can only be used
once.");
    }
    parsed = true;
    parseConfiguration(parser.evalNode("/configuration"));
    //为了让读者看得更明晰,上一行代码拆分为以下两句
    XNode configurationNode = parser.evalNode("/configuration");
```

```
    parseConfiguration(configurationNode);

    return configuration;
  }

  private void parseConfiguration(XNode root) {
    try {
      //issue #117 read properties first
      //1. 首先处理 properties 节点
      propertiesElement(root.evalNode("properties"));
      //2. 处理 settings
      Properties settings = settingsAsProperties(root.evalNode("settings"));
      loadCustomVfs(settings);
      loadCustomLogImpl(settings);
      //3. 处理 typeAliases
      typeAliasesElement(root.evalNode("typeAliases"));
      //4. 解析<plugins>节点
      pluginElement(root.evalNode("plugins"));
      //5. 处理 objectFactory
      objectFactoryElement(root.evalNode("objectFactory"));
      //6. 处理 objectWrapperFactory
      objectWrapperFactoryElement(root.evalNode("objectWrapperFactory"));
      reflectorFactoryElement(root.evalNode("reflectorFactory"));
      settingsElement(settings);
      //read it after objectFactory and objectWrapperFactory issue #631
      //7. 处理 environments
      environmentsElement(root.evalNode("environments"));
      //8. 解析 databaseIdProvider 节点
      databaseIdProviderElement(root.evalNode("databaseIdProvider"));
      //9. typeHandlers
      typeHandlerElement(root.evalNode("typeHandlers"));
      //10. mappers 它将解析配置的 Mapper.xml 配置文件,Mapper 配置文件可以说是 MyB-
atis 的核心,MyBatis 的特性和理念都体现在此 Mapper 的配置和设计上
      mapperElement(root.evalNode("mappers"));
    } catch (Exception e) {
      throw new BuilderException("Error parsing SQL Mapper Configuration.
Cause: " + e, e);
    }
  }
......
}
```

然后将这些值解析出来设置到 Configuration 对象中。上述的 environmentsElement(root.

evalNode("environments"))；方法是如何将 environments 的信息解析出来，设置到 Configuration 对象中，代码如下。

```
package org.apache.ibatis.builder.xml;

......
public class XMLConfigBuilder extends BaseBuilder {
......
  private void environmentsElement(XNode context) throws Exception {
    if (context != null) {
      if (environment == null) {
        environment = context.getStringAttribute("default");
      }
      for (XNode child : context.getChildren()) {
        String id = child.getStringAttribute("id");
        if (isSpecifiedEnvironment(id)) {
          //1. 创建事务工厂 TransactionFactory
          TransactionFactory txFactory = transactionManagerElement(child.eval
Node("transactionManager"));
          //2. 创建数据源 DataSource
           DataSourceFactory dsFactory = dataSourceElement (child.evalNode ("
dataSource"));
          //3. 构造 Environment 对象
          DataSource dataSource = dsFactory.getDataSource();
          Environment.Builder environmentBuilder = new Environment.Builder(id)
              .transactionFactory(txFactory)
              .dataSource(dataSource);
        //4. 将创建的 Envronment 对象设置到 configuration 对象中
          configuration.setEnvironment(environmentBuilder.build());
        }
      }
    }
  }

.......
private boolean isSpecifiedEnvironment(String id) {
    if (environment == null) {
      throw new BuilderException("No environment specified.");
    } else if (id == null) {
      throw new BuilderException("Environment requires an id attribute.");
    } else if (environment.equals(id)) {
      return true;
    }
```

```
        return false;
    }
  ......
  }
```

将图 1-5 所示的 MyBatis 初始化基本过程的序列图细化，序列图如图 1-8 所示。

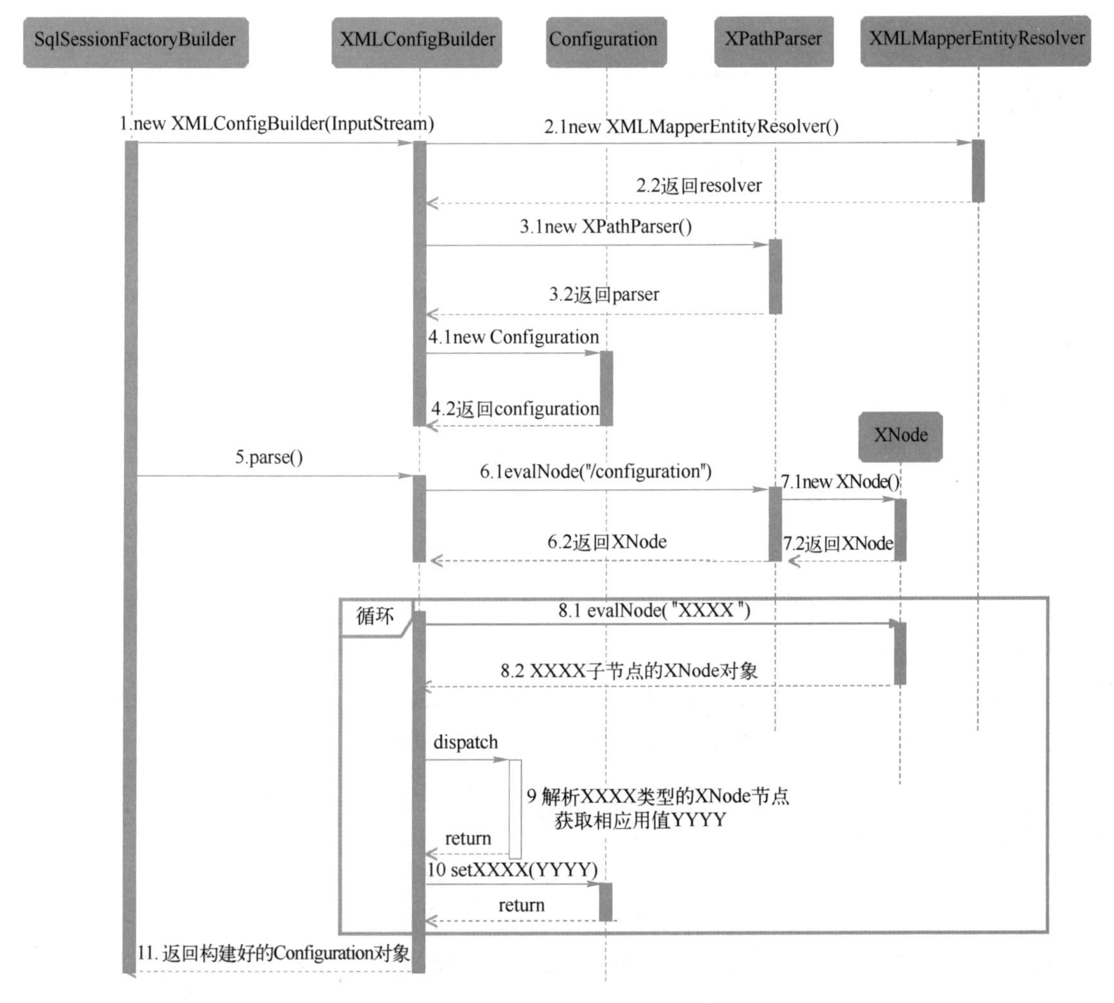

●图 1-8　MyBatis 初始化基本过程序列图

手动加载 XML 配置文件创建 Configuration 对象完成初始化，创建并使用 SqlSessionFactory 对象，代码如下。

```
//MyBatis 的 xml 配置文件
String resource = "mybatis-config.xml";
//获取配置文件输入流
InputStream inputStream = Resources.getResourceAsStream(resource);
//手动创建 XMLConfigBuilder,并解析创建 Configuration 对象
XMLConfigBuilder parser = new XMLConfigBuilder(inputStream, null,null);
```

```
Configuration configuration=parse();
//使用 Configuration 对象创建 SqlSessionFactory
SqlSessionFactory sqlSessionFactory = new SqlSessionFactoryBuilder().build
(configuration)
//生成 session
SqlSession session = sqlSessionFactory.openSession();
//执行 SQL 语句
    Integer count = session.selectOne("org.apache.ibatis.domain.blog.map-
pers.BlogMapper.selectCountOfPosts");
```

mybatis-config. xml 标签结构如图 1-9 所示。

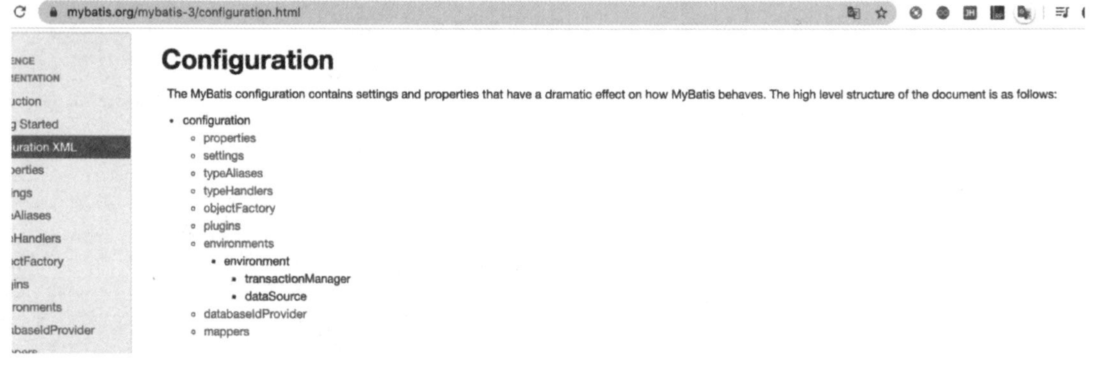

●图 1-9　mybatis-config. xml 标签结构图

（1） properties 节点

这些是可外部化的，可替换的属性，可以在典型的 Java Properties 文件中进行配置，也可以通过 properties 元素的子元素来传递这些属性。示例如下。

```
<properties resource="org/mybatis/example/config.properties">
  <property name="username" value="dev_user"/>
  <property name="password" value="F2Fa3!33TYyg"/>
</properties>
```

然后可以在整个配置文件中使用这些属性来替换需要动态配置的值，示例如下。

```
<dataSource type="POOLED">
  <property name="driver" value="${driver}"/>
  <property name="url" value="${url}"/>
  <property name="username" value="${username}"/>
  <property name="password" value="${password}"/>
</dataSource>
```

XMLConfigBuilder. propertiesElement( )方法解析 mybatis-config. xml 配置文件中的节点并形成 java. util. Properties 对象，之后将该 Properties 对象设置到 XPathParser 和 Configuration 的字段 variables。propertiesElement( )方法的具体实现如下。

```
package org.apache.ibatis.builder.xml;

......
public class XMLConfigBuilder extends BaseBuilder {
.......

  private void parseConfiguration(XNode root) {
      try {
        //issue #117 read properties first
        //1. 首先处理 properties 节点
        propertiesElement(root.evalNode("properties"));
        ......
      } catch (Exception e) {
        throw new BuilderException("Error parsing SQL Mapper Configuration.
Cause: " + e, e);
      }
  }

  private void propertiesElement(XNode context) throws Exception {
    if (context != null) {
    //解析 properties 的子节点即<property>标签的 name 和 value 属性,并记录到 Proper-
ties 中
      Properties defaults = context.getChildrenAsProperties();
      //解析 properties 的 resource 和 url 属性,这两个属性用于确定 properties 的配置文
件位置
      String resource = context.getStringAttribute("resource");
      String url = context.getStringAttribute("url");
      //resource 和 url 不能同时存在,否则抛出异常
      if (resource != null && url != null) {
        throw new BuilderException("The properties element cannot specify both a
URL and a resource based property file reference.  Please specify one or the oth-
er.");
      }
      //加载 resource 属性或 url 属性指定的 properties 文件,使用 org.apache. iba-
tis.io. Resources 类
      if (resource != null) {
        defaults.putAll(Resources.getResourceAsProperties(resource));
      } else if (url != null) {
        defaults.putAll(Resources.getUrlAsProperties(url));
      }
      //与 configuration 对象中 variables 集合合并
      Properties vars = configuration.getVariables();
```

```
        if (vars != null) {
          defaults.putAll(vars);
        }
        //更新 XPathParser 和 Configuration 的字段 variables
        parser.setVariables(defaults);
        configuration.setVariables(defaults);
      }
    }
......
}
```

（2） settings 节点

settings 节点是极其重要的调整，可修改 MyBatis 在运行时的行为方式。它们的含义和默认值。示例如下。

```
<settings>
  <setting name="cacheEnabled" value="true"/>
  <setting name="lazyLoadingEnabled" value="true"/>
  <setting name="multipleResultSetsEnabled" value="true"/>
  <setting name="useColumnLabel" value="true"/>
  <setting name="useGeneratedKeys" value="false"/>
  <setting name="autoMappingBehavior" value="PARTIAL"/>
  <setting name="autoMappingUnknownColumnBehavior" value="WARNING"/>
  <setting name="defaultExecutorType" value="SIMPLE"/>
  <setting name="defaultStatementTimeout" value="25"/>
  <setting name="defaultFetchSize" value="100"/>
  <setting name="safeRowBoundsEnabled" value="false"/>
  <setting name="mapUnderscoreToCamelCase" value="false"/>
  <setting name="localCacheScope" value="SESSION"/>
  <setting name="jdbcTypeForNull" value="OTHER"/>
  <setting name="lazyLoadTriggerMethods"
    value="equals,clone,hashCode,toString"/>
</settings>
```

XMLConfigBuilder. settingsAsProperties( )方法负责解析节点，在节点下的配置是 MyBatis 的全局性配置，它们会改变 MyBatis 运行时的行为，具体配置项可参考 MyBatis 官方文档 https://mybatis. org/mybatis-3/configuration. html。需要注意的是，在 MyBatis 初始化时，这些全局配置信息都会被记录在 Configuration 对象的对应属性中。

settingsAsProperties( )方法的解析方式与 propertiesElement 方法类似，但是比其多了使用 MetaClass 检测 key 指定的属性在 Configuration 类中是否有对应的 setter 方法的步骤。settingsAsProperties( )方法如下。

```
package org.apache.ibatis.builder.xml;
```

```
......
public class XMLConfigBuilder extends BaseBuilder {
......
private void parseConfiguration(XNode root) {
      try {
      ............
        //2.处理 settings
        Properties settings = settingsAsProperties(root.evalNode("settings"));
        loadCustomVfs(settings);
        loadCustomLogImpl(settings);
        ......
      } catch (Exception e) {
         throw new BuilderException("Error parsing SQL Mapper Configuration.
Cause: " + e, e);
      }
    }
..............
private Properties settingsAsProperties(XNode context) {
  if (context == null) {
    return new Properties();
  }
  Properties props = context.getChildrenAsProperties();
  //Check that all settings are known to the configuration class
  MetaClass metaConfig = MetaClass.forClass(Configuration.class, localReflec-
torFactory);
  for (Object key : props.keySet()) {
    if (!metaConfig.hasSetter(String.valueOf(key))) {
      throw new BuilderException("The setting " + key + " is not known.  Make sure
you spelled it correctly (case sensitive).");
    }
  }
  return props;
}
....................
}
```

（3）typeAliases、typeHandlers 节点

typeAliases 类型别名只是 Java 类型的简称。它仅与 XML 配置有关，用以减少完全限定的类名，示例如下。

```
<!--mybatis-config.xml -->
<typeAliases>
  <typeAlias alias="Author" type="domain.blog.Author"/>
```

```
  <typeAlias alias="Blog" type="domain.blog.Blog"/>
  <typeAlias alias="Comment" type="domain.blog.Comment"/>
  <typeAlias alias="Post" type="domain.blog.Post"/>
  <typeAlias alias="Section" type="domain.blog.Section"/>
  <typeAlias alias="Tag" type="domain.blog.Tag"/>
</typeAliases>
```

还可以指定 MyBatis 将在其中搜索 bean 的程序包，示例如下。

```
<!--mybatis-config.xml -->
<typeAliases>
  <package name="domain.blog"/>
</typeAliases>
```

如果未找到注释，则在 domain. blog 中找到的每个 bean 将使用该 bean 的未大写非限定类名注册为别名。即 domain. blog. Author 将被注册为作者。如果找到@ Alias 批注，其值将用作别名，示例如下。

```
@Alias("author")
public class Author {
    ...
}
```

常见的 Java 类型有许多内置的类型别名。它们都不区分大小写，请注意由于重载名称而对原语的特殊处理，详情见官方文档。

每当 MyBatis 在 PreparedStatement 上设置参数或从 ResultSet 检索值时，都会使用 TypeHandler 以适合 Java 类型的方式检索值。注意：从 MyBatis 3.4.5 版开始，默认情况下支持 JSR-310（日期和时间 API），示例如下。

```
<!--mybatis-config.xml -->
<typeHandlers>
  <typeHandler handler="org.mybatis.example.ExampleTypeHandler"/>
</typeHandlers>
<!--mybatis-config.xml -->
<typeHandlers>
  <package name="org.mybatis.example"/>
</typeHandlers>
<!--mybatis-config.xml -->
<typeHandlers>
  <typeHandler handler="org.apache.ibatis.type.EnumOrdinalTypeHandler"
    javaType="java.math.RoundingMode"/>
</typeHandlers>
```

XMLConfigBuilder. typeAliasesElement( )、typeHandlerElement( ) 方法分别负责解析 typeAliases、typeHandlers 节点及其子节点，并通过 TypeAliasRegistry、TypeHandlerRegistry 分别完成别名的注册、TypeHandler 的注册，代码如下。

```
package org.apache.ibatis.builder.xml;

......
public class XMLConfigBuilder extends BaseBuilder {
.......
  private void parseConfiguration(XNode root) {
      try {
       ..............
        //3.处理 typeAliases
        typeAliasesElement(root.evalNode("typeAliases"));
       .......
        //9.typeHandlers
        typeHandlerElement(root.evalNode("typeHandlers"));
                .....
      } catch (Exception e) {
        throw new BuilderException("Error parsing SQL Mapper Configuration.
Cause: " + e, e);
      }
    }
......
private void typeAliasesElement(XNode parent) {
    if (parent != null) {
      for (XNode child : parent.getChildren()) {          //处理全部子节点
        if ("package".equals(child.getName())) {          //处理 packge 节点
        //获取指定的包名
          String typeAliasPackage = child.getStringAttribute("name");
          //通过 TypeAliasRegistry 扫描指定包中包含的所有类,并解析@Alias 注解,完成别
名的注册
          configuration.getTypeAliasRegistry().registerAliases(typeAliasPackage);
        } else {                                          //处理 typeAliases 节点
          String alias = child.getStringAttribute("alias"); //获取指定的别名
          String type = child.getStringAttribute("type");   //获取别名对应的类型
          try {
            Class<?> clazz = Resources.classForName(type);
            if (alias == null) {
              typeAliasRegistry.registerAlias(clazz); //扫描@Alias 注解,完成注册
            } else {
              typeAliasRegistry.registerAlias(alias, clazz); //注册别名
            }
          } catch (ClassNotFoundException e) {
            throw new BuilderException("Error registering typeAlias for '" +
alias + "'. Cause: " + e, e);
```

```
            }
          }
        }
      }
    }

    private void typeHandlerElement(XNode parent) {
      if (parent != null) {
        for (XNode child : parent.getChildren()) {
          if ("package".equals(child.getName())) {
            String typeHandlerPackage = child.getStringAttribute("name");
            typeHandlerRegistry.register(typeHandlerPackage);
          } else {
            String javaTypeName = child.getStringAttribute("javaType");
            String jdbcTypeName = child.getStringAttribute("jdbcType");
            String handlerTypeName = child.getStringAttribute("handler");
            Class<?> javaTypeClass = resolveClass(javaTypeName);
            JdbcType jdbcType = resolveJdbcType(jdbcTypeName);
            Class<?> typeHandlerClass = resolveClass(handlerTypeName);
            if (javaTypeClass != null) {
              if (jdbcType == null) {
                typeHandlerRegistry.register(javaTypeClass, typeHandlerClass);
              } else {
                typeHandlerRegistry.register(javaTypeClass, jdbcType, typeHan-
dlerClass);
              }
            } else {
              typeHandlerRegistry.register(typeHandlerClass);
            }
          }
        }
      }
    }
    .....
}
```

（4）plugins 节点

MyBatis 允许在映射语句的执行过程中的某些点拦截调用。默认情况下，MyBatis 允许插件拦截以下方法的调用。

```
Executor (update, query, flushStatements, commit, rollback, getTransaction,
close, isClosed)
ParameterHandler (getParameterObject, setParameters)
```

```
ResultSetHandler (handleResultSets, handleOutputParameters)
StatementHandler (prepare, parameterize, batch, update, query)
<!--mybatis-config.xml -->
<plugins>
  <plugin interceptor="org.mybatis.example.ExamplePlugin">
    <property name="someProperty" value="100"/>
  </plugin>
</plugins>
```

插件是 MyBatis 提供的扩展机制之一，用户可以通过添加自定义插件在 SQL 语句执行过程中的某一点进行拦截。MyBatis 中自定义的插件只需实现 Interceptor 接口，并通过注解指定要拦截的方法签名即可。这里分析 MyBatis 是如何加载和管理插件的。

XMLConfigBuilder. pluginElement( )方法负责解析 plugins 节点中定义的插件，并完成实例化和配置操作，具体实现如下。

```
package org.apache.ibatis.builder.xml;

......
public class XMLConfigBuilder extends BaseBuilder {
.......

  private void parseConfiguration(XNode root) {
      try {
        .......
        //4.解析<plugins>节点
        pluginElement(root.evalNode("plugins"));
        ........
      } catch (Exception e) {
         throw new BuilderException("Error parsing SQL Mapper Configuration.
Cause: " + e, e);
      }
    }
......
private void pluginElement(XNode parent) throws Exception {
    if (parent != null) {
      for (XNode child : parent.getChildren()) {//遍历全部子节点(即<plugin>节点)
      //获取<plugin>中属性 interceptor 的值
        String interceptor = child.getStringAttribute("interceptor");
        //获取<plugin>节点下 properties 配置的信息,并形成 Properties 对象
        Properties properties = child.getChildrenAsProperties();
        //通过前面介绍的 typeAliasesRegistry 解析别名之后,实例化 Interceptor 对象
        Interceptor interceptorInstance = (Interceptor) resolveClass(intercep-
tor).getDeclaredConstructor().newInstance()设置
```

```
        //设置 Interceptor 的属性
        interceptorInstance.setProperties(properties);
        //记录 Interceptor 对象
        configuration.addInterceptor(interceptorInstance);
      }
    }
  }
  ......
}
```

所有配置的 Interceptor 对象是通过 Configuration. interceptorChain 字段管理的，InterceptorChain 底层使用 List 实现，代码如下。

```
package org.apache.ibatis.plugin;
.........
public class InterceptorChain {

  private final List<Interceptor> interceptors = new ArrayList<>();

  public Object pluginAll(Object target) {
    for (Interceptor interceptor : interceptors) {
      target = interceptor.plugin(target);
    }
    return target;
  }

  public void addInterceptor(Interceptor interceptor) {
    interceptors.add(interceptor);
  }

  public List<Interceptor> getInterceptors() {
    return Collections.unmodifiableList(interceptors);
  }

}
```

（5）objectFactory、objectWrapperFactory、reflectorFactory 节点

MyBatis 每次创建结果对象的新实例时，都会使用 ObjectFactory 实例来执行此操作。默认的 ObjectFactory 除了使用默认的构造函数实例化目标类外，如果存在参数映射，则使用参数化的构造函数实例化目标类。如果要覆盖 ObjectFactory 的默认行为，则可以创建自己的对象，代码如下。

```
<!--mybatis-config.xml -->
<objectFactory type="org.mybatis.example.ExampleObjectFactory">
```

```
  <property name="someProperty" value="100"/>
</objectFactory>
```

可以通过添加自定义 Objectory 实现类、ObjectWrapperFactory 实现类以及 ReflectorFactory 实现类对 MyBatis 进行扩展，代码如下。

```
package org.apache.ibatis.builder.xml;
......
public class XMLConfigBuilder extends BaseBuilder {
.......
  private void parseConfiguration(XNode root) {
      try {
        .......
        //5.处理 objectFactory
        objectFactoryElement(root.evalNode("objectFactory"));
        //6.处理 objectWrapperFactory
        objectWrapperFactoryElement(root.evalNode("objectWrapperFactory"));
        reflectorFactoryElement(root.evalNode("reflectorFactory"));
        .....
      } catch (Exception e) {
        throw new BuilderException("Error parsing SQL Mapper Configuration.
Cause: " + e, e);
      }
    }
......
  private void objectFactoryElement(XNode context) throws Exception {
      if (context != null) {
        //获取 objectFactory 节点的 type 属性值
        String type = context.getStringAttribute("type");
        //获取 ObjectFactory 节点下配置的信息,并形成 Properties 对象
        Properties properties = context.getChildrenAsProperties();
        //进行别名解析后,实例化自定义 ObjectFactory 实现
          ObjectFactory factory = (ObjectFactory) resolveClass(type)
.getDeclaredConstructor().newInstance();
        //设置自定义 ObjectFactory 的属性,完成初始化的相关操作
        factory.setProperties(properties);
        //将自定义 ObjectFactory 对象记录到 configuration 对象的 ObjectFactory 字
段中
        configuration.setObjectFactory(factory);
      }
    }
.......
  private void objectWrapperFactoryElement(XNode context) throws Exception {
```

```
    if (context != null) {
      String type = context.getStringAttribute("type");
        ObjectWrapperFactory factory = (ObjectWrapperFactory) resolveClass
(type).getDeclaredConstructor().newInstance();
      configuration.setObjectWrapperFactory(factory);
    }
  }

  ......
  private void reflectorFactoryElement(XNode context) throws Exception {
    if (context != null) {
      String type = context.getStringAttribute("type");
        ReflectorFactory factory = (ReflectorFactory) resolveClass (type)
.getDeclaredConstructor().newInstance();
      configuration.setReflectorFactory(factory);
    }
  }
}
```

（6） environments 节点

MyBatis 可以配置多个环境。出于多种原因，这可以帮助用户将 SQL Maps 应用于多个数据库。例如，用户的开发、测试和生产环境可能具有不同的配置。或者，用户可能有多个共享相同模式的生产数据库，并且用户想对两者使用相同的 SQL 映射。

MyBatis 可以配置多个节点，每个节点对应一种环境的配置。不过，有一点很重要：虽然可以配置多个环境，但每个 SqlSessionFactory 实例只能选择一个。

环境元素定义环境的配置方式如下。

```
<environments default="development">
  <environment id="development">
    <transactionManager type="JDBC">
      <property name="..." value="..."/>
    </transactionManager>
    <dataSource type="POOLED">
      <property name="driver" value="${driver}"/>
      <property name="url" value="${url}"/>
      <property name="username" value="${username}"/>
      <property name="password" value="${password}"/>
    </dataSource>
  </environment>
</environments>
```

XMLConfigBuilder.environmentsElement()方法负责解析相关配置，它会根据 XMLConfigBuilder.environment 字段值确定要使用的配置，之后创建对应的 TransactionFactory 和

DataSource 对象，并封装进 Environment 对象中。environmentsElement( )方法的具体实现如下。

```
package org.apache.ibatis.builder.xml;

......
public class XMLConfigBuilder extends BaseBuilder {
.......

  private void parseConfiguration(XNode root) {
      try {
        ........
        //7.处理 environments
        environmentsElement(root.evalNode("environments"));
        .......
      } catch (Exception e) {
         throw new BuilderException("Error parsing SQL Mapper Configuration.
Cause: " + e, e);
      }
    }
......

private void environmentsElement(XNode context) throws Exception {
    if (context != null) {
        //未指定 XMLConfigBuilder.environment 字段,则使用 default 属性指定的<envi-
ronment>
      if (environment == null) {
        environment = context.getStringAttribute("default");
      }
      for (XNode child : context.getChildren()) {//遍历<environment>节点
        String id = child.getStringAttribute("id");
        if (isSpecifiedEnvironment(id)) {
        //创建 TransactionFactory,具体实现是先通过 TypeAliasRegistry 解析别名之后,
实例化 TransactionFactory
                  TransactionFactory  txFactory  =  transactionManagerElement
(child.evalNode("transactionManager"));
          //创建 DataSourceFactory 和 DataSource
             DataSourceFactory dsFactory = dataSourceElement (child.evalNode
("dataSource"));
          DataSource dataSource = dsFactory.getDataSource();
          //创建 Environment,Environment 中封装了上面创建的 TransactionFactory 对
象以及 DataSource 对象
```

```
        Environment.Builder environmentBuilder = new Environment.Builder(id)
            .transactionFactory(txFactory)
            .dataSource(dataSource);
          //将 Environment 对象记录到 configuration.environment 字段中
        configuration.setEnvironment(environmentBuilder.build());
      }
    }
  }
 }
}
```

（7） databaseIdProvider 节点

MyBatis 能够根据数据库供应商执行不同的语句。多数据库供应商支持基于映射的语句 databaseId 属性。MyBatis 将加载所有不具有 databaseId 属性或与当前语句匹配的 databaseId 的语句。如果在有和没有 databaseId 的情况下找到相同的语句，则后者将被丢弃。要启用多供应商支持，如下代码能够将 databaseIdProvider 添加到 mybatis-config. xml 文件。

```
<databaseIdProvider type="DB_VENDOR" />
```

DB_VENDOR 实现 databaseIdProvider 将 DatabaseMetaData#getDatabaseProductName( ) 返回的字符串设置为 databaseId。鉴于通常该字符串太长，并且同一产品的不同版本可能返回不同的值，用户可能希望通过添加如下属性将其转换为较短的值。

```
<databaseIdProvider type="DB_VENDOR">
  <property name="SQL Server" value="sqlserver"/>
  <property name="DB2" value="db2"/>
  <property name="Oracle" value="oracle" />
</databaseIdProvider>
```

XMLConfigBuilder. databaseIdProviderElement( ) 方法负责解析节点，并创建指定的 DatabaseIdProvider 对象。DatabaseIdProvider 会返回 databaseId 值，MyBatis 会根据 databaseId 选择合适的 SQL 进行执行。

```
package org.apache.ibatis.builder.xml;

......
public class XMLConfigBuilder extends BaseBuilder {
.......
  private void parseConfiguration(XNode root) {
      try {
        ........
        //8.解析 databaseIdProvider 节点
        databaseIdProviderElement(root.evalNode("databaseIdProvider"));
      .........
      } catch (Exception e) {
```

```
        throw new BuilderException ("Error parsing SQL Mapper Configuration.
Cause: " + e, e);
      }
    }
......
private void databaseIdProviderElement (XNode context) throws Exception {
    DatabaseIdProvider databaseIdProvider = null;
    if (context != null) {
      String type = context.getStringAttribute("type");
      //awful patch to keep backward compatibility
      //为保证兼容性,修改 type 值
      if ("VENDOR".equals(type)) {
        type = "DB_VENDOR";
      }
      //解析相关配置信息
      Properties properties = context.getChildrenAsProperties();
      //创建 DatabaseIdProvider 对象
        databaseIdProvider = (DatabaseIdProvider) resolveClass (type)
.getDeclaredConstructor(). newInstance();
      //配置 DatabaseIdProvider 对象,完成初始化
      databaseIdProvider.setProperties(properties);
    }
    Environment environment = configuration.getEnvironment();
    if (environment != null && databaseIdProvider != null) {
        //通过前面确定的 DataSource 获取 databaseId,并记录到 Configuration. data-
baseId 字段中
      String databaseId = databaseIdProvider.getDatabaseId(environment. get-
DataSource());
      configuration.setDatabaseId(databaseId);
    }
  }
}
```

Mybatis 提供的 DatabaseIdProvider 接口及其实现如下。

```
package org.apache.ibatis.mapping;
….
/**
 * 应该返回一个 ID 来识别这个数据库的类型
 *  以后可以使用该 ID 为每个数据库类型建立不同的查询,
 *  这个机制能够支持多个供应商或者版本
 */
public interface DatabaseIdProvider {
```

```
  default void setProperties(Properties p) {
    //NOP
  }

  String getDatabaseId(DataSource dataSource) throws SQLException;
}
```

实现 DatabaseIdProvider 的两个工具是 DefaultDatabaseIdProvider 和 VendorDatabaseIdProvider，其中 DefaultDatabaseIdProvider 已很少使用，VendorDatabaseIdProvider 代码如下。

```
package org.apache.ibatis.mapping;
……
/**
 *     它会返回数据库产品名称作为数据库 ID
 *     如果用户提供一个属性列表,它会使用这个属性列表去转化数据库产品名
 *     如:key='Microsoft SQL Server',value='ms',就会返回'ms'
 *     如果没有数据库产品名或者指定了属性列表当但是没有找到译文,就会返回 null

 * @author Eduardo Macarron
 */
public class VendorDatabaseIdProvider implements DatabaseIdProvider {

  private Properties properties;

  /**
   * 获取数据库 ID
   * <p>
   *     如果 {@link @dataSoure} 为 null 会抛出异常,实际直接调用 {@link  VendorDatabaseIdProvider#getDatabaseName(DataSource)}
   * </p>
   */
  @Override
  public String getDatabaseId(DataSource dataSource) {
    if (dataSource == null) {
      throw new NullPointerException("dataSource cannot be null");
    }
    try {
      return getDatabaseName(dataSource);
    } catch (Exception e) {
      LogHolder.log.error("Could not get a databaseId from dataSource", e);
    }
    return null;
```

```
  }

  @Override
  public void setProperties(Properties p) {
    this.properties = p;
  }

 /**
   * 获取数据库名
   * <p>
   *      调用 {@link VendorDatabaseIdProvider#getDatabaseName(DataSource)} 获取
 到数据库产品名赋值给{@link @productName},
   *      然后遍历 {@link VendorDatabaseIdProvider#properties} 找出第一个能与 {@
 link @productName} 匹配的 key ,
   *      最后返回其 value ( p:主要是第一个匹配的 key,而不是最匹配的 key ). 如果{@link
 VendorDatabaseIdProvider#properties}
   *      没有找到,就直接返回{@link @productName}
   * </p>
   */
  private String getDatabaseName(DataSource dataSource) throws SQLException {
    String productName = getDatabaseProductName(dataSource);
    if (this.properties != null) {
      for (Map.Entry<Object, Object> property : properties.entrySet()) {
        if (productName.contains((String) property.getKey())) {
          return (String) property.getValue();
        }
      }
      //no match, return null
      return null;
    }
    return productName;
  }

  /**
   * 获取数据库产品名
   * <p>
   *      通过获取数据库来连接得到数据库的描述信息类,从中获取数据库产品名称
   * </p>
   */
  private String getDatabaseProductName(DataSource dataSource) throws SQLEx-
 ception {
    try (Connection con = dataSource.getConnection()) {
```

```
        DatabaseMetaData metaData = con.getMetaData();
        return metaData.getDatabaseProductName();
      }

    }

    /**
     * 只是封装了一个 {@link Log} 并赋值给 {@link LogHolder#log}
     */
    private static class LogHolder {
      private static final Log log = LogFactory.getLog(VendorDatabaseIdProvider.
class);
    }

  }
```

（8）mapper 节点

MyBatis 初始化时，除了装载 mybatis-config.xml 配置文件，还会加载全部的映射文件 XXXMapper.xml。MyBatis 的行为已使用上述配置元素进行了配置，就可以定义映射的 SQL 语句了。但是，首先需要告诉 MyBatis 在哪里可以找到它们。Java 在这方面实际上并没有提供任何好的自动发现手段，因此最好的方法是告诉 MyBatis 在哪里可以找到映射文件。用户可以使用类路径相对资源引用、完全限定的 url 引用（包括 file:/// URL）、类名或包名。示例如下。

```
<!-- Using classpath relative resources -->
<mappers>
  <mapper resource="org/mybatis/builder/AuthorMapper.xml"/>
  <mapper resource="org/mybatis/builder/BlogMapper.xml"/>
  <mapper resource="org/mybatis/builder/PostMapper.xml"/>
</mappers>

<!-- Using url fully qualified paths -->
<mappers>
  <mapper url="file:///var/mappers/AuthorMapper.xml"/>
  <mapper url="file:///var/mappers/BlogMapper.xml"/>
  <mapper url="file:///var/mappers/PostMapper.xml"/>
</mappers>

<!-- Using mapper interface classes -->
<mappers>
  <mapper class="org.mybatis.builder.AuthorMapper"/>
  <mapper class="org.mybatis.builder.BlogMapper"/>
```

```
  <mapper class="org.mybatis.builder.PostMapper"/>
</mappers>

<!-- Register all interfaces in a package asmappers -->
<mappers>
  <package name="org.mybatis.builder"/>
</mappers>
```

XMLConfigBuilder. mapperElement( )方法负责解析节点，它会创建 XMLMapperBuilder 对象加载映射文件，如果映射配置文件存在相应的 Mapper 接口，也会装载相应 Mapper 接口，解析其中的注解并完成对 MapperRegistry 的注册。

```
package org.apache.ibatis.builder.xml;

......
public class XMLConfigBuilder extends BaseBuilder {
.......

  private void parseConfiguration(XNode root) {
      try {
        ......
        //10 解析配置的 Mapper.xml 配置文件,Mapper 配置文件可以说是 MyBatis 的核心,
MyBatis 的特性和理念都体现在此 Mapper 的配置和设计上
        mapperElement(root.evalNode("mappers"));
      } catch (Exception e) {
        throw new BuilderException("Error parsing SQL Mapper Configuration.
Cause: " + e, e);
      }
    }
......

private void mapperElement(XNode parent) throws Exception {
    if (parent != null) {
      for (XNode child : parent.getChildren()) {//处理<mappers>子节点
        if ("package".equals(child.getName())) { //处理<package>节点
          String mapperPackage = child.getStringAttribute("name");
          configuration.addMappers(mapperPackage);
        } else {
        //获取<mapper>节点 resource、url、class 属性值
          String resource = child.getStringAttribute("resource");
          String url = child.getStringAttribute("url");
          String mapperClass = child.getStringAttribute("class");
```

```
        //如果<mapper>节点指定了 resource 或者 url 属性,则创建 XMLMapperBuilder 对
象,并通过该对象解析 resource 或是 url 属性指定的 Mapper 配置文件
          if (resource != null && url == null && mapperClass == null) {
            ErrorContext.instance().resource(resource);
            InputStream inputStream = Resources.getResourceAsStream(resource);
            //创建 XMLMapperBuilder 对象,解析映射配置文件
            XMLMapperBuilder mapperParser = new XMLMapperBuilder(inputStream,
configuration, resource, configuration.getSqlFragments());
            mapperParser.parse();
          } else if (resource == null && url != null && mapperClass == null) {
            ErrorContext.instance().resource(url);
            InputStream inputStream = Resources.getUrlAsStream(url);
            //创建 XMLMapperBuilder 对象,解析映射配置文件
            XMLMapperBuilder mapperParser = new XMLMapperBuilder(inputStream,
configuration, url, configuration.getSqlFragments());
            mapperParser.parse();
          } else if (resource == null && url == null && mapperClass != null) {
          //如果<mapper>节点指定了 class 属性,则向 MapperRegistry 注册改 Mapper 接口
            Class<?> mapperInterface = Resources.classForName(mapperClass);
            configuration.addMapper(mapperInterface);
          } else {
            throw new BuilderException("A mapper element may only specify a url,
resource or class, but not more than one.");
          }
        }
      }
    }
  }
  ......
}
```

MyBatis 初始化过程中对 mybatis-config. xml 配置文件的解析就到这里，下一节继续介绍 MyBatis 对映射配置文件的解析过程。

1.2.5 XMLMapperBuilder

类 XMLMapperBuilder 负责解析映射配置文件，它也继承了 BaseBuilder 抽象类，也是具体建造者的角色。其实 XMLMapperBuilder 和 XMLConfigBuilder 的功能比较相似，只是 XMLConfigBuilder 的作用范围，或者说包括的范围比较大。

XMLMapperBuilder. parse( )入口如下。

```
package org.apache.ibatis.builder.xml;
```

```
......
public class XMLMapperBuilder extends BaseBuilder {
......
//解析映射文件的入口
public void parse() {
//如果 configuration 对象还没加载 xml 配置文件(避免重复加载,实际上是确认是否解析了
mapper 节点的属性及内容,
   //为解析它的子节点如 cache、sql、select、resultMap、parameterMap 等做准备),
   //则从输入流中解析 mapper 节点,然后再将 resource 的状态置为已加载
  if (!configuration.isResourceLoaded(resource)) {
    configurationElement(parser.evalNode("/mapper"));
    configuration.addLoadedResource(resource);
    //注册 Mapper 接口
    bindMapperForNamespace();
  }
//解析在 configurationElement 函数中处理 resultMap 时其 extends 属性指向的父对象还没
被处理的<resultMap>节点
  parsePendingResultMaps();
     //解析在 configurationElement 函数中处理 cache-ref 时其指向的对象不存在的
<cache>节点(如果 cache-ref 先于其指向的 cache 节点加载就会出现这种情况)
  parsePendingCacheRefs();
      //同上,如果 cache 没加载的话处理 statement 时也会抛出异常

  parsePendingStatements();
}
```

XMLMapperBuilder 将每个节点的解析过程封装了一个方法，而这些方法由 XMLMapperBuilder. configurationElement( )方法调用，本节逐一分析这些节点的解析过程，configurationElement( )方法的具体实现如下。

```
package org.apache.ibatis.builder.xml;
.......
public class XMLMapperBuilder extends BaseBuilder {
.........
private void configurationElement(XNode context) {
  try {
     //获取 mapper 节点的 namespace 属性
    String namespace = context.getStringAttribute("namespace");
    if (namespace == null || namespace.isEmpty()) {
      throw new BuilderException("Mapper's namespace cannot be empty");
    }
    //设置当前 namespace
    builderAssistant.setCurrentNamespace(namespace);
```

```
        //解析 mapper 的<cache-ref>节点
        cacheRefElement(context.evalNode("cache-ref"));
        //解析 mapper 的<cache>节点
        cacheElement(context.evalNode("cache"));
        //解析 mapper 的<parameterMap>节点
        parameterMapElement(context.evalNodes("/mapper/parameterMap"));
        //解析 mapper 的<resultMap>节点
        resultMapElements(context.evalNodes("/mapper/resultMap"));
        //解析 mapper 的<sql>节点
        sqlElement(context.evalNodes("/mapper/sql"));

        buildStatementFromContext(context.evalNodes("select|insert|update|de-
lete"));
      } catch (Exception e) {
        throw new BuilderException("Error parsing Mapper XML. The XML location is '"
+ resource + "'. Cause: " + e, e);
      }
    }
    ..........
    }
```

configurationElement 函数几乎解析了 mapper 节点下所有子节点，至此 mybaits 解析了 mapper 中的所有节点，并将其加入 Configuration 对象中提供给 sqlSessionFactory 对象随时使用。

1. cache 节点

MyBatis 包括功能强大的事务查询缓存功能，该功能非常易于配置和自定义。MyBatis 3 缓存实现已进行了很多更改，以使其功能更强大且更容易配置。

默认情况下，仅启用本地会话缓存，该缓存仅用于在会话持续时间内缓存数据。要启用全局第二级缓存，用户只需要向 SQL 映射文件添加一行即可。

```
<cache/>

<cache eviction="FIFO"flushInterval="60000" size="512" readOnly="true"/>
```

除了通过这些方式自定义缓存外，用户还可以通过实现自己的缓存或为其他第三方缓存解决方案创建适配器来完全覆盖缓存行为。

```
<cache type="com.domain.something.MyCustomCache"/>

<cache type="com.domain.something.MyCustomCache">
  <property name="cacheFile" value="/tmp/my-custom-cache.tmp"/>
</cache>
```

XMLMapperBuilder. cacheElement( )方法主要负责解析节点，其代码如下。

```
package org.apache.ibatis.builder.xml;
......
public class XMLMapperBuilder extends BaseBuilder {
.....
private void cacheElement(XNode context) {
  if (context != null) {
        //获取<cache>节点的 type 属性,默认值是 PERPETUAL
    String type = context.getStringAttribute("type", "PERPETUAL");
    //查找 type 属性对应的 Cache 接口实现
    Class<? extends Cache> typeClass = typeAliasRegistry.resolveAlias(type);
    //获取<cache>节点的 eviction 属性,默认值是 LRU
    String eviction = context.getStringAttribute("eviction", "LRU");
    //解析 eviction 属性指定的 Cache 装饰器类型
     Class <? extends Cache > evictionClass = typeAliasRegistry.resolveAlias
(eviction);
    //获取<cache>节点的 flushInterval 属性,默认值是 null
    Long flushInterval = context.getLongAttribute("flushInterval");
    //获取<cache>节点的 size 属性,默认值是 null
    Integer size = context.getIntAttribute("size");
    //获取<cache>节点的 readOnly 属性,默认值是 false
    boolean readWrite = !context.getBooleanAttribute("readOnly", false);
    //获取<cache>节点的 blocking 属性,默认值是 false
    boolean blocking = context.getBooleanAttribute("blocking", false);
    //获取<cache>节点下的子节点,将用于初始化二级缓存
    Properties props = context.getChildrenAsProperties();
    //通过 MapperBuilderAssistant 创建 Cache 对象,并添加到 Configuration.caches
集合
      builderAssistant.useNewCache (typeClass, evictionClass, flushInterval,
size, readWrite, blocking, props);
  }
......
}
```

MapperBuilderAssistant 是一个辅助类，其 useNewCache( ) 方法负责创建 Cache 对象，并将其添加到 Configuration. caches 集合中保存。Configuration 中的 caches 字段是 StrictMap 类型的字段，它记录 Cache 的 id（默认是映射文件的 namespace）与 Cache 对象（二级缓存）之间的对应关系。StrictMap 继承了 HashMap。

```
package org.apache.ibatis.builder;
public class MapperBuilderAssistant extends BaseBuilder {
.......
  public Cache useNewCache(Class<? extends Cache> typeClass,
      Class<? extends Cache> evictionClass,
```

```
    Long flushInterval,
    Integer size,
    boolean readWrite,
    boolean blocking,
    Properties props) {
  //创建 Cache 对象,这里使用了建造者模式,CacheBuilder 是建造者的角色,而 Cache 是生成的产品
  Cache cache = new CacheBuilder(currentNamespace)
      .implementation(valueOrDefault(typeClass, PerpetualCache.class))
      .addDecorator(valueOrDefault(evictionClass, LruCache.class))
      .clearInterval(flushInterval)
      .size(size)
      .readWrite(readWrite)
      .blocking(blocking)
      .properties(props)
      .build();
  //将 Cache 对象添加到 Configuration.caches 集合中保存,其中 cache 的 id 作为 key,Cache 本身作为 value
  configuration.addCache(cache);
  currentCache = cache;
  return cache;
 }
 .....
}
```

需要重点关注 StrictMap. put( )方法：

```
package org.apache.ibatis.session;
......
public class Configuration {
......
protected final Map<String, Cache> caches = new StrictMap<>("Caches collection");
......
 public void addCache(Cache cache) {
  caches.put(cache.getId(), cache);
 }
 ......
 protected static class StrictMap<V> extends HashMap<String, V> {
      private static final long serialVersionUID = -4950446264854982944L;
  private final String name;
  private BiFunction<V, V, String> conflictMessageProducer;
  ........
```

```
    @Override
    @SuppressWarnings("unchecked")
    public V put(String key, V value) {
      if (containsKey(key)) { //如果已经包含了改 key,则直接返回异常
        throw new IllegalArgumentException(name + " already contains value for "
+ key
            + (conflictMessageProducer == null ? "" : conflictMessageProducer.
apply(super.get(key), value)));
      }
      if (key.contains(".")) {
      //按照"."讲 key 分成数组,并将数组的最后一项作为 shortkey
        final String shortKey = getShortName(key);
         //如不存在 shortKey 键值则放进去
        if (super.get(shortKey) == null) {
          super.put(shortKey, value);
        } else {
         //存在 shortKey 键值,填充占位对象 Ambiguity
          super.put(shortKey, (V) new Ambiguity(shortKey));
        }
      }
      //如果不存在该 key,则添加该键值对
      return super.put(key, value);
    }

    @Override
    public V get(Object key) {
      V value = super.get(key);
      //如果该 key 没有对应的 value,那就会报错
      if (value == null) {
        throw new IllegalArgumentException(name + " does not contain value for "
+ key);
      }
      //如果 value 是 Ambiguity 对象,也会报错
      if (value instanceof Ambiguity) {
        throw new IllegalArgumentException(((Ambiguity) value).getSubject() + " is
ambiguous in " + name
            + " (try using the full name including the namespace, or rename one of
the entries)");
      }
      return value;
    }
    ......
```

```
    //Ambiguity 是 StrictMap 中定义的静态内存类,它表示的是存在二义性的键值
    protected static class Ambiguity {
          //该字段记录了存在的二义性的 key,并提供了相应的 getter 方法
      final private String subject;

      public Ambiguity(String subject) {
        this.subject = subject;
      }

      public String getSubject() {
        return subject;
      }
    }

    private String getShortName(String key) {
      final String[] keyParts = key.split("\\.");
      return keyParts[keyParts.length - 1];
    }
    ......
  }
}
```

CacheBuilder 是 Cache 的建造者，CacheBuilder 的源代码如下。

```
package org.apache.ibatis.mapping;
.......
public class CacheBuilder {
  private final String id;// Cache 对象的唯一标识,一般情况下对应映射文件的配
置 namespace
  //Cache 接口的真正实现类,默认指 PerpetualCache
  private Class<? extends Cache> implementation;
  //装饰器集合,默认值包含 LruCache.class
  private final List<Class<? extends Cache>> decorators;
  //Cache 对象大小
  private Integer size;
  //清理周期
  private Long clearInterval;
  //是否可读写
  private boolean readWrite;
  //配置信息
  private Properties properties;
  //是否阻塞
```

```
  private boolean blocking;
}
```

重点分析 CacheBuilder. builder( )方法，该方法根据 CacheBuilder 中字段的值创建 Cache 对象并添加合适的装饰器，代码如下。

```
package org.apache.ibatis.mapping;

.......
public class CacheBuilder {
......
  public Cache build() {
    setDefaultImplementations();
    Cache cache = newBaseCacheInstance(implementation, id);
    //根据<cache>节点下配置的<property>信息,初始化 Cache 对象
    setCacheProperties(cache);

    //判断 cache 对象类型,如果是 PerpetualCache 类型,则为其添加 decorators 集合中的装饰器;如果是自定义类型的 Cache 接口实现,则不添加 decorators 集合中的装饰器
    //issue #352, do not apply decorators to custom caches
    if (PerpetualCache.class.equals(cache.getClass())) {
      for (Class<? extends Cache> decorator : decorators) {
            //通过反射获取参数为 Cache 类型的构造方法,并通过该构造方法创建装饰器
        cache = newCacheDecoratorInstance(decorator, cache);
        setCacheProperties(cache);//设置 cache 对象的属性
      }
      //添加 MyBatis 中提供的标准装饰器
      cache = setStandardDecorators(cache);
    } else if (!LoggingCache.class.isAssignableFrom(cache.getClass())) {
          //如果不是 LoggingCache 的子类,则添加 LoggingCache 装饰器
      cache = new LoggingCache(cache);
    }
    return cache;
  }
  .....
  //如果字段 implementation 和集合 decorators 为空,则为其设置默认值,implementation 默认 PerpetualCache,decorators 默认只包含 LruCache.class
  private void setDefaultImplementations() {
    if (implementation == null) {
      implementation = PerpetualCache.class;
      if (decorators.isEmpty()) {
        decorators.add(LruCache.class);
      }
```

```
    }
  }
  .....
  //根据 implementation 指定的类型,通过反射获取参数为 String 类型的构造方法,并通过该
构造方法创建 Cache 对象
  private Cache newBaseCacheInstance(Class<? extends Cache> cacheClass, String
id) {
    Constructor<? extends Cache> cacheConstructor = getBaseCacheConstructor
(cacheClass);
    try {
      return cacheConstructor.newInstance(id);
    } catch (Exception e) {
      throw new CacheException("Could not instantiate cache implementation (" +
cacheClass + "). Cause: " + e, e);
    }
  }
  .....
  //根据<cache>节点下配置的<property>信息,初始化 Cache 对象
  private void setCacheProperties(Cache cache) {
    if (properties != null) {
          //cache 对应创建 MetaObject 对象
      MetaObject metaCache = SystemMetaObject.forObject(cache);
      for (Map.Entry<Object, Object> entry : properties.entrySet()) {
        String name = (String) entry.getKey();//Cache 对应的属性名称
        String value = (String) entry.getValue();//Cache 对应的属性值
        if (metaCache.hasSetter(name)) {//检测 cache 对象是否有该属性对应的 setter
方法
          Class<?> type = metaCache.getSetterType(name);//获取该属性的类型
          if (String.class == type) {//进行类型转换,并设置该属性值,以下类似
            metaCache.setValue(name, value);
          } else if (int.class == type
              || Integer.class == type) {
            metaCache.setValue(name, Integer.valueOf(value));
          } else if (long.class == type
              || Long.class == type) {
            metaCache.setValue(name, Long.valueOf(value));
          } else if (short.class == type
              || Short.class == type) {
            metaCache.setValue(name, Short.valueOf(value));
          } else if (byte.class == type
              || Byte.class == type) {
            metaCache.setValue(name, Byte.valueOf(value));
```

```
        } else if (float.class == type
            || Float.class == type) {
          metaCache.setValue(name, Float.valueOf(value));
        } else if (boolean.class == type
            || Boolean.class == type) {
          metaCache.setValue(name, Boolean.valueOf(value));
        } else if (double.class == type
            || Double.class == type) {
          metaCache.setValue(name, Double.valueOf(value));
        } else {
          throw new CacheException("Unsupported property type for cache: '" +
name + "' of type " + type);
        }
      }
    }
  }
  //如果 Cache 类继承了 InitializingObject 接口,则调用 initialize 方法继续自定义的
初始化操作
  if (InitializingObject.class.isAssignableFrom(cache.getClass())) {
    try {
      ((InitializingObject) cache).initialize();
    } catch (Exception e) {
      throw new CacheException("Failed cache initialization for '"
        + cache.getId() + "' on '" + cache.getClass().getName() + "'", e);
    }
  }
}
.....
 //根据 CacheBuilder 中各个字段的值,为 cache 对象添加对应的装饰器
 private Cache setStandardDecorators(Cache cache) {
  try {
  //创建 cache 对象对应的 MetaObject 对象
    MetaObject metaCache = SystemMetaObject.forObject(cache);
    if (size != null && metaCache.hasSetter("size")) {
      metaCache.setValue("size", size);
    }
    //判断是否指定了 clearInterval 字段
    if (clearInterval != null) {
    //添加 ScheduledCache 装饰器
      cache = new ScheduledCache(cache);
      //设置 ScheduledCache 的 clearInterval 字段
      ((ScheduledCache) cache).setClearInterval(clearInterval);
```

```
        }
        if (readWrite) {//判断是否只读,对应添加 SerializedCache 装饰器
          cache = new SerializedCache(cache);
        }
        //默认添加 LoggingCache 和 SynchronizedCache
        cache = new LoggingCache(cache);
        cache = new SynchronizedCache(cache);
        //是否阻塞,对应添加 BlockingCache 装饰器
        if (blocking) {
          cache = new BlockingCache(cache);
        }
        return cache;
      } catch (Exception e) {
        throw new CacheException("Error building standard cache decorators.
  Cause: " + e, e);
      }
    }
    .......
    }
```

2. cache-ref 节点

cache-ref 代表引用别的命名空间的 Cache 配置，两个命名空间的操作使用的是同一个 Cache。

```
<cache-ref namespace="com.someone.application.data.SomeMapper"/>
```

XMLMapperBuilder. cacheElement 方法会为每个 namespace 创建一个对应的 Cache 对象，并在 Configuration. caches 集合中记录 namespace 与 Cache 对象之间的对应关系。如果希望多个 namespace 共用一个二级缓存，即同一个 Cache 对象，那么就可以使用 cache-ref 节点进行配置，如图 1-10 所示，com. someone. application. data. SomeMapper2 共用了 com. someone. application. data. SomeMapper 的 Cache 对象。

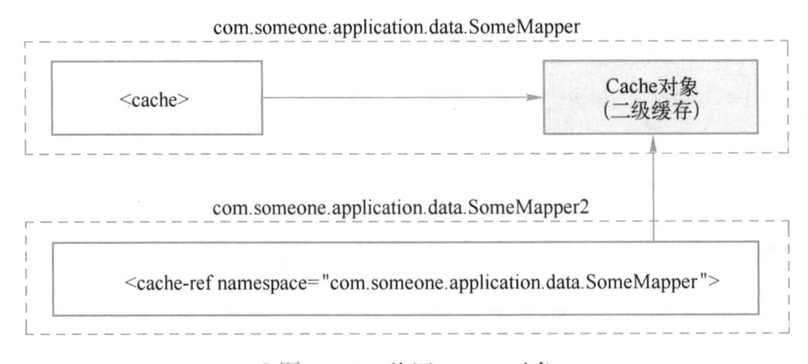

●图 1-10　共用 Cache 对象

XMLMapperBuilder. cacheRefElement( ) 方法负责解析节点。这里首先需要了解 Configuration. cacheRefMap 集合，该集合是 HashMap<String,String>类型，其中的 key 就是阶段所在的

namespace，value 是节点的 namespace 属性所指定的值，本例中就是 com. someone. application. data. SomeMapper。也就是前者共用后者的 cache 对象。

XMLMapperBuilder. cacheRefElement 代码如下。

```
package org.apache.ibatis.builder.xml;
.....
public class XMLMapperBuilder extends BaseBuilder {
......
  private void cacheRefElement(XNode context) {
    if (context != null) {
        //将当前 Mapper 配置文件的 namespace 与被应用的 Cache 所在的 namespace 之间的
对应关系记录到 Configuration.cacheRefMap 集合中
      configuration.addCacheRef(builderAssistant.getCurrentNamespace(), con-
text.getStringAttribute("namespace"));
      //创建 CacheRefResolver 对象
      CacheRefResolver cacheRefResolver = new CacheRefResolver(builderAssis-
tant, context.getStringAttribute("namespace"));
      try {
          //解析 Cache 引用,该过程主要是设置 MapperBuilderAssistant 中的 current-
Cache 和 unresolvedCacheRef 字段
        cacheRefResolver.resolveCacheRef();
      } catch (IncompleteElementException e) {
          //如果有异常,则添加到 Configuration.incompleteCacheRefs 集合
        configuration.addIncompleteCacheRef(cacheRefResolver);
      }
    }
  }
.....
}
```

CacheRefResolver 是一个简单的 Cache 引用解析器，其中封装了被应用的 namespace 以及当前 XMLMapperBuilder 对应的 MapperBuilderAssistant 对象。CacheRefResolver 代码如下。

```
package org.apache.ibatis.builder;

import org.apache.ibatis.cache.Cache;

public class CacheRefResolver {
  private final MapperBuilderAssistant assistant;
  private final String cacheRefNamespace;

  public CacheRefResolver(MapperBuilderAssistant assistant, String cacheRef-
Namespace) {
    this.assistant = assistant;
```

```
    this.cacheRefNamespace = cacheRefNamespace;
  }

  public Cache resolveCacheRef() {
    return assistant.useCacheRef(cacheRefNamespace);
  }
}
```

MapperBuilderAssistant 代码如下。

```
package org.apache.ibatis.builder;
.....
public class MapperBuilderAssistant extends BaseBuilder {
.....
public Cache useCacheRef(String namespace) {
//如果为空,则抛出异常
  if (namespace == null) {
     throw new BuilderException("cache-ref element requires a namespace attribute.");
  }
  try {
          //标识未成功解析 Cache 引用
    unresolvedCacheRef = true;
    //获取 namespace 对应的 Cache 对象
    Cache cache = configuration.getCache(namespace);
    //如果 cache 为空,则抛出异常
    if (cache == null) {
       throw new IncompleteElementException("No cache for namespace '" + namespace + "' could be found.");
    }
    //记录当前命名空间使用的 Cache 对象
    currentCache = cache;
    //标识已经解析成功
    unresolvedCacheRef = false;
    return cache;
  } catch (IllegalArgumentException e) {
    throw new IncompleteElementException("No cache for namespace '" + namespace + "' could be found.", e);
  }
}
......
}
```

Configuration 字段 incompleteCacheRefs 是 CacheRefResolver 集合，记录了当前解析出现

异常的 CacheRefResolver 对象，代码如下。

```
package org.apache.ibatis.session;
......
public class Configuration {
        protected final Collection<CacheRefResolver> incompleteCacheRefs =
new LinkedList<>();
....
}
```

3. parameterMap 节点

parameterMap 节点属于老式的参数映射方式，将来可能会删除此元素。所以不推荐使用，这里也不详细介绍。

4. resultMap 节点

在使用 Mybatis 的时候，都会使用 resultMap 节点来绑定列与 bean 属性的对应关系，但是一般只会使用其简单的属性，还有一些比较复杂的属性可以实现一些高级的功能，resultMap 节点绑定列的简单应用代码如下，其各个属性的含义见表 1-1。

```
<resultMap id="userResultMap" type="User" autoMapping="false">
  <id property="id" column="user_id" />
  <result property="username" column="user_name"/>
  <result property="password" column="hashed_password"/>
</resultMap>

<resultMap id="carResult" type="Car" extends="vehicleResult">
  <result property="doorCount" column="door_count" />
</resultMap>
```

表 1-1 各个属性的含义

属性	含义
id	此名称空间中的唯一标识符，可用于引用此结果映射
type	表示其对于 pojo 类型，可以使用别名，也可以使用全限定类名
autoMapping	如果设置这个属性，MyBatis 将会为这个 ResultMap 开启或者关闭自动映射。这个属性会覆盖全局的属性 autoMappingBehavior。默认值为：unset

创建 MyBatis 的初衷是：数据库并不总是用户想要或需要的。虽然用户希望每个数据库都可以成为完美的第三范式或 BCNF，但事实并非如此。如果可以将一个数据库完美地映射到使用它的所有应用程序中，那将是很好的。MyBatis 为该问题提供了一种解决方案。

例如，采用 resultMap 映射下述语句的代码如下所示。

```
!-- Very Complex Statement -->
<select id="selectBlogDetails" resultMap="detailedBlogResultMap">
  select
```

```
        B.id as blog_id,
        B.title as blog_title,
        B.author_id as blog_author_id,
        A.id as author_id,
        A.username as author_username,
        A.password as author_password,
        A.email as author_email,
        A.bio as author_bio,
        A.favourite_section as author_favourite_section,
        P.id as post_id,
        P.blog_id as post_blog_id,
        P.author_id as post_author_id,
        P.created_on as post_created_on,
        P.section as post_section,
        P.subject as post_subject,
        P.draft as draft,
        P.body as post_body,
        C.id as comment_id,
        C.post_id as comment_post_id,
        C.name as comment_name,
        C.comment as comment_text,
        T.id as tag_id,
        T.name as tag_name
    from Blog B
        left outer join Author A on B.author_id = A.id
        left outer join Post P on B.id = P.blog_id
        left outer join Comment C on P.id = C.post_id
        left outer join Post_Tag PT on PT.post_id = P.id
        left outer join Tag T on PT.tag_id = T.id
    where B.id = #{id}
  </select>

  !-- Very Complex Result Map -->
  <resultMap id="detailedBlogResultMap" type="Blog">
    <constructor>
      <idArg column="blog_id" javaType="int"/>
    </constructor>
    <result property="title" column="blog_title"/>
    <association property="author" javaType="Author">
      <id property="id" column="author_id"/>
      <result property="username" column="author_username"/>
      <result property="password" column="author_password"/>
```

```
    <result property="email" column="author_email"/>
    <result property="bio" column="author_bio"/>
    <result property="favouriteSection" column="author_favourite_section"/>
  </association>
  <collection property="posts" ofType="Post">
    <id property="id" column="post_id"/>
    <result property="subject" column="post_subject"/>
    <association property="author" javaType="Author"/>
    <collection property="comments" ofType="Comment">
      <id property="id" column="comment_id"/>
    </collection>
    <collection property="tags" ofType="Tag" >
      <id property="id" column="tag_id"/>
    </collection>
    <discriminator javaType="int" column="draft">
      <case value="1" resultType="DraftPost"/>
    </discriminator>
  </collection>
</resultMap>
```

constructor：用于在实例化时将结果注入类的构造函数中。

idArg-ID：将结果标记为 ID 将有助于提高整体效果。

arg：将正常结果注入构造函数。

id -ID：将结果标记为 ID 将有助于提高整体效果。

result：将正常结果注入字段或 JavaBean 属性中。

association：关联查询。

collection：查询集合。

Discriminator：mybatis 可以使用 discriminator 判断某列的值，然后根据某列的值改变封装行为。

5. constructor 节点

在查询数据库得到数据后，会把对应列的值赋值给 javabean 对象对应的属性，默认情况下 mybatis 会调用实体类的无参构造方法创建一个实体类，然后再给各个属性赋值，如果没有构造方法的时候，可以使用 constructor 节点进行绑定，现有如下构造方法。

```
public class User {
   //...
   public User(Integer id, String username, int age) {
     //...
  }
//...
}
```

为了将结果注入构造函数，MyBatis 需要以某种方式标识构造函数。在下面的示例中，

MyBatis 按此顺序搜索用三个参数声明的构造函数：java. lang. Integer、java. lang. String 和 int。

```
<constructor>
   <idArg column="id" javaType="int"/>
   <arg column="username"javaType="String"/>
   <arg column="age"javaType="_int"/>
</constructor>
<constructor>
   <idArg column="id" javaType="int" name="id" />
   <arg column="age"javaType="_int" name="age" />
   <arg column="username"javaType="String" name="username" />
</constructor>
```

6. association 节点

关联查询，在级联中有一对一、一对多、多对多等关系，association 主要是用来解决一对一关系的，association 可以有多种使用方式，具体如下。

```
<association property="author"javaType="Author">
  <id property="id" column="author_id"/>
  <result property="username" column="author_username"/>
</association>

<resultMap id="blogResult" type="Blog">
  <association property="author" column="author_id" javaType="Author" select
="selectAuthor"/>
</resultMap>

<select id="selectBlog" resultMap="blogResult">
  SELECT * FROM BLOG WHERE ID = #{id}
</select>

<select id="selectAuthor" resultType="Author">
  SELECT * FROM AUTHOR WHERE ID = #{id}
</select>

<resultMap id="blogResult" type="Blog">
  <id property="id" column="blog_id" />
  <result property="title" column="blog_title"/>
  <association property="author" resultMap="authorResult" />
</resultMap>

<resultMap id="authorResult" type="Author">
  <id property="id" column="author_id"/>
```

```
  <result property="username" column="author_username"/>
  <result property="password" column="author_password"/>
  <result property="email" column="author_email"/>
  <result property="bio" column="author_bio"/>
</resultMap>

<resultMap id="blogResult" type="Blog">
  <id property="id" column="blog_id" />
  <result property="title" column="blog_title"/>
  <association property="author" javaType="Author">
    <id property="id" column="author_id"/>
    <result property="username" column="author_username"/>
    <result property="password" column="author_password"/>
    <result property="email" column="author_email"/>
    <result property="bio" column="author_bio"/>
  </association>
</resultMap>
```

7. collection 节点

collection 集合，如果 pojo 对象有一个属性是集合类型的，可以使用 collection 来进行查询。

```
<collection property="posts"ofType="domain.blog.Post">
  <id property="id" column="post_id"/>
  <result property="subject" column="post_subject"/>
  <result property="body" column="post_body"/>
</collection>

private List<Post> posts;

<resultMap id="blogResult" type="Blog">
  <collection property="posts" javaType="ArrayList" column="id" ofType="
Post" select="selectPostsForBlog"/>
</resultMap>

<select id="selectBlog" resultMap="blogResult">
  SELECT * FROM BLOG WHERE ID = #{id}
</select>

<select id="selectPostsForBlog" resultType="Post">
  SELECT * FROM POST WHERE BLOG_ID = #{id}
</select>
```

8. discriminator 节点

mybatis 可以使用 discriminator 判断某列的值，然后根据某列的值改变封装行为，有点像 Java 的 switch 语句，鉴别器指定了 column 和 javaType 属性。列是 MyBatis 查找比较值的地方。JavaType 是需要被用来保证等价测试的合适类型。

```
<resultMap id="vehicleResult" type="Vehicle">
  <id property="id" column="id" />
  <result property="vin" column="vin"/>
  <result property="year" column="year"/>
  <result property="make" column="make"/>
  <result property="model" column="model"/>
  <result property="color" column="color"/>
  <discriminator javaType="int" column="vehicle_type">
    <case value="1" resultMap="carResult"/>
    <case value="2" resultMap="truckResult"/>
    <case value="3" resultMap="vanResult"/>
    <case value="4" resultMap="suvResult"/>
  </discriminator>
</resultMap>
```

以上就是 resultMap 节点的全部使用方法，下面是一个比较复杂的例子，代码解析会以此进行解析，例子来自于官方文档。

```
!-- Very Complex Result Map -->
<resultMap id="detailedBlogResultMap" type="Blog">
  <constructor>
    <idArg column="blog_id" javaType="int"/>
  </constructor>
  <result property="title" column="blog_title"/>
  <association property="author" javaType="Author">
    <id property="id" column="author_id"/>
    <result property="username" column="author_username"/>
    <result property="password" column="author_password"/>
    <result property="email" column="author_email"/>
    <result property="bio" column="author_bio"/>
    <result property="favouriteSection" column="author_favourite_section"/>
  </association>
  <collection property="posts" ofType="Post">
    <id property="id" column="post_id"/>
    <result property="subject" column="post_subject"/>
    <association property="author" javaType="Author"/>
    <collection property="comments" ofType="Comment">
      <id property="id" column="comment_id"/>
    </collection>
```

```
        <collection property="tags" ofType="Tag" >
          <id property="id" column="tag_id"/>
        </collection>
        <discriminator javaType="int" column="draft">
          <case value="1" resultType="DraftPost"/>
        </discriminator>
      </collection>
    </resultMap>
```

更多标签含义，请参照 MyBatis 官方详细文档。

在 JDBC 编程中，为了将结果集中的数据映射成对象，需要自己从结果集中获取数据，然后封装成对应的对象并且设置对象间的关系，这里会有很多重复代码，为了减少这些重复代码，MyBatis 使用节点定义了结果集与 JavaBean 对象之间的映射关系，节点可以满足大多的映射需求。

节点除了子节点的其他子节点，都会被映射成对应的 ResultMapping 对象。ResultMapping 代码如下。

```
    package org.apache.ibatis.mapping;
    ......
    public class ResultMapping {

    //Configuration 对象
      private Configuration configuration;
      //节点的 property 属性,表示与该列映射的属性
      private String property;
      //数据库中的列名或者是列的别名
      private String column;
      //javaBean 的完全限定名或者类型别名
      private Class<?> javaType;
      //映射的列的 JDBC 类型
      private JdbcType jdbcType;
      //类型处理器,后面会详细介绍
      private TypeHandler<?> typeHandler;
      //对应节点的 resultMap 属性,该属性通过 id 引用了另一个<resultMap>节点定义,它负责将
    结果集中的一部分列映射成其他关联的结果对象.这样可以通过 join 方式进行关联,然后直接映射
    成多个对象,并同时设置这些对象之间的组合关系
      private String nestedResultMapId;
      //对应节点的 select 属性,该属性通过 id 引用了另一个<select>节点定义,它会把指定列的值
    传入 select 属性指定的 select 语句中作为参数进行查询.使用 select 属性可能会导致 N+1 问
    题,请注意
      private String nestedQueryId;
      //对应节点的 notNullColumns 属性拆分后的结果
      private Set<String> notNullColumns;
```

```
    //对应节点的 columnPrefix 属性
    private String columnPrefix;
    //处理后的标志,共有 2 个:id 和 constructor
    private List<ResultFlag> flags;
    //对应节点的 column 属性拆分生成的结果,composites.size()>0 会使 column 为 null
    private List<ResultMapping> composites;
    //对应节点的 resultSet 属性
    private String resultSet;
    //对应节点的 foreignColumn 属性
    private String foreignColumn;
    //是否延迟加载,对应节点的 fetchType 属性
    private boolean lazy;

    .....
  }
```

ResultMapping 中定义了一个内部 Builder 类，应用了建造者模式，该 Builder 类主要用于数据整理和数据校验，代码如下。

```
  public classResultMapping {
  ......
  public static class Builder {
  ......
  public ResultMapping build() {
        //lock down collections
        resultMapping.flags = Collections.unmodifiableList
  (resultMapping.flags);
        resultMapping.composites = Collections.unmodifiableList
  (resultMapping.composites);
        resolveTypeHandler();
        validate();
        return resultMapping;
      }

      private void validate() {
        //Issue #697: cannot define both nestedQueryId and nestedResultMapId
        if (resultMapping.nestedQueryId != null && resultMapping.
  nestedResultMapId != null) {
          throw new IllegalStateException("Cannot define both nestedQueryId and
  nestedResultMapId in property " + resultMapping.property);
        }
        //Issue #5: there should be no mappings without typehandler
        if (resultMapping.nestedQueryId == null && resultMapping.
```

```
nestedResultMapId == null && resultMapping.typeHandler == null) {
        throw new IllegalStateException("No typehandler found for property " +
resultMapping.property);
      }
      //Issue #4 and GH #39: column is optional only in nested resultmaps but not
in the rest
      if (resultMapping.nestedResultMapId == null && resultMapping.column ==
null && resultMapping.composites.isEmpty()) {
        throw new IllegalStateException("Mapping is missing column attribute
for property " + resultMapping.property);
      }
      if (resultMapping.getResultSet() != null) {
        int numColumns = 0;
        if (resultMapping.column != null) {
          numColumns = resultMapping.column.split(",").length;
        }
        int numForeignColumns = 0;
        if (resultMapping.foreignColumn != null) {
          numForeignColumns = resultMapping.foreignColumn.split(",").length;
        }
        if (numColumns != numForeignColumns) {
          throw new IllegalStateException("There should be the same number of
columns and foreignColumns in property " + resultMapping.property);
        }
      }
    }

    private void resolveTypeHandler() {
      if (resultMapping.typeHandler == null && resultMapping.javaType !=
null) {
        Configuration configuration = resultMapping.configuration;
              TypeHandlerRegistry typeHandlerRegistry = configura-
tion.getTypeHandlerRegistry();
          resultMapping.typeHandler = typeHandlerRegistry.getTypeHandler(re-
sultMapping.javaType, resultMapping.jdbcType);
      }
    }
    ....
    }
    .....
```

另一个比较重要的类是ResultMap，每个resultMap节点都会被解析成一个ResultMap对象，其中每个节点所定义的映射关系，则使用ResultMapping对象表示，该示例来源于官网，ResultMap 代码（部分）如下。

```
package org.apache.ibatis.mapping;
.......
public class ResultMap {
    private Configuration configuration;

          //resultMap 节点的 id 属性
    private String id;
    //resultMap 节点的 type 属性
    private Class<?> type;
    //ResultMapping 对象集合
    private List<ResultMapping> resultMappings;
    //记录了映射关系中带有 id 标志的映射关系,例如<id>节点和<constructor>节点的
<idArg>子节点
    private List<ResultMapping> idResultMappings;
    //记录了映射关系中带有 constructor 标志的映射关系,例如<constructor>所有子元素
    private List<ResultMapping> constructorResultMappings;
    //记录了映射关系中不带有 constructor 标志的映射关系
    private List<ResultMapping> propertyResultMappings;
    //记录所有映射关系中涉及的 column 属性的集合
    private Set<String> mappedColumns;
    //记录所有映射关系中涉及的 property 属性的集合
    private Set<String> mappedProperties;
    //鉴别器,对应<discriminator>节点
    private Discriminator discriminator;
    //是否含有嵌套的结果映射,如果某个映射关系中存在 resultMap 属性,且不存在 resultSet
属性,则为 true
    private boolean hasNestedResultMaps;
    //是否含有嵌套查询,如果某个属性映射存在 select 属性,则为 true
    private boolean hasNestedQueries;
    //是否开启自动映射
    private Boolean autoMapping;
```

ResultMap 对象示例如图 1-11 所示。

ResultMap 中也定义了一个 Builder 类，该 Builder 类主要用于创建 ResultMap 对象，也应用了建造者模式，代码如下。

```
package org.apache.ibatis.mapping;
......
public class ResultMap {
  public static class Builder {
  ......
  public ResultMap build() {
```

```
    if (resultMap.id == null) {
      throw new IllegalArgumentException("ResultMaps must have an id");
    }
    resultMap.mappedColumns = new HashSet<>();
    resultMap.mappedProperties = new HashSet<>();
    resultMap.idResultMappings = new ArrayList<>();
    resultMap.constructorResultMappings = new ArrayList<>();
    resultMap.propertyResultMappings = new ArrayList<>();
    final List<String> constructorArgNames = new ArrayList<>();
    for (ResultMapping resultMapping : resultMap.resultMappings) {
      resultMap.hasNestedQueries = resultMap.hasNestedQueries || resultMap-
ping.getNestedQueryId() != null;
      resultMap.hasNestedResultMaps = resultMap.hasNestedResultMaps || (re-
sultMapping.getNestedResultMapId() != null && resultMapping.getResultSet() ==
null);
      final String column = resultMapping.getColumn();
      if (column != null) {
        resultMap.mappedColumns.add(column.toUpperCase(Locale.ENGLISH));
      } else if (resultMapping.isCompositeResult()) {
        for (ResultMapping compositeResultMapping :
resultMapping.getComposites()) {
          final String compositeColumn = compositeResultMapping.getColumn();
          if (compositeColumn != null) {
            resultMap.mappedColumns.add(compositeColumn.
toUpperCase(Locale.ENGLISH));
          }
        }
      }
      final String property = resultMapping.getProperty();
      if (property != null) {
        resultMap.mappedProperties.add(property);
      }
      if (resultMapping.getFlags().contains(ResultFlag.CONSTRUCTOR)) {
        resultMap.constructorResultMappings.add(resultMapping);
        if (resultMapping.getProperty() != null) {
          constructorArgNames.add(resultMapping.getProperty());
        }
      } else {
        resultMap.propertyResultMappings.add(resultMapping);
      }
      if (resultMapping.getFlags().contains(ResultFlag.ID)) {
        resultMap.idResultMappings.add(resultMapping);
```

```
        }
      }
      if (resultMap.idResultMappings.isEmpty()) {
        resultMap.idResultMappings.addAll(resultMap.resultMappings);
      }
      if (!constructorArgNames.isEmpty()) {
        final List<String> actualArgNames = argNamesOfMatchingConstructor(con-
structorArgNames);
        if (actualArgNames == null) {
          throw new BuilderException("Error in result map '" + resultMap.id
              + "'. Failed to find a constructor in '"
              + resultMap.getType().getName() + "' by arg names " + constructorArg-
Names
              + ". There might be more info in debug log.");
        }
        resultMap.constructorResultMappings.sort((o1, o2) -> {
          int paramIdx1 = actualArgNames.indexOf(o1.getProperty());
          int paramIdx2 = actualArgNames.indexOf(o2.getProperty());
          return paramIdx1 - paramIdx2;
        });
      }
      //lock down collections
      resultMap.resultMappings = Collections.unmodifiableList
(resultMap.resultMappings);
      resultMap.idResultMappings = Collections.unmodifiableList
(resultMap.idResultMappings);
      resultMap.constructorResultMappings = Collections.unmodifiableList
(resultMap.constructorResultMappings);
      resultMap.propertyResultMappings = Collections.unmodifiableList
(resultMap.propertyResultMappings);
      resultMap.mappedColumns = Collections.unmodifiableSet
(resultMap.mappedColumns);
      return resultMap;
    }
    .....
  }
  .....
  }
```

了解了 ResultMapping 和 ResultMap 中记录的信息之后，下面开始介绍节点的解析过程。为便于理解，通过一个示例进行分析，如图 1-12 所示。

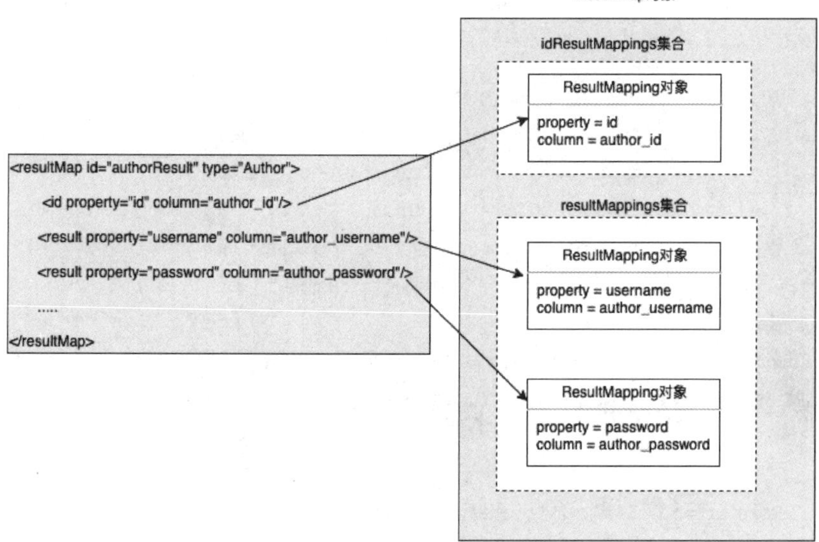

●图 1-11 ResultMap 对象示例

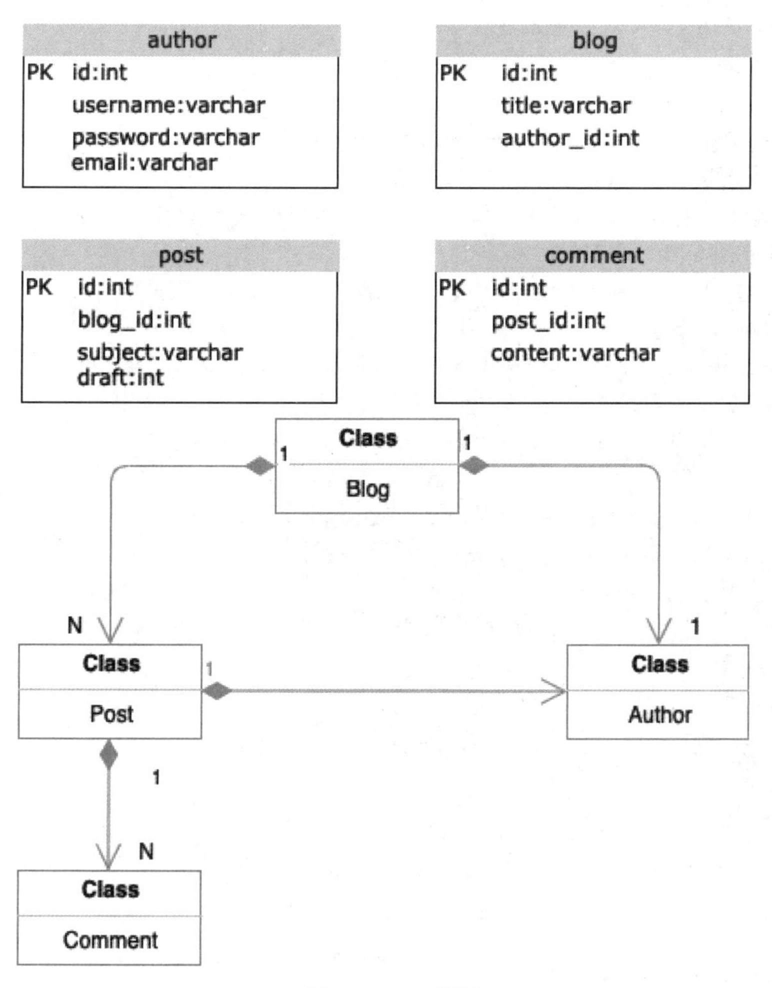

●图 1-12 示例图

对应的 BlogMapper.xml 配置文件如下。

```
.....
<mapper namespace="com.xxx.BlogMapper">
  <resultMap id="authorResult" type="Author">
              <id property="id" column="author_id"/>
              <result property="username" column="author_username"/>
              <result property="password" column="author_password"/>
              <result property="email" column="author_email"/>
</resultMap>
<select id="selectComment" resultMap="Comment">
    SELECT id,content FROM comment where post_id = #{post_id}
  </select>

  <resultMap id="detailedBlogResultMap" type="Blog">
              !--定义映射中使用的构造函数-->
      <constructor>
        <idArg column="blog_id" javaType="int"/>
      </constructor>
      !--映射普通属性-->
      <result property="title" column="blog_title"/>
      !--嵌套映射 JavaBean 类型的属性-->
      <association property="author" javaType="authorResult"/>
       !--嵌套集合类型的属性-->
      <collection property="posts" ofType="Post">
        <id property="id" column="post_id"/>
        <result property="subject" column="post_subject"/>
        !--嵌套查询-->
        <collection property="comments" column="post_id"
          javaType="ArrayList" ofType="Post" select="selectComment"/>
        <discriminator javaType="int" column="draft">
          <case value="1" resultType="DraftPost"/>
        </discriminator>
      </collection>
</resultMap>

    <select id="selectBlogDetails" resultMap="detailedBlogResultMap">
    select
         B.id as blog_id,
         B.title as blog_title,
         B.author_id as blog_author_id,
         A.id as author_id,
         A.username as author_username,
```

```
        A.password as author_password,
        A.email as author_email,
        P.id as post_id,
        P.blog_id as post_blog_id,
        P.subject as post_subject,
        P.draft as draft
    from Blog B
        left outer join Author A on B.author_id = A.id
        left outer join Post P on B.id = P.blog_id

    where B.id = #{id}
  </select>
</mapper>
```

在 XMLMapperBuilder 中通过 resultMapElements( )方法解析映射配置文件中的全部节点，该方法会循环调用 resultMapElement( ) 方法处理每个节点。下面看下 XMLMapperBuilder. resultMapElement( )方法的具体实现。

```
package org.apache.ibatis.builder.xml;
.......
public class XMLMapperBuilder extends BaseBuilder {
.....
        private ResultMap resultMapElement(XNode resultMapNode, List<Result-
Mapping> additionalResultMappings, Class<?> enclosingType) {
      ErrorContext.instance().activity("processing " + resultMapNode.
getValueBasedIdentifier());
      //解析 id,type,autoMapping 属性,type 取值的优先级为 type → ofType → result-
Type → javaType
      String type = resultMapNode.getStringAttribute("type",
          resultMapNode.getStringAttribute("ofType",
              resultMapNode.getStringAttribute("resultType",
                  resultMapNode.getStringAttribute("javaType"))));
      Class<?> typeClass = resolveClass(type);
      if (typeClass == null) {
        typeClass = inheritEnclosingType(resultMapNode, enclosingType);
      }
      Discriminator discriminator = null;
      //该集合用于记录解析的结果
      List<ResultMapping> resultMappings = new ArrayList<>(additionalResult-
Mappings);
      //处理<resultMap>的子节点
      List<XNode> resultChildren = resultMapNode.getChildren();
      for (XNode resultChild : resultChildren) {
```

```
    if ("constructor".equals(resultChild.getName())) {
      //处理<constructor>节点
      processConstructorElement(resultChild, typeClass, resultMappings);
    } else if ("discriminator".equals(resultChild.getName())) {
      //处理 discriminator 节点
      discriminator = processDiscriminatorElement(resultChild, typeClass,
resultMappings);
    } else {
      //处理<id><result><association><collection>等节点
      List<ResultFlag> flags = new ArrayList<>();
      if ("id".equals(resultChild.getName())) {
        flags.add(ResultFlag.ID);//如果是<id>节点,则向 flags 集合中添加 Re-
sultFlag.ID
      }
      //解析 resultMap 下的 result 子节点,创建 ResultMapping 对象,解析 result 节
点的 property,//column,javaType,jdbcType,select,resultMap,notNullColumn,type-
Handler,resultSet,foreignColumn,lazy 属性
      resultMappings.add(buildResultMappingFromContext(resultChild, type-
Class, flags));
    }
  }

  //获取<resultMap>的 id 属性,默认值会拼装所有父节点的 id 或 value 或 Property 属
性值
  String id = resultMapNode.getStringAttribute("id",
        resultMapNode.getValueBasedIdentifier());
  //获取<resultMap>节点的 extends 属性,该属性指定了<resultMap>节点的继承关系

  String extend = resultMapNode.getStringAttribute("extends");
  //读取<resultMap>节点的 autoMapping 属性,将该属性设置为 true,则启动自动映射
功能
  Boolean autoMapping = resultMapNode.getBooleanAttribute("autoMapping");
  ResultMapResolver resultMapResolver = new ResultMapResolver(builderAs-
sistant, id, typeClass, extend, discriminator, resultMappings, autoMapping);
  try {
    //创建 ResultMap 对象,并添加到 Configuration.resultMaps 集合中,该集合是
StrictMap 类型
    return resultMapResolver.resolve();
  } catch (IncompleteElementException  e) {
    configuration.addIncompleteResultMap(resultMapResolver);
    throw e;
  }
```

```
    }
  ......
  }
```

首先来分析 ID 为"authorResult"的节点处理过程，该过程在执行获取到 id 属性和 type 属性之后，就会通过 XMLMapperBuilder. buildResultMappingFromContext( )方法为节点创建对应的 ResultMapping 对象，其代码如下。

```
package org.apache.ibatis.builder.xml;
.......
public class XMLMapperBuilder extends BaseBuilder {
.......
  private ResultMapping buildResultMappingFromContext(XNode context, Class<?>
resultType, List<ResultFlag> flags) {
          //获取属性名
    String property;
    if (flags.contains(ResultFlag.CONSTRUCTOR)) {
      property = context.getStringAttribute("name");
    } else {
      property = context.getStringAttribute("property");
    }
    //获取列名
    String column = context.getStringAttribute("column");
    //获取 Java 类型
    String javaType = context.getStringAttribute("javaType");
    //获取 jdbc 类型
    String jdbcType = context.getStringAttribute("jdbcType");
    //获取嵌套 select id
    String nestedSelect = context.getStringAttribute("select");
    //获取嵌套的 resultMap id
    String nestedResultMap = context.getStringAttribute("resultMap", () ->
       processNestedResultMappings(context, Collections.emptyList(), result-
Type));
    //获取指定的不为空才创建实例的列
    String notNullColumn = context.getStringAttribute("notNullColumn");
    //列前缀
    String columnPrefix = context.getStringAttribute("columnPrefix");
    //类型转换器
    String typeHandler = context.getStringAttribute("typeHandler");
    //集合的多结果集
    String resultSet = context.getStringAttribute("resultSet");
    //指定外键对应的列名
    String foreignColumn = context.getStringAttribute("foreignColumn");
```

```
    //指定外键对应的列名,优先看当前标签的属性设置,没有才看全局配置 configuration
    boolean lazy = "lazy".equals(context.getStringAttribute("fetchType", con-
figuration.isLazyLoadingEnabled() ? "lazy" : "eager"));
    //加载返回值类型
    Class<?> javaTypeClass = resolveClass(javaType);
    //加载类型转换器类型
    Class<? extends TypeHandler<?>> typeHandlerClass = resolveClass(typeHan-
dler);
    //加载 jdbc 类型对象
    JdbcType jdbcTypeEnum = resolveJdbcType(jdbcType);
    //创建 ResultMapping 对象
    return builderAssistant.buildResultMapping(resultType, property, column,
javaTypeClass, jdbcTypeEnum, nestedSelect, nestedResultMap, notNullColumn,
columnPrefix, typeHandlerClass, flags, resultSet, foreignColumn, lazy);
  }
  ......
}

package org.apache.ibatis.builder;
.....
public class MapperBuilderAssistant extends BaseBuilder {
.....
    public ResultMapping buildResultMapping(
        Class<?> resultType,
        String property,
        String column,
        Class<?> javaType,
        JdbcType jdbcType,
        String nestedSelect,
        String nestedResultMap,
        String notNullColumn,
        String columnPrefix,
        Class<? extends TypeHandler<?>> typeHandler,
        List<ResultFlag> flags,
        String resultSet,
        String foreignColumn,
        boolean lazy) {
        //解析<resultType>节点指定的 property 属性的类型
      Class<?> javaTypeClass = resolveResultJavaType(resultType, property, ja-
vaType);
      //获取 typeHandler 指定 TypeHandler 对象,底层依赖 typeHandlerRegistry
      TypeHandler<?> typeHandlerInstance = resolveTypeHandler(javaTypeClass,
typeHandler);
```

```
    //解析 cloumn 属性值,当 column 是"{prop1=col1,prop2=col2}"形式时,会被解析成
ResultMapping 对象集合,column 的这种形式主要用于嵌套查询的参数传递
    List<ResultMapping> composites;
    if ((nestedSelect == null ||nestedSelect.isEmpty()) && (foreignColumn ==
null ||foreignColumn.isEmpty())) {
      composites = Collections.emptyList();
    } else {
      composites = parseCompositeColumnName(column);
    }
    //创建 ResultMapping.Builder 对象,并且创建 ResultMappin 对象,并设置字段
    return new ResultMapping.Builder(configuration, property, column, java-
TypeClass)
        .jdbcType(jdbcType)
        .nestedQueryId(applyCurrentNamespace(nestedSelect, true))
        .nestedResultMapId(applyCurrentNamespace(nestedResultMap, true))
        .resultSet(resultSet)
        .typeHandler(typeHandlerInstance)
        .flags(flags == null ? new ArrayList<>() : flags)
        .composites(composites)
        .notNullColumns(parseMultipleColumnNames(notNullColumn))
        .columnPrefix(columnPrefix)
        .foreignColumn(foreignColumn)
        .lazy(lazy)
        .build();
  }
 ....
 }
```

得到 ResultMapping 对象集合之后，调用 ResultMapResolver. resolve( )方法，该方法会调用 MapperBuilderAssistant. addResultMap( )方法创建 ResultMap 对象，并将 ResultMap 对象添加到 Configuration. resultMaps 集合中保存。

```
package org.apache.ibatis.builder;
.....
public class MapperBuilderAssistant extends BaseBuilder {
.....
  public ResultMap addResultMap(
      String id,
      Class<?> type,
      String extend,
      Discriminator discriminator,
      List<ResultMapping> resultMappings,
      Boolean autoMapping) {
```

```
    //将 id/extend 填充为完整模式,也就是带命名空间前缀,true 不需要和当前 resultMap
所在的 namespace 相同,比如 extend 和 cache,否则只能是当前的 namespace
    id = applyCurrentNamespace(id, false);
    extend = applyCurrentNamespace(extend, true);

    if (extend != null) {
      //首先检查继承的 resultMap 是否已存在,如果不存在则标记为 incomplete,会进行
二次处理
      if (!configuration.hasResultMap(extend)) {
        throw new IncompleteElementException ( " Could not find a parent
resultmap with id '" + extend + "'");
      }
      //获取需要被继承的 ResultMap 对象,也就是父 ResultMap 对象
      ResultMap resultMap = configuration.getResultMap(extend);
      //获取父 ResultMap 对象中记录的 ResultMapping 集合
      List<ResultMapping> extendedResultMappings = new ArrayList<>(result-
Map.getResultMappings());
      //剔除所继承的 resultMap 里已经在当前 resultMap 中的那个基本映射
      extendedResultMappings.removeAll(resultMappings);
      //Remove parent constructor if this resultMap declares a constructor.
      //如果 resultMap 已经包含了构造器,则剔除继承的 resultMap 里面的构造器
      boolean declaresConstructor = false;
      for (ResultMapping resultMapping : resultMappings) {
        if (resultMapping.getFlags().contains(ResultFlag.CONSTRUCTOR)) {
          declaresConstructor = true;
          break;
        }
      }
      if (declaresConstructor) {
          extendedResultMappings.removeIf (resultMapping -> resultMap-
ping.getFlags().contains(ResultFlag.CONSTRUCTOR));
      }
  //都处理完成之后,将继承的 resultMap 里面剩下那部分不重复的 resultMap 子元素添加到当
前的 resultMap 中,所以这个 addResultMap 方法的用途在于启动时就创建了完整的 resultMap,
这样运行时就不需要去检查继承的映射和构造器,有利于性能提升
      resultMappings.addAll(extendedResultMappings);
    }
    //创建 ResultMap 对象,并添加到 Configuration.resultMaps 集合中保存
    ResultMap resultMap = new ResultMap.Builder(configuration, id, type, re-
sultMappings, autoMapping)
        .discriminator(discriminator)
        .build();
```

```
    configuration.addResultMap(resultMap);
    return resultMap;
  }
  ....
}
```

经过上述的方法处理，ID 为"authoResult"的节点被解析为如图 1-13 所示的 ResultMap 对象，可以清楚看到，resultMappings 和 propertyResultMappings 集合中记录了节点和节点对应的 ResultMapping 对象，idResultMappings 集合中记录了节点对应的 ResultMapping 对象。

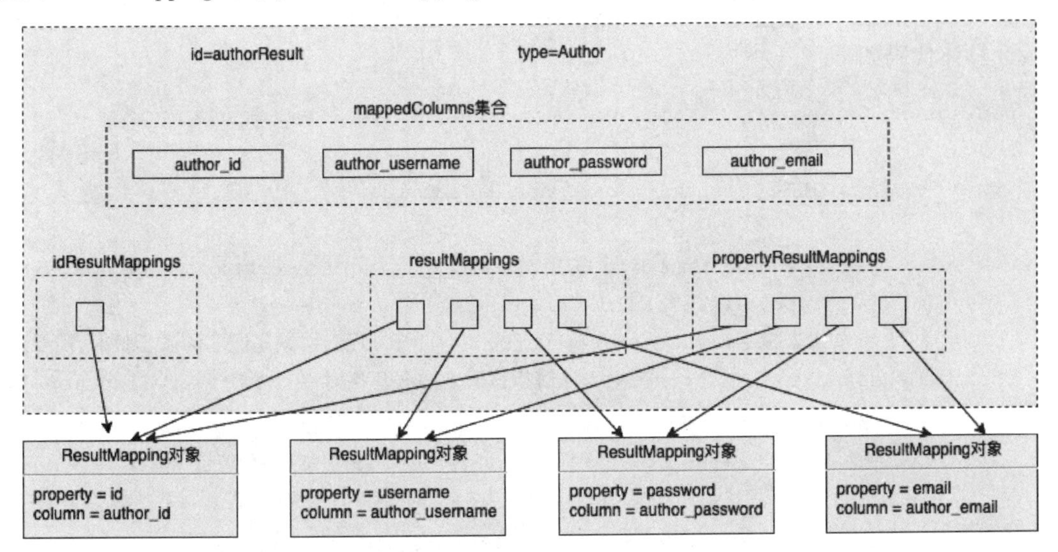

●图 1-13　authoResult 节点解析对象

下面继续分析 id="detailedBlogResultMap"的节点的解析过程，首先会涉及节点的解析，此过程由 XMLMapperBuilder. processConstructorElement( )方法完成，代码如下。

```
package org.apache.ibatis.builder.xml;
....
public class XMLMapperBuilder extends BaseBuilder {
  .....
  private void processConstructorElement(XNode resultChild, Class<?> result-
Type, List<ResultMapping> resultMappings) {
        //获取<contructor>节点的子节点
      List<XNode> argChildren = resultChild.getChildren();
      for (XNode argChild : argChildren) {
        List<ResultFlag> flags = new ArrayList<>();
        //添加 CONSTRUCTOR 标志
        flags.add(ResultFlag.CONSTRUCTOR);
        if ("idArg".equals(argChild.getName())) {
        //对于<idArg>节点,添加 ID 标志
          flags.add(ResultFlag.ID);
```

```
        }
        //创建 ResultMapping 对象,并添加到 resultMappings 集合中
            resultMappings.add ( buildResultMappingFromContext  ( argChild,
resultType, flags));
      }
    }
    .....
  }
```

继续分析节点，节点也是在 XMLMapperBuilder. buildResultMappingFromContext( )方法重完成，具体代码如下。

```
package org.apache.ibatis.builder.xml;
  .....
  public class XMLMapperBuilder extends BaseBuilder {
  .....
          private ResultMapping buildResultMappingFromContext (XNode context,
Class<?> resultType, List<ResultFlag> flags) {
          //如果未指定<association>节点的 resultMap 属性,则是匿名的嵌套映射,需要通
过 processNestedResultMappings ()方法解析该匿名的嵌套映射,在后面介绍<collection>节
点时还会涉及匿名嵌套的解析过程
    String nestedResultMap = context.getStringAttribute("resultMap", () ->
      processNestedResultMappings (context, Collections.emptyList (), result-
Type));

  }
  ......
  private String processNestedResultMappings (XNode context, List
<ResultMapping> resultMappings, Class<?> enclosingType) {
          //只处理 association、collection、case 节点
    if ("association".equals (context.getName())
        || "collection".equals (context.getName())
        || "case".equals (context.getName())) {
        //指定了 select 属性后,不会生成嵌套的 ResultMap 对象
      if (context.getStringAttribute("select") == null) {
        validateCollection (context, enclosingType);
        //创建 ResultMap 对象,并添加到 Configuration.resultMaps 集合中
         ResultMap resultMap = resultMapElement (context, resultMappings, en-
closingType);
        return resultMap.getId();
      }
    }
    return null;
```

```
    }
    ....
}
```

节点解析后产生的 ResultMapping 对象以及在 Configuration. resultMaps 集合中的状态如图 1-14 所示。这里需要注意的是在 Configuration. resultMaps 集合中每个 ResultMap 对象都对应两个 key，一个简单 id，另一个为以 namspace 开头的完整 id。

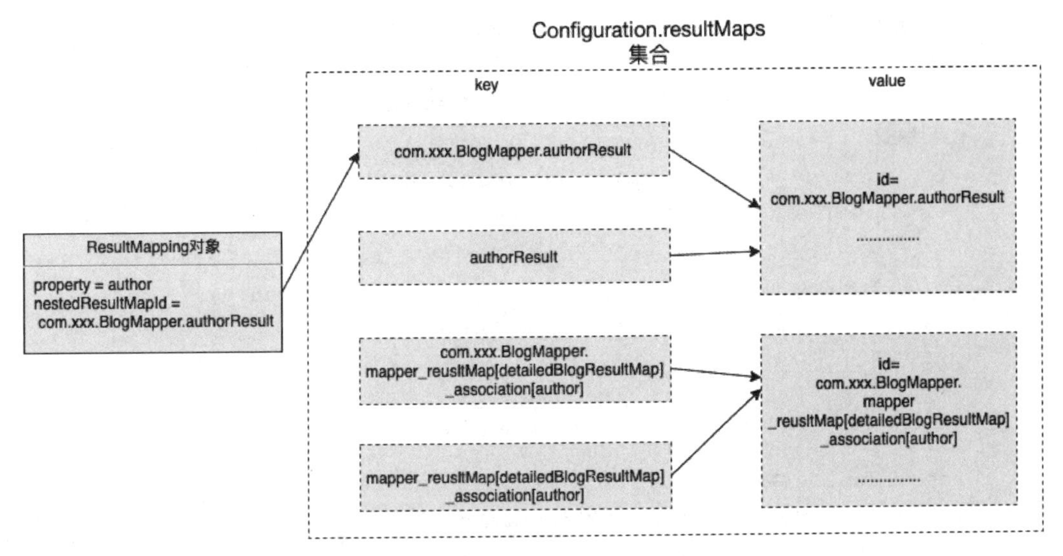

●图 1-14　Configuration. resultMaps 集合中的状态

继续来分析节点的解析过程，这里需要特别关注 XMLMapperBuilder. processNestedResultMappings 方法对其中匿名的嵌套映射处理。该方法会调用 resultMapElement( ) 方法解析节点，创建相应的 ResultMap 对象添加到 Configuration. resultMaps 集合中保存。

另外，还涉及节点的解析，此解析过程由 XMLMapperBuilder. processDiscriminatorElement( ) 方法完成，代码如下。

```
package org.apache.ibatis.builder.xml;
 .....
 public class XMLMapperBuilder extends BaseBuilder {
 .....
  private Discriminator processDiscriminatorElement(XNode context, Class<?>
resultType, List<ResultMapping> resultMappings) {
   //解析列名
    String column = context.getStringAttribute("column");
    //解析 Java 类(别名或者包名+类名)
    String javaType = context.getStringAttribute("javaType");
    //解析 jdbc 类型
    String jdbcType = context.getStringAttribute("jdbcType");
    //解析类型处理器(别名或者包名+类名)
```

```
    String typeHandler = context.getStringAttribute("typeHandler");
    //解析 Java 类
    Class<?> javaTypeClass = resolveClass(javaType);
    //类型处理器类
    Class<? extends TypeHandler<?>> typeHandlerClass = resolveClass(typeHan-
dler);
    //jdbc 类型枚举
    JdbcType jdbcTypeEnum = resolveJdbcType(jdbcType);
    //解析 discriminator 的 case 子元素
    Map<String, String> discriminatorMap = new HashMap<>();
    for (XNode caseChild : context.getChildren()) {
      String value = caseChild.getStringAttribute("value");
      //解析不同列值对应的不同 resultMap
      String resultMap = caseChild.getStringAttribute("resultMap", process-
NestedResultMappings(caseChild, resultMappings, resultType));
      //记录该列值与对应选择的 ResultMap 的 id
      discriminatorMap.put(value, resultMap);
    }
    //创建 Discriminator 对象
    return builderAssistant.buildDiscriminator(resultType, column, javaType-
Class, jdbcTypeEnum, typeHandlerClass, discriminatorMap);
  }
  .....
}
```

本示例中节点解析后得到的 ResultMap 对象如图 1-15 所示。

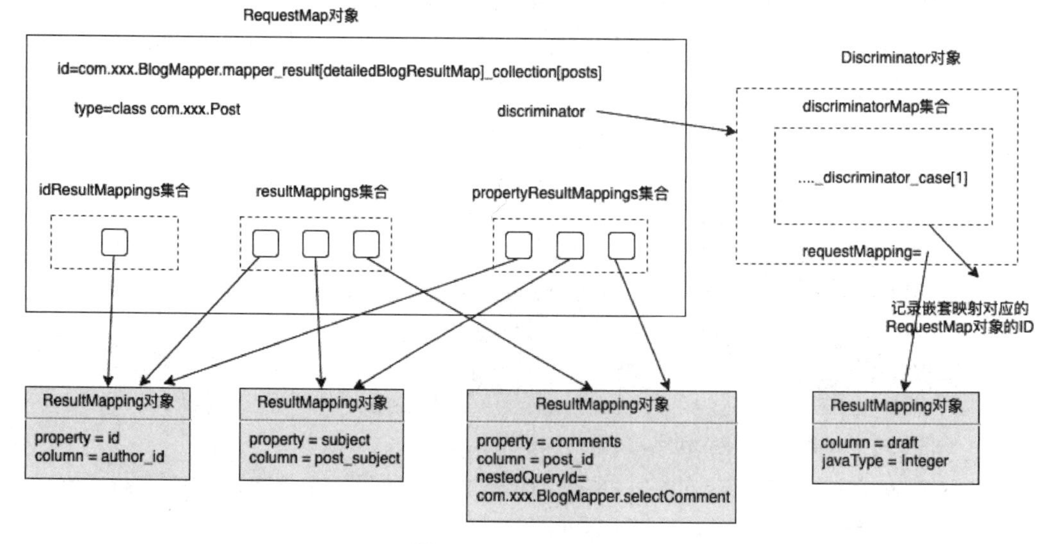

●图 1-15　ResultMap 对象

至此节点的核心部分就介绍完了，希望对读者了解该过程有所帮助。

9. SQL 节点

此元素可用于定义可包含在其他语句中的 SQL 代码的可重用片段。可以对其进行静态（在负载阶段）参数化。在 include 实例中，不同的属性值可能会有所不同，示例如下。

```
<sql id="userColumns"> ${alias}.id,${alias}.username,${alias}.password
</sql>
<select id="selectUsers" resultType="map">
  select
    <include refid="userColumns"><property name="alias" value="t1"/>
</include>,
    <include refid="userColumns"><property name="alias" value="t2"/>
</include>
  from some_table t1
    cross join some_table t2
</select>

sqlElement<sql id="sometable">
  ${prefix}Table
</sql>

<sql id="someinclude">
  from
    <include refid="${include_target}"/>
</sql>

<select id="select" resultType="map">
  select
    field1, field2, field3
  <include refid="someinclude">
    <property name="prefix" value="Some"/>
    <property name="include_target" value="sometable"/>
  </include>
</select>
```

sqlElement 的实现方法如下。

```
package org.apache.ibatis.builder.xml;
....
public class XMLMapperBuilder extends BaseBuilder {
.......
  private void sqlElement(List<XNode> list, String requiredDatabaseId) {
    for (XNode context : list) {
    //获取所配置的 databaseid
      String databaseId = context.getStringAttribute("databaseId");
```

```
        //获取 SQL 的 id
        String id = context.getStringAttribute("id");
        //为 id 添加上域名空间,使其变得唯一
        id = builderAssistant.applyCurrentNamespace(id, false);
        //检测<sql>的 databaseId 与当前 Configuration 中记录的 databaseId 是否一致
        if (databaseIdMatchesCurrent(id, databaseId, requiredDatabaseId)) {
            //记录到 XMLMapperBuilder.sqlFragments 中保存
          sqlFragments.put(id, context);
        }
      }
    }
  .....
}
```

1.2.6 XMLStatementBuilder

除以上节点之外，映射配置文件还有一类比较重要的节点需要解析，也就是本节将要介绍的 SQL 节点，这些 SQL 节点主要用于定义 SQL 语句。主要包含以下节点：

1） insert - A mapped INSERT statement。

2） update - A mapped UPDATE statement。

3） delete - A mapped DELETE statement。

4） select - A mapped SELECT statement。

SQL 节点的实现代码如下所示。

```
<insert
  id="insertAuthor"
  parameterType="domain.blog.Author"
  flushCache="true"
  statementType="PREPARED"
  keyProperty=""
  keyColumn=""
  useGeneratedKeys=""
  timeout="20">

<update
  id="updateAuthor"
  parameterType="domain.blog.Author"
  flushCache="true"
  statementType="PREPARED"
  timeout="20">
```

```
<delete
  id="deleteAuthor"
  parameterType="domain.blog.Author"
  flushCache="true"
  statementType="PREPARED"
  timeout="20">
```

这些节点由 XMLStatementBuilder 负责进行解析。

MyBatis 使用 SqlSource 接口表示映射文件或注解中定义的 SQL 语句，但它表示的 SQL 语句并不能直接被数据库执行，因为这其中可能会包含与动态 SQL 语句相关的节点火山占位符等需要解析的元素，SqlSource 代码如下。

```
package org.apache.ibatis.mapping;

public interface SqlSource {

  BoundSql getBoundSql(Object parameterObject);

}
```

MyBatis 使 MappedStatement 表示映射文件中定义的 SQL 节点，MappedStatement 对象对应 Mapper.xml 配置文件中的一个 select/update/insert/delete 节点，描述的就是一条 SQL 语句，MappedStatement 代码如下。

```
package org.apache.ibatis.mapping;
......
public final class MappedStatement {
//mapper 配置文件名,如:UserMapper.xml
  private String resource;
  //全局配置
  private Configuration configuration;
  //节点的 id 属性加命名空间,如:
  private String id;
  private Integer fetchSize;
  //超时时间
  private Integer timeout;
  //操作 SQL 的对象的类型
  private StatementType statementType;
  //结果类型
  private ResultSetType resultSetType;
  //SQL 语句
  private SqlSource sqlSource;
  //缓存
  private Cache cache;
```

```
  private ParameterMap parameterMap;
  private List<ResultMap> resultMaps;
  private boolean flushCacheRequired;
  //是否使用缓存,默认为 true
  private boolean useCache;
  private boolean resultOrdered;
  /SQL 语句的类型,如 select、update、delete、insert
  private SqlCommandType sqlCommandType;
  private KeyGenerator keyGenerator;
  private String[] keyProperties;
  private String[] keyColumns;
  private boolean hasNestedResultMaps;
  //数据库 id
  private String databaseId;
  private Log statementLog;
  private LanguageDriver lang;
  private String[] resultSets;
  .....
}
```

XMLStatementBuilder. parseStatementNode( )方法是 SQL 节点的入口函数，具体实现如下。

```
package org.apache.ibatis.builder.xml;
.......
public class XMLStatementBuilder extends BaseBuilder {
  .....
  public void parseStatementNode() {
    String id = context.getStringAttribute("id");
    String databaseId = context.getStringAttribute("databaseId");
          //获取 SQL 节点的 id 以及 databaseId 属性,如果 databaseId 属性值与当前使用数
据库不匹配,则不加载 SQL 节点,若存在相同的 id 且 databaseId 不为空的 SQL 节点,则不再加载
SQL 节点
    if (!databaseIdMatchesCurrent(id, databaseId, this.requiredDatabaseId)) {
      return;
    }

    String nodeName = context.getNode().getNodeName();
    //获取 sqlCommandType:UNKNOWN, INSERT, UPDATE, DELETE, SELECT, FLUSH
    SqlCommandType sqlCommandType = SqlCommandType.valueOf
(nodeName.toUpperCase(Locale.ENGLISH));
    boolean isSelect = sqlCommandType = = SqlCommandType.SELECT;
    boolean flushCache = context.getBooleanAttribute("flushCache", !isSelect);
    boolean useCache = context.getBooleanAttribute("useCache", isSelect);
```

```
    boolean resultOrdered = context.getBooleanAttribute("resultOrdered",
false);

    //Include Fragments before parsing
    //在解析SQL之前,先处理其中的<include>节点
    XMLIncludeTransformer includeParser = new XMLIncludeTransformer(configu-
ration, builderAssistant);
    includeParser.applyIncludes(context.getNode());

    String parameterType = context.getStringAttribute("parameterType");
    Class<?> parameterTypeClass = resolveClass(parameterType);

    String lang = context.getStringAttribute("lang");
    LanguageDriver langDriver = getLanguageDriver(lang);

    //Parse selectKey after includes and remove them.
    //处理<selectKey>节点
    processSelectKeyNodes(id, parameterTypeClass, langDriver);

    //Parse the SQL (pre: <selectKey> and <include> were parsed and removed)
    KeyGenerator keyGenerator;
    String keyStatementId = id + SelectKeyGenerator.SELECT_KEY_SUFFIX;
    keyStatementId = builderAssistant.applyCurrentNamespace(keyStatementId,
true);
    if (configuration.hasKeyGenerator(keyStatementId)) {
      keyGenerator = configuration.getKeyGenerator(keyStatementId);
    } else {
      keyGenerator = context.getBooleanAttribute("useGeneratedKeys",
          configuration.isUseGeneratedKeys() && SqlCommandType.INSERT.equals
(sqlCommandType))
          ? Jdbc3KeyGenerator.INSTANCE : NoKeyGenerator.INSTANCE;
    }

              //获取SQL节点的多种属性
    SqlSource sqlSource = langDriver.createSqlSource(configuration, context,
parameterTypeClass);
    StatementType statementType = StatementType.valueOf(context.
getStringAttribute("statementType", StatementType.PREPARED.toString()));
    Integer fetchSize = context.getIntAttribute("fetchSize");
    Integer timeout = context.getIntAttribute("timeout");
    String parameterMap = context.getStringAttribute("parameterMap");
    String resultType = context.getStringAttribute("resultType");
```

```
    Class<?> resultTypeClass = resolveClass(resultType);
    String resultMap = context.getStringAttribute("resultMap");
    String resultSetType = context.getStringAttribute("resultSetType");
    ResultSetType resultSetTypeEnum = resolveResultSetType(resultSetType);
    if (resultSetTypeEnum == null) {
      resultSetTypeEnum = configuration.getDefaultResultSetType();
    }
    String keyProperty = context.getStringAttribute("keyProperty");
    String keyColumn = context.getStringAttribute("keyColumn");
    String resultSets = context.getStringAttribute("resultSets");

    builderAssistant.addMappedStatement(id, sqlSource, statementType, sqlCom-
mandType,
        fetchSize, timeout, parameterMap, parameterTypeClass, resultMap,
resultTypeClass,
        resultSetTypeEnum, flushCache, useCache, resultOrdered,
        keyGenerator, keyProperty, keyColumn, databaseId, langDriver,
resultSets);
  }
  ....
  }
```

在解析SQL节点之前，会先通过XMLIncludeTransformer.applyIncludes()解析SQL语句中的节点，此过程会将节点替换成节点中定义的SQL片段，并将其中的“${xxx}”占位符替换成真实的参数，代码如下。

```
package org.apache.ibatis.builder.xml;
.......
public class XMLStatementBuilder extends BaseBuilder {
  .....
  public void parseStatementNode() {
    ....
    //Include Fragments before parsing
    //在解析SQL之前,先处理其中的<include>节点
    XMLIncludeTransformer includeParser = new XMLIncludeTransformer(configu-
ration, builderAssistant);
    includeParser.applyIncludes(context.getNode());

  .....
  }
  ....
  }
```

```
package org.apache.ibatis.builder.xml;
.....
public class XMLIncludeTransformer {
  ....
  public void applyIncludes(Node source) {
        //获取 mybatis-config.xml 中<properties>节点定义的变量集合
    Properties variablesContext = new Properties();
    Properties configurationVariables = configuration.getVariables();
    //将 configurationVariables 中的数据添加到 variablesContext 中
    Optional.ofNullable(configurationVariables).ifPresent(variablesContext::
putAll);
    //处理<include>子节点
    applyIncludes(source, variablesContext, false);
  }

  /**
   * Recursively apply includes through all SQL fragments.
   * @param source Include node in DOM tree
   * @param variablesContext Current context for static variables with values
   */
  //applyIncludes 重载方法
  private void applyIncludes(Node source, final Properties variablesContext,
boolean included) {
        //处理 include 节点
    if (source.getNodeName().equals("include")) {//第一个分支
        //获取 <sql> 节点,若 refid 中包含属性占位符 ${},则需先将属性占位符替换为对应
的属性值
      Node toInclude = findSqlFragment(getStringAttribute(source, "refid"),
variablesContext);
      //解析 <include> 的子节点 <property>,并将解析结果与 variablesContext 融合,
      //然后返回融合后的 Properties,若 <property> 节点的 value 属性中存在占位符 ${},
      //则将占位符替换为对应的属性值
      Properties toIncludeContext = getVariablesContext(source, variablesCon-
text);
      //这里是一个递归调用,用于将 <sql> 节点内容中出现的属性占位符 ${} 替换为对应的属
性值。这里要注意一下递归调用的参数:
      applyIncludes(toInclude, toIncludeContext, true);
      //如果 <sql> 和 <include> 节点不在一个文档中,则从其他文档中将 <sql> 节点引入
<include> 所在文档中
      if (toInclude.getOwnerDocument() != source.getOwnerDocument()) {
        toInclude = source.getOwnerDocument().importNode(toInclude, true);
      }
```

```
    //将 <include> 节点替换为 <sql> 节点
    source.getParentNode().replaceChild(toInclude, source);
    while (toInclude.hasChildNodes()) {
    //将 <sql> 中的内容插入 <sql> 节点之前
      toInclude.getParentNode().insertBefore(toInclude.getFirstChild(),
toInclude);
    }
    //前面已经将 <sql> 节点的内容插入 dom 中了,现在不需要 <sql> 节点了,这里将该节点从
dom 中移除
    toInclude.getParentNode().removeChild(toInclude);
  } else if (source.getNodeType() == Node.ELEMENT_NODE) {//第二个条件分支
    if (included && !variablesContext.isEmpty()) {
      //replace variables in attribute values
      NamedNodeMap attributes = source.getAttributes();
      for (int i = 0; i < attributes.getLength(); i++) {
        Node attr = attributes.item(i);
        //将 source 节点属性中的占位符 ${} 替换成具体的属性值
         attr.setNodeValue(PropertyParser.parse(attr.getNodeValue(), vari-
ablesContext));
      }
    }
    NodeList children = source.getChildNodes();
    for (int i = 0; i < children.getLength(); i++) {
    //递归调用
      applyIncludes(children.item(i), variablesContext, included);
    }
  } else if (included && (source.getNodeType() == Node.TEXT_NODE ||
source.getNodeType() == Node.CDATA_SECTION_NODE) //第三个条件分支
      && !variablesContext.isEmpty()) {
    //replace variables in text node
    //将文本(text)节点中的属性占位符 ${} 替换成具体的属性值
    source.setNodeValue(PropertyParser.parse(source.getNodeValue(), vari-
ablesContext));
  }
 }
 ...
}
```

实现过程中可能会涉及多层递归，为了便于读者理解，这里通过示例进行分析，该示例来源于官网，示例配置如下。

```
<sql id="sometable">
  ${prefix}Table
```

```
</sql>

<sql id="someinclude">
  from
    <include refid="${include_target}"/>
</sql>

<select id="select" resultType="map">
  select
    field1, field2, field3
  <include refid="someinclude">
    <property name="prefix" value="Some"/>
    <property name="include_target" value="sometable"/>
  </include>
</select>
```

applyIncludes 方法第一次被调用时的状态如下。

参数值：source =节点

节点类型：ELEMENT_NODE

variablesContext = [ ] //无内容

included = false

执行流程：

1）进入条件分支 2。

2）获取子节点列表。

3）遍历子节点列表，将子节点作为参数，进行递归调用。

第一次调用 applyIncludes 方法，source =节点，代码进入条件分支 2。在该分支中，首先要获取节点的子节点列表。可获取到的子节点如下。

编号	子节点	类型	描述
1	select field1, field2, field3	TEXT_NODE	文本节点
2		ELEMENT_NODE	普通节点

在获取到子节点类列表后，接下来要做的事情是遍历列表，然后将子节点作为参数进行递归调用。在上面三个子节点中，子节点 1 是文本节点。先来演示子节点 1 的调用过程，如图 1-16 所示。

节点 1 的调用过程比较简单，只有两层调用。然后再看一下子节点 2 的调用过程，如图 1-17 所示。

上面是子节点 2 的调用过程，共有四层调用，略为复杂。大家自己也对着配置，把代码执行一遍，然后记录每一次调用的一些状态，这样才能更好地理解 applyIncludes 方法的逻辑。

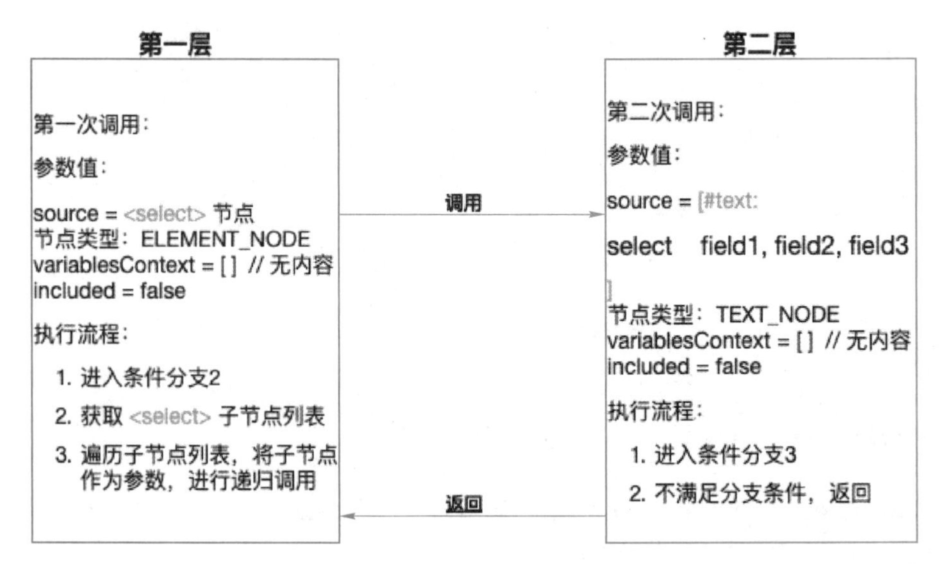

●图 1-16　节点 1 调用过程

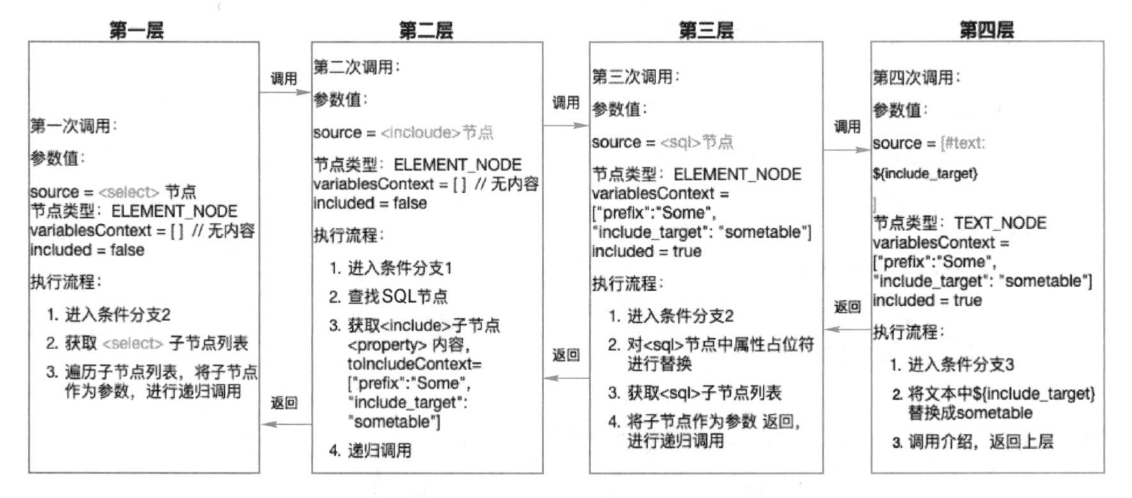

●图 1-17　节点 2 调用过程

对于一些不支持自增主键的数据库来说，在插入数据时，需要明确指定主键数据。以 Oracle 数据库为例，Oracle 数据库不支持自增主键，但它提供了自增序列工具。每次向数据库中插入数据时，可以先通过自增序列获取主键数据，然后再进行插入。这里涉及两次数据库查询操作，不能在一个节点中同时定义两个 select 语句，否者会导致 SQL 语句出错。下面看一段配置。

```
<insert id="insertAuthor">
  <selectKey keyProperty="id" resultType="int" order="BEFORE">
    select CAST(RANDOM() * 1000000 as INTEGER) a from SYSIBM.SYSDUMMY1
  </selectKey>
  insert into Author
    (id, username, password, email,bio, favourite_section)
  values
```

```
    (#{id}, #{username}, #{password}, #{email}, #{bio}, #{favouriteSection,jdbc-
Type=VARCHAR})
</insert>
```

在上面的配置中，查询语句会先于插入语句执行，这样就可以在插入时获取到主键的值。下面来看一下解析过程。

```
package org.apache.ibatis.builder.xml;
.....
public class XMLStatementBuilder extends BaseBuilder {
  ....
  private void processSelectKeyNodes(String id, Class<?> parameterTypeClass,
LanguageDriver langDriver) {
    List<XNode> selectKeyNodes = context.evalNodes("selectKey");
    if (configuration.getDatabaseId() != null) {
    //解析<selectKey>节点,databaseId不为空
      parseSelectKeyNodes(id, selectKeyNodes, parameterTypeClass, langDriver,
configuration.getDatabaseId());
    }
    //解析<selectKey>节点,databaseId为空
    parseSelectKeyNodes(id, selectKeyNodes, parameterTypeClass, langDriver,
null);
    //将<selectKey>节点从dom树中移除
    removeSelectKeyNodes(selectKeyNodes);
  }
  ....
  private void parseSelectKeyNode(String id, XNode nodeToHandle, Class<?> pa-
rameterTypeClass, LanguageDriver langDriver, String databaseId) {
    //获取各种属性
    String resultType = nodeToHandle.getStringAttribute("resultType");
    Class<?> resultTypeClass = resolveClass(resultType);
      StatementType statementType = StatementType.valueOf(nodeToHan-
dle.getStringAttribute("statementType", StatementType.PREPARED.toString()));
    String keyProperty = nodeToHandle.getStringAttribute("keyProperty");
    String keyColumn = nodeToHandle.getStringAttribute("keyColumn");
    boolean executeBefore = "BEFORE".equals(nodeToHandle.getStringAttribute
("order", "AFTER"));

    //defaults
      //设置默认值
    boolean useCache = false;
    boolean resultOrdered = false;
    KeyGenerator keyGenerator = NoKeyGenerator.INSTANCE;
```

```
    Integer fetchSize = null;
    Integer timeout = null;
    boolean flushCache = false;
    String parameterMap = null;
    String resultMap = null;
    ResultSetType resultSetTypeEnum = null;

  //创建 SqlSource
    SqlSource sqlSource = langDriver.createSqlSource(configuration, nodeTo-
Handle, parameterTypeClass);
     /*
     * <selectKey>节点中只能配置 SELECT 查询语句,
     * 因此 sqlCommandType 为 SqlCommandType.SELECT
     */
    SqlCommandType sqlCommandType = SqlCommandType.SELECT;
  /*
     * 构建 MappedStatement,并将 MappedStatement
     * 添加到 Configuration 的 mappedStatements map 中
     */
    builderAssistant.addMappedStatement(id, sqlSource, statementType, sqlCom-
mandType,
          fetchSize, timeout, parameterMap, parameterTypeClass, resultMap, re-
sultTypeClass,
        resultSetTypeEnum, flushCache, useCache, resultOrdered,
        keyGenerator, keyProperty, keyColumn, databaseId, langDriver, null);
//id = namespace + "." + id
    id = builderAssistant.applyCurrentNamespace(id, false);

      MappedStatement keyStatement = configuration.getMappedStatement(id,
false);
    //创建 SelectKeyGenerator,并添加到 keyGenerators map 中
     configuration.addKeyGenerator(id, new SelectKeyGenerator(keyStatement,
executeBefore));
  }
  .....
  }
```

上面的代码比较长，但大部分代码都是一些基础代码，不是很难理解。代码中比较重要的步骤如下。

1）创建 SqlSource 实例。

2）构建并缓存 MappedStatement 实例。

3）构建并缓存 SelectKeyGenerator 实例。

在这三步中，第1）步和第2）步调用的是公共逻辑，其他地方也会调用，这两步对应

的代码后续会分两节进行讲解。第3）步则是创建一个 SelectKeyGenerator 实例。

下面分析一下 SqlSource 和 MappedStatement 实例的创建过程。

（1）解析 SQL 语句

前面分析了<include> 和 <selectKey>节点的解析过程，这两个节点解析完成后，都会以不同的方式从 dom 树中消失。所以目前的 SQL 语句节点由一些文本节点和普通节点组成，比如“、”等。来看一下移除掉<include> 和 <selectKey>节点后的 SQL 语句节点是如何解析的。

```
package org.apache.ibatis.scripting.xmltags;
.....
public class XMLLanguageDriver implements LanguageDriver {
....
  @Override
  public SqlSource createSqlSource(Configuration configuration, XNode script,
Class<?> parameterType) {
    XMLScriptBuilder builder = new XMLScriptBuilder(configuration, script, pa-
rameterType);
    return builder.parseScriptNode();
  }
  ....
}

public classXMLScriptBuilder extends BaseBuilder {
....
public SqlSource parseScriptNode() {
//解析 SQL 语句节点
  MixedSqlNode rootSqlNode = parseDynamicTags(context);
  SqlSource sqlSource;
  //根据 isDynamic 状态创建不同的 SqlSource
  if (isDynamic) {
    sqlSource = new DynamicSqlSource(configuration, rootSqlNode);
  } else {
    sqlSource = new RawSqlSource(configuration, rootSqlNode, parameterType);
  }
  return sqlSource;
}
....
}
```

如上代码所示，SQL 语句的解析逻辑被封装在了 XMLScriptBuilder 类的 parseScriptNode 方法中。该方法首先会调用 parseDynamicTags 解析 SQL 语句节点，在解析过程中，会判断节点是否包含一些动态标记，比如 ${} 占位符以及动态 SQL 节点等。若包含动态标记，则会将 isDynamic 设为 true。后续可根据 isDynamic 创建不同的 SqlSource。下面来看一下 parseDynamicTags 方法的逻辑。

```
package org.apache.ibatis.scripting.xmltags;
.....
public class XMLScriptBuilder extends BaseBuilder {
....
  private void initNodeHandlerMap() {
    nodeHandlerMap.put("trim", new TrimHandler());
    nodeHandlerMap.put("where", new WhereHandler());
    nodeHandlerMap.put("set", new SetHandler());
    nodeHandlerMap.put("foreach", new ForEachHandler());
    nodeHandlerMap.put("if", new IfHandler());
    nodeHandlerMap.put("choose", new ChooseHandler());
    nodeHandlerMap.put("when", new IfHandler());
    nodeHandlerMap.put("otherwise", new OtherwiseHandler());
    nodeHandlerMap.put("bind", new BindHandler());
  }
.....
protected MixedSqlNode parseDynamicTags(XNode node) {
    List<SqlNode> contents = new ArrayList<>();
    NodeList children = node.getNode().getChildNodes();
    //遍历子节点
    for (int i = 0; i < children.getLength(); i++) {
      XNode child = node.newXNode(children.item(i));
      if (child.getNode().getNodeType() == Node.CDATA_SECTION_NODE ||
child.getNode().getNodeType() == Node.TEXT_NODE) {
      //获取文本内容
        String data = child.getStringBody("");
        TextSqlNode textSqlNode = new TextSqlNode(data);
        //若文本中包含 ${} 占位符,也被认为是动态节点
        if (textSqlNode.isDynamic()) {
          contents.add(textSqlNode);
          //设置 isDynamic 为 true
          isDynamic = true;
        } else {
        //创建 StaticTextSqlNode
          contents.add(new StaticTextSqlNode(data));
        }
        //child 节点是 ELEMENT_NODE 类型,比如 <if><where> 等
      } else if (child.getNode().getNodeType() == Node.ELEMENT_NODE) { //issue
#628
      //获取节点名称,比如 if、where、trim 等
        String nodeName = child.getNode().getNodeName();
        //根据节点名称获取 NodeHandler
```

```
        NodeHandler handler = nodeHandlerMap.get(nodeName);

            //如果 handler 为空,表明当前节点对于 MyBatis 来说,是未知节点.
            //MyBatis 无法处理这种节点,故抛出异常

        if (handler == null) {
          throw new BuilderException("Unknown element <" + nodeName + "> in SQL
statement.");
        }
            //处理 child 节点,生成相应的 SqlNode
        handler.handleNode(child, contents);
            //设置 isDynamic 为 true
        isDynamic = true;
      }
    }
    return new MixedSqlNode(contents);
  }
  .....
}
```

上面方法的逻辑前面已经说过，主要是用来判断节点是否包含一些动态标记，比如 ${} 占位符以及动态 SQL 节点等。这里，不管是动态 SQL 节点还是静态 SQL 节点，都可以把它们看成是 SQL 片段，一个 SQL 语句由多个 SQL 片段组成。在解析过程中，这些 SQL 片段被存储在 contents 集合中。最后，该集合会被传给 MixedSqlNode 构造方法，用于创建 MixedSqlNode 实例。从 MixedSqlNode 类名上可知，它会存储多种类型的 SqlNode。除了上面代码中已出现的几种 SqlNode 实现类，还有一些 SqlNode 实现类未出现在上面的代码中。但它们也参与了 SQL 语句节点的解析过程，这里来看一下这些幕后的 SqlNode 类，如图 1-18 所示。

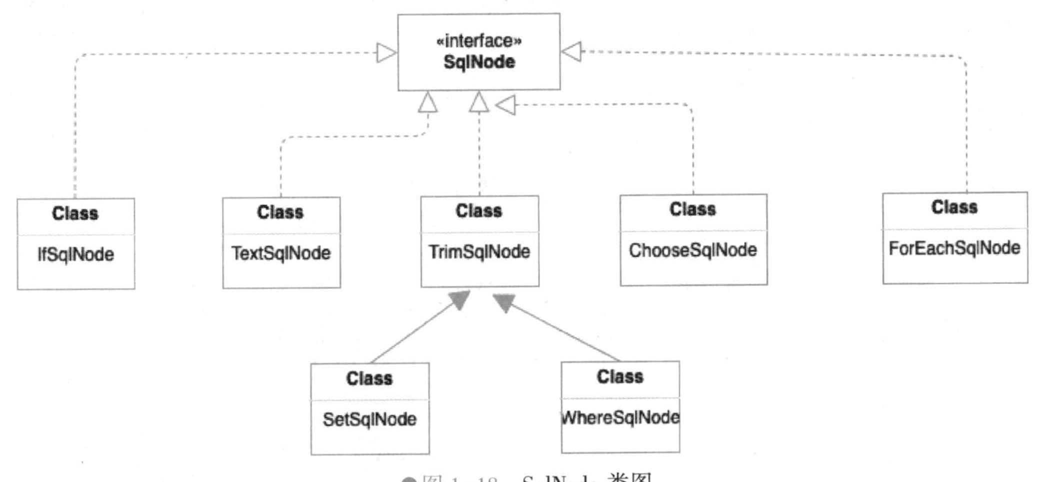

●图 1-18　SqlNode 类图

上面的 SqlNode 实现类用于处理不同的动态 SQL 逻辑，这些 SqlNode 是如何生成的呢？答案是由各种 NodeHandler 生成。再回到上面的代码中，可以看到这样一句代码：

```
handler.handleNode(child, contents);
```

该代码用于处理动态 SQL 节点，并生成相应的 SqlNode。下面来简单分析一下 WhereHandler 的代码。

```
package org.apache.ibatis.scripting.xmltags;
 .....
 public class XMLScriptBuilder extends BaseBuilder {
  .....
  private class WhereHandler implements NodeHandler {
    public WhereHandler() {
      //Prevent Synthetic Access
    }

    @Override
    public void handleNode(XNode nodeToHandle, List<SqlNode> targetContents) {
            //调用 parseDynamicTags 解析 <where> 节点
      MixedSqlNode mixedSqlNode = parseDynamicTags(nodeToHandle);
      //创建 WhereSqlNode
      WhereSqlNode where = new WhereSqlNode(configuration, mixedSqlNode);
      //添加到 targetContents
      targetContents.add(where);
    }
  }
  ....
  }
  .....
```

如上，handleNode 方法内部会再次调用 parseDynamicTags 解析节点中的内容，这样又会生成一个 MixedSqlNode 对象。最终，整个 SQL 语句节点会生成一个具有树状结构的 MixedSqlNode，如图 1-19 所示。

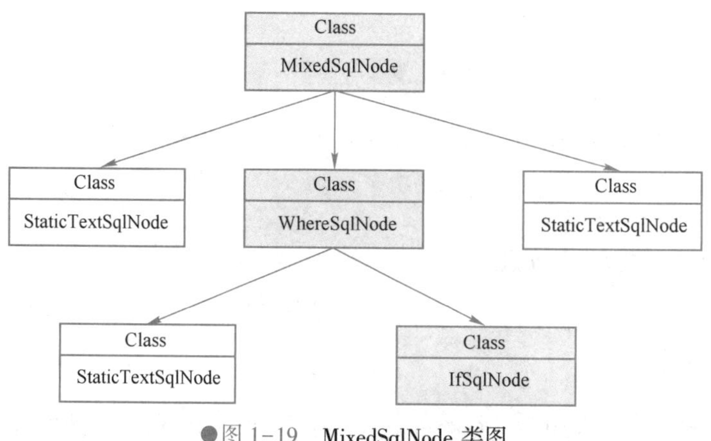

●图 1-19　MixedSqlNode 类图

到此，SQL 语句的解析过程就分析完了。现在，已经将 XML 配置解析了 SqlSource，但这还没有结束。SqlSource 中只能记录 SQL 语句信息，除此之外，这里还有一些额外的信息需要记录。因此，需要一个类能够同时存储 SqlSource 和其他的信息。这个类就是 MappedStatement。下面来看一下它的构建过程。

（2）构建 MappedStatement

SQL 语句节点可以定义很多属性，这些属性和属性值最终存储在 MappedStatement 中。下面看一下 MappedStatement 的构建过程是怎样的。

```
package org.apache.ibatis.builder;
.....
public class MapperBuilderAssistant extends BaseBuilder {
.....
public MappedStatement addMappedStatement(
    String id,
    SqlSource sqlSource,
    StatementType statementType,
    SqlCommandType sqlCommandType,
    Integer fetchSize,
    Integer timeout,
    String parameterMap,
    Class<?> parameterType,
    String resultMap,
    Class<?> resultType,
    ResultSetType resultSetType,
    boolean flushCache,
    boolean useCache,
    boolean resultOrdered,
    KeyGenerator keyGenerator,
    String keyProperty,
    String keyColumn,
    String databaseId,
    LanguageDriver lang,
    String resultSets) {

  if (unresolvedCacheRef) {
    throw new IncompleteElementException("Cache-ref not yet resolved");
  }

  id = applyCurrentNamespace(id, false);
  boolean isSelect = sqlCommandType == SqlCommandType.SELECT;
//创建构造器,设置各种属性
  MappedStatement.Builder statementBuilder = new MappedStatement.Builder(con-
figuration, id, sqlSource, sqlCommandType)
```

```
        .resource(resource)
        .fetchSize(fetchSize)
        .timeout(timeout)
        .statementType(statementType)
        .keyGenerator(keyGenerator)
        .keyProperty(keyProperty)
        .keyColumn(keyColumn)
        .databaseId(databaseId)
        .lang(lang)
        .resultOrdered(resultOrdered)
        .resultSets(resultSets)
        .resultMaps(getStatementResultMaps(resultMap, resultType, id))
        .resultSetType(resultSetType)
        .flushCacheRequired(valueOrDefault(flushCache, !isSelect))
        .useCache(valueOrDefault(useCache, isSelect))
        .cache(currentCache);
  //获取或创建 ParameterMap
    ParameterMap statementParameterMap = getStatementParameterMap
  (parameterMap, parameterType, id);
    if (statementParameterMap != null) {
      statementBuilder.parameterMap(statementParameterMap);
    }
  //构建 MappedStatement
    MappedStatement statement = statementBuilder.build();
    //添加 MappedStatement 到 configuration 的 mappedStatements 集合中
    configuration.addMappedStatement(statement);
    return statement;
  }
  ....
  }
```

本节分析了映射文件的解析过程，总的来说，本节的内容还是比较复杂的，逻辑太多。不过如果大家自己也能把映射文件的解析过程认真分析一遍，会对 MyBatis 有更深入的理解。

1.2.7 绑定 Mapper 接口

映射文件解析完成后，并不意味着整个解析过程就结束了。此时还需要通过命名空间绑定 Mapper 接口，这样才能将映射文件中的 SQL 语句和 Mapper 接口中的方法绑定在一起，后续即可通过调用 Mapper 接口方法执行与之对应的 SQL 语句。下面来分析一下 Mapper 接口的绑定过程。

```
package org.apache.ibatis.builder.xml;
.....
public class XMLMapperBuilder extends BaseBuilder {
.....
  private void bindMapperForNamespace() {
  //获取映射文件的命名空间
    String namespace = builderAssistant.getCurrentNamespace();
    if (namespace != null) {
      Class<?> boundType = null;
      try {
      //根据命名空间解析 Mapper 类型
        boundType = Resources.classForName(namespace);
      } catch (ClassNotFoundException e) {
        //ignore, bound type is not required
      }
      if (boundType != null) {
      //检测当前 Mapper 类是否被绑定过
        if (!configuration.hasMapper(boundType)) {
          //Spring may not know the real resource name so we set a flag
          //to prevent loading again this resource from the mapper interface
          //look at MapperAnnotationBuilder#loadXmlResource
          configuration.addLoadedResource("namespace:" + namespace);
          //绑定 Mapper 类
          configuration.addMapper(boundType);
        }
      }
    }
  }
  ....
}

package org.apache.ibatis.session;
....
public class Configuration {
.....
  public <T> void addMapper(Class<T> type) {
  //通过 MapperRegistry 绑定 Mapper 类
    mapperRegistry.addMapper(type);
  }
  .....
}
```

```
package org.apache.ibatis.binding;
....
public class MapperRegistry {
......
  public <T> void addMapper(Class<T> type) {
    if (type.isInterface()) {
      if (hasMapper(type)) {
        throw new BindingException("Type " + type + " is already known to the Map-
perRegistry.");
      }
      boolean loadCompleted = false;
      try {

          //将 type 和 MapperProxyFactory 进行绑定,MapperProxyFactory 可为 Mapper
接口生成代理类
        knownMappers.put(type, new MapperProxyFactory<>(type));
        //It's important that the type is added before the parser is run
        //otherwise the binding may automatically be attempted by the
        //mapper parser. If the type is already known, it won't try.
        //创建注解解析器.在 MyBatis 中,有 XML 和 注解两种配置方式可选
        MapperAnnotationBuilder parser = new MapperAnnotationBuilder(config,
type);
          //解析注解中的信息
        parser.parse();
        loadCompleted = true;
      } finally {
        if (!loadCompleted) {
          knownMappers.remove(type);
        }
      }
    }
  }
  ...
  }
```

以上就是 Mapper 接口的绑定过程，简单总结如下。

1）获取命名空间，并根据命名空间解析 Mapper 类型。

2）将 type 和 MapperProxyFactory 实例存入 knownMappers 中。

3）解析注解中的信息。

以上步骤中，第 3）步的工作量较大。如果读者看懂了映射文件的解析过程，那么注解的解析过程也就不难理解了，这里就不深入分析了。Mapper 接口的绑定过程就先分析到这里。

1.2.8 处理 incomplete * 的节点

在解析某些节点的过程中，如果这些节点引用了其他一些未被解析的配置，会导致当前节点解析工作无法进行下去。对于这种情况，MyBatis 的做法是抛出 IncompleteElementException 异常。外部逻辑会捕捉这个异常，并将节点对应的解析器放入 incomplet * 集合中。这个在分析映射文件解析的过程中进行过相应注释。下面来看一下 MyBatis 是如何处理未完成解析的节点。入口是 XMLMapperBuilder. parse( )，parsePending * ( )方法的逻辑与其基本类似，这里以 parsePendingStatements( )方法为例分析，代码如下。

```
package org.apache.ibatis.builder.xml;
  .....
  public class XMLMapperBuilder extends BaseBuilder {
  .....
  public void parse() {
    if (!configuration.isResourceLoaded(resource)) {
    //解析 Mapper 节点
      configurationElement(parser.evalNode("/mapper"));
      configuration.addLoadedResource(resource);
      bindMapperForNamespace();
    }
//处理未完成解析的节点
    parsePendingResultMaps();
    parsePendingCacheRefs();
    parsePendingStatements();
  }
  ......
  private void parsePendingStatements() {
          //获取 incompleteStatements 集合
      Collction < XMLStatementBuilder > incompleteStatements = configura-
tion.getIncompleteStatements();
    synchronized (incompleteStatements) { //加锁同步
    //遍历 incompleteStatements
      Iterator<XMLStatementBuilder> iter = incompleteStatements.iterator();
      while (iter.hasNext()) {
        try {
          //重新解析 SQL 语句节点
          iter.next().parseStatementNode();
          //移除
          iter.remove();
        } catch (IncompleteElementException e) {
          //Statement is still missing a resource...
```

```
            }
          }
        }
      }
      ....
      }
```

至此，MyBatis 的初始化过程中配置解析已经全部介绍完毕，其中分析了 mybatis-config. xml 配置文件、映射配置文件以及 Mapper 接口相关注解的解析过程。

扫一扫观看串讲视频

第2章 微服务 Dubbo 通信解密

本章介绍微服务 Dubbo RPC 通信的有关知识，在分布式微服务架构环境的基础下，服务远程调用已经成为必不可少的基础通信手段。一个高性能、高可扩展的服务通信框架已成为服务框架的重要组成部分。

通信框架涉及的核心基础有 Socket、多线程并发编程、框架协议通信等相关知识，这部分知识很多业务开发工程师们也很少接触，因此比较难掌握。本章将对 Dubbo 微服务通信组建的各种实现与设计进行详细讲解，期待大家可以尽快掌握通信架构的核心工作原理。

2.1 Netty 通信方式解密

分布式服务框架底层通信模块必须是一个通用的传输模块，不应该与具体的协议强绑定，应是一种弱关系。在通信框架基础上，可以构建私有协议和公有协议。Netty 就具备了通信与业务协议的分离特征，具备极强的扩展性，并依托已有的公有协议模块可快速实现业务模块通信的能力。

2.1.1 功能设计

Netty 通过责任链模式构建核心输入与输出流，屏蔽了底层流接入与线程工作模式，仅仅将业务需要处理的细节存留在 ChannelHandler 接口中。Dubbo 依托 Netty 作为底层数据传输的重要组件，完善了业务层面的协议、序列化、压缩等核心功能。

Dubbo 与 Netty 整合架构原理如图 2-1 所示。

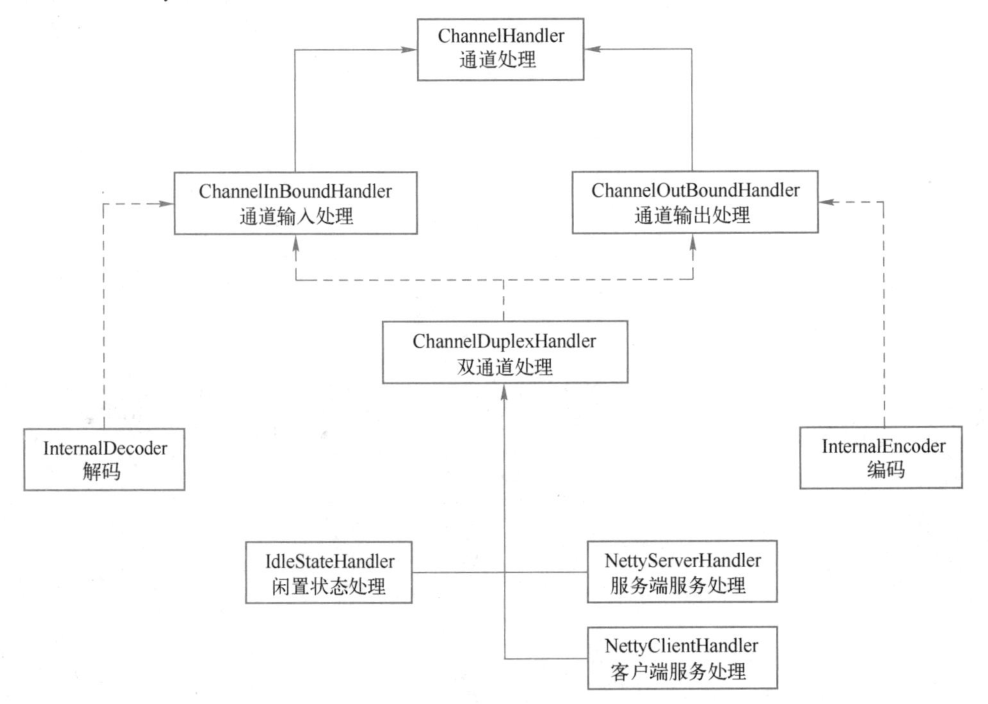

●图 2-1　Dubbo 与 Netty 整合架构原理图

首先来看一下各个 ChannelHandler 对应的业务职责。

1）InternalEncoder：负责将业务实体对象转换成协议数据存入 ByteBuf 缓存中。

2）InternalDecoder：负责将接收的数据流转换成业务实体存入 List<Object>集合。

3）IdleStateHandler：负责在指定时间区间判断是否有数据接收与传输，如果没有则发送心跳包。

4）NettyServerHandler：负责接收 Netty 底层发送与接收的消息，并做出相应的策略。

Dubbo 依托 Netty 的责任链模式将所有业务 ChannelHandler 构建起来，原理如图 2-2 所示。

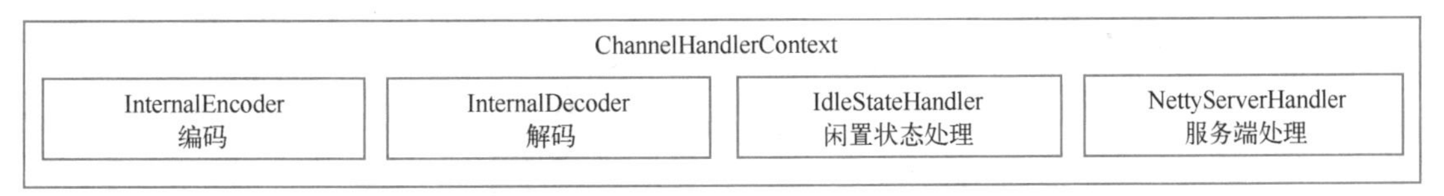

●图 2-2　Dubbo 中 Netty ChannelHandler 链条原理图

不同的 ChannelHandler 职责负责不同的业务数据处理，将处理的结果传递给下一个 ChannelHandler 进行业务数据处理，如图 2-2 所示，InternalDecode 负责 Dubbo 协议数据的解码处理，然后传递给 IdleStateHandler 进行闲置状态处理，判断是否存在业务数据的接收，如果没有则发送心跳包，保持业务服务的就绪状态；有接收业务数据的时候则将业务数据传递给 NettyServerHandler 进行 Dubbo 组建的调用，完成整个 Dubbo 上游整体组建的数据流转处理。

2.1.2　服务端设计

Dubbo 微服务框架中通信组建 Netty 服务端的职责如下。

1）提供统一的上层 API（屏蔽底层框架的适配性），下层 NIO 框架的更换或升级不会给上层带来影响，因此达到透明的态势。

2）通过 NIO 框架 Netty 上层 API 设置服务端通信相关参数，包括服务端的 I/O 线程池、监听地址、TCP 相关参数、闲置参数。

3）提供 Dubbo 自定义的编码与解码 ChannelHandler 来完成业务对象私有化协议的分解与组合。

4）提供 Netty 事件状态数据的通道处理来完成与 Dubbo 上层通道处理标准的融合。

```
protected voiddoOpen() throws Throwable {
    //Netty 服务端启动入口
    bootstrap = new ServerBootstrap();
    //配置服务端 NIO 线程组
    bossGroup = new NioEventLoopGroup(1, new DefaultThreadFactory("NettySer-
verBoss", true));
    //工作线程组中线程数参数通过 URL 组建获取
```

```
    workerGroup = new NioEventLoopGroup(getUrl().getPositiveParameter(Con-
stants.IO_THREADS_KEY, Constants.DEFAULT_IO_THREADS), new DefaultThreadFactory
("NettyServerWorker", true));
    //Dubbo 与 Netty 之间的通道事件状态映射处理
    NettyServerHandler nettyServerHandler = new NettyServerHandler(getUrl(),
this);
    //获取所有的客户端通道连接数组
    channels= nettyServerHandler.getChannels();
    //为启动入口设置主从线程组
    bootstrap.group(bossGroup, workerGroup)
            //设置通道处理类
            .channel(NioServerSocketChannel.class)
            //设置工作线程组的 TCP 参数
            .childOption(ChannelOption.TCP_NODELAY, Boolean.TRUE)
            .childOption(ChannelOption.SO_REUSEADDR, Boolean.TRUE)
            .childOption(ChannelOption.ALLOCATOR,
PooledByteBufAllocator.DEFAULT)
            //对工作线程组的通道进行初始化
            .childHandler(new ChannelInitializer<NioSocketChannel>() {
                protected void initChannel(NioSocketChannel ch) throws Exception {
                    //从 URL 中获得通道闲置超时时间
                    int idleTimeout = UrlUtils.getIdleTimeout(getUrl());
                    //构建适配 Netty,组建加、解密适配器
                    NettyCodecAdapter adapter = new NettyCodecAdapter(getCodec
(), getUrl(), NettyServer.this);
                    //为通道添加解密、加密、闲置检测、业务数据处理等策略方式
                    ch.pipeline()
                    .addLast("decoder", adapter.getDecoder())
                    .addLast("encoder", adapter.getEncoder())
                    .addLast("server-idle-handler", new IdleStateHandler(0, 0,
idleTimeout, MILLISECONDS))
                    .addLast("handler", nettyServerHandler);
                }
            });
    //绑定端口
    ChannelFuture channelFuture = bootstrap.bind(getBindAddress());
    //主线程同步等待子线程结果
    channelFuture.syncUninterruptibly();
    //获取服务器建立后的通道
    channel = channelFuture.channel();
}
```

2.1.3 客户端设计

Dubbo 微服务框架中通信组建 Netty 客户端的职责如下。

相比服务端，客户端的创建会更加复杂，需要考虑网络状态改变导致的中断或者连接过程中的超时控制，何时再次发起新的连接尝试则成为一个重点，是在发送请求的时候发起还是在定时检测时发起，需要根据具体的形式而定，不同的策略会给不同的业务形式带来不同的 RT 指标，一般客户端在发送数据的时候实行重连策略。

下面对客户端的创建流程进行详细介绍。

1）创建 Bootstrap 示例。Bootstrap 是 Socket Nio 客户端创建的工具类，初始化 TCP 连接参数，设置编码解码、心跳 ChannelHandler 和业务 ChannelHandler ，代码示例如下。

```
protected voiddoOpen() throws Throwable {
    //Dubbo 客户端与 Netty 之间的通道事件状态映射处理
    NettyClientHandler nettyClientHandler = new NettyClientHandler(getUrl(),
this);
    //创建 NIO 客户端启动入口
    bootstrap= new Bootstrap();
    bootstrap.group(nioEventLoopGroup)
            //设置客户端 TCP 参数
            .option(ChannelOption.SO_KEEPALIVE, true)
            .option(ChannelOption.TCP_NODELAY, true)
            .option(ChannelOption.ALLOCATOR, PooledByteBufAllocator.DEFAULT)
            .channel(NioSocketChannel.class);
    //设置客户端连接超时时间
    if (getConnectTimeout() < 3000) {
        bootstrap.option(ChannelOption.CONNECT_TIMEOUT_MILLIS, 3000);
    } else {
         bootstrap.option (ChannelOption.CONNECT_TIMEOUT_MILLIS, getConnect-
Timeout());
    }

    bootstrap.handler(new ChannelInitializer() {
        protected void initChannel(Channel ch) throws Exception {
            //获取心跳检测间隔
            int heartbeatInterval = UrlUtils.getHeartbeat(getUrl());
            //构建适配 Netty,组建加、解密适配器
            NettyCodecAdapter adapter = new NettyCodecAdapter(getCodec(),
getUrl(), NettyClient.this);
            //为通道添加解密、加密、闲置检测、业务数据处理等策略方式
            ch.pipeline()
              .addLast("decoder", adapter.getDecoder())
```

```
            .addLast("encoder", adapter.getEncoder())
            .addLast("client-idle-handler", new IdleStateHandler(heartbeat-
Interval, 0, 0, MILLISECONDS))
            .addLast("handler", nettyClientHandler);
        }
    });
}
```

2）调用 Bootstrap 的 connect 方法异步发起连接。连接的部分独立出来是为了后续的重连做独立化封装操作。代码示例如下。

```
protected voiddoConnect() throws Throwable {
    long start = System.currentTimeMillis();
    //客户端发起远程连接
    ChannelFuture future = bootstrap.connect(getConnectAddress());
    try {
        //主线程等待子线程连接结果
        boolean ret = future.awaitUninterruptibly(getConnectTimeout(), MILLI-
SECONDS);
        //连接成功
        if (ret && future.isSuccess()) {
            //获得连接状态的通道
            Channel newChannel = future.channel();
            try {
                //对上个状态的通道进行资源释放处理
                Channel oldChannel = NettyClient.this.channel;
                if (oldChannel != null) {
                    try {
                        if (logger.isInfoEnabled()) {
                            logger.info("Close old netty channel " + oldChannel + "
on create new netty channel " + newChannel);
                        }
                        oldChannel.close();
                    } finally {
                        NettyChannel.removeChannelIfDisconnected(oldChannel);
                    }
                }
            } finally {
                //客户端已标记为关闭则进行当前状态通道资源释放
                if (NettyClient.this.isClosed()) {
                    try {
                        if (logger.isInfoEnabled()) {
```

```
                        logger.info("Close new netty channel " + newChannel +
", because the client closed.");
                    }
                    newChannel.close();
                } finally {
                    NettyClient.this.channel = null;
                    NettyChannel.removeChannelIfDisconnected(newChannel);
                }
            } else {
                NettyClient.this.channel = newChannel;
            }
        }
    }
    ........... //非核心部分省略
} finally {
    if (!isConnected()) {
        //异步状态标记为取消
        future.cancel(true);
    }
}
}
```

2.2 Mina 通信方式解密

Dubbo 分布式服务框架底层通信模块可以根据实际需求选择任意其他 NIO 通信模块，只需要设置参数 server=mina 或者 client=mina 等，就可以为不同的服务节点设置相应的通信模块，此参数的值为 mina。

2.2.1 功能设计

Mina 的抽象维度没有 Netty 那么难，但是 Netty 的设计灵活度比 Mina 更高。Mina 的整体组件架构流转基本与 Netty 相似，也是将核心输入与输出流通过责任链模式构建，屏蔽了底层流接入与线程工作模式。

Mina 与 Netty 上层 API 使用基本类似，只需要指定接入业务层面的 Handler、Filter、ProtocolCodecFactory、ProtocolEncoder、ProtoclDecoder 就可以完成业务的整体工作流程。

Dubbo 与 Mina 整合架构原理如图 2-3 所示。

首先来看一下各个组件对应的业务职责。

1）ProtocolCodecFilter：负责在责任链中的编码与解码环节，根据自己的需求决定此环节的位置。

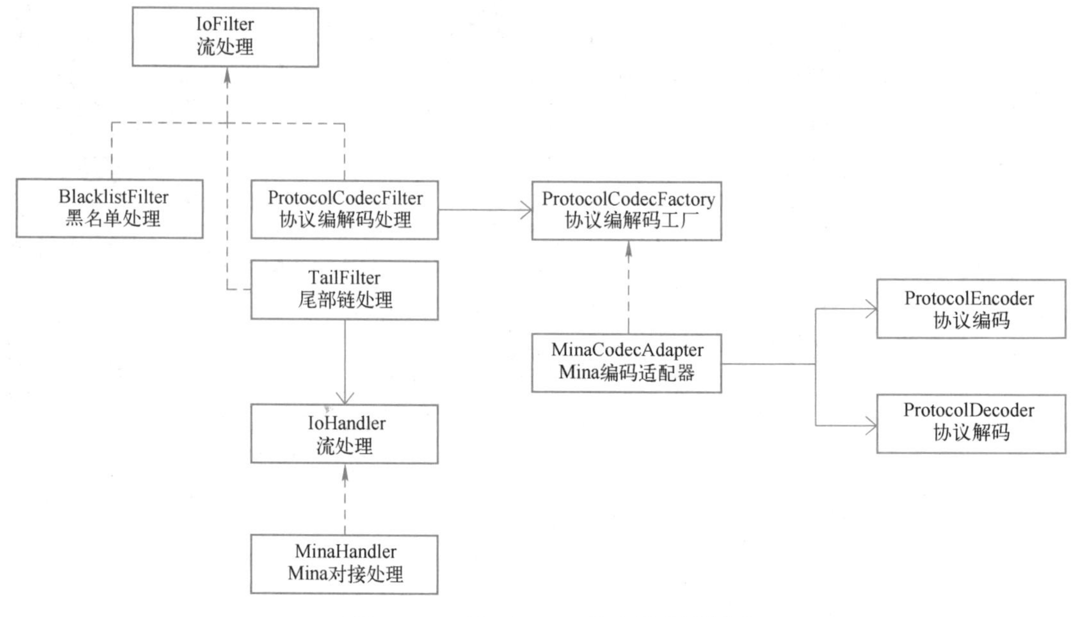

●图 2-3　Dubbo 与 Mina 整合架构原理图

2）ProtocolCodecFactory：负责创建对应策略的编码与解码工厂。

3）IoHandler：负责各维度状态的处理，例如会话创建、会话打开、会话关闭、会话闲置、异常处理、消息接收、消息发送等事件状态处理，本环节在责任链之后。

4）ProtocolEncoder&ProtocolDecoder：负责平台的编码与解码的策略实现。

Dubbo 依托 Mina 的责任链模式将所有业务 Filter & Handler 构建起来，原理如图 2-4 所示。

●图 2-4　Dubbo 中 Mina FilterChain 链条原理图

通过以上的责任链模式将各个环节（日志、黑名单、加解密、handler）构建成一个完整的业务需求流程。该设计模式的优点在于同服务可以构建多协议支持。

2.2.2　服务端设计

Dubbo 微服务框架中通信组建 Mina 服务端的职责如下。

1）通过上层 API 设置 TCP 参数、线程池参数、业务处理 Handler、协议编码与解码。

2）根据相应的 Mina 通信事件状态映射 Dubbo ChannelHandler 状态方法，完成整个业务数据下行的流程。

3）Mina 封装底层的异常状态，透传至接入层完成相应处理。

代码示例如下。

```
protected voiddoOpen() throws Throwable {
    //创建服务端 Socket,并设置线程池
    acceptor = new SocketAcceptor(getUrl().getPositiveParameter(Constants.IO_
THREADS_KEY, Constants.DEFAULT_IO_THREADS),Executors.newCachedThreadPool(new
NamedThreadFactory("MinaServerWorker",true)));
    //构建服务端 Socket 配置信息
    SocketAcceptorConfig cfg = acceptor.getDefaultConfig();
    cfg.setThreadModel(ThreadModel.MANUAL);
    //添加编码与解码过滤器
    acceptor.getFilterChain().addLast("codec", new ProtocolCodecFilter(new Mi-
naCodecAdapter(getCodec(), getUrl(), this)));
    //设置端口与 Handler
    acceptor.bind(getBindAddress(), new MinaHandler(getUrl(), this));
}
```

2.2.3 客户端设计

Dubbo 微服务框架中通信组建 Mina 客户端的职责如下。

Mina 与 Netty 的客户端职责是相似的，上层 API 的使用方式基本上也一样。也需要考虑异常网络状态或其他异常状态下需要保持连通的状态。下面对客户端的创建流程进行详细介绍。

1）创建 SocketConnector 示例。SocketConnector 是 Socket Nio 客户端创建的工具类，初始化 TCP 连接参数，设置编码解码、超时参数，代码示例如下。

```
protected voiddoOpen() throws Throwable {
    //构建连接地址
    connectorKey = getUrl().toFullString();
    //根据 connectorkey 判断是否存在客户端连接,有则直接返回响应 SocketConnector
    SocketConnector c = connectors.get(connectorKey);
    if (c != null) {
        connector = c;
    } else {
        //重新构建新的客户端连接,并设置线程池
        connector = new SocketConnector(Constants.DEFAULT_IO_THREADS,Execu-
tors.newCachedThreadPool(new NamedThreadFactory("MinaClientWorker", true)));
        //构建客户端 Socket 连接配置对象,并设置 TCP 参数与超时参数
        SocketConnectorConfig cfg = (SocketConnectorConfig) connector.
getDefaultConfig();
        cfg.setThreadModel(ThreadModel.MANUAL);
        cfg.getSessionConfig().setTcpNoDelay(true);
        cfg.getSessionConfig().setKeepAlive(true);
```

```
        int timeout = getConnectTimeout();
        cfg.setConnectTimeout(timeout < 1000 ? 1 : timeout /1000);
        //设置客户端处理链条参数(编码与解码)
         connector.getFilterChain().addLast("codec", new ProtocolCodecFilter
(new MinaCodecAdapter(getCodec(), getUrl(), this)));
//缓存已新建的客户端连接
        connectors.put(connectorKey, connector);
    }
}
```

2）调用 SocketConnector 的 connect 方法，发起异步连接。连接的部分独立出来是为了后续的重连做独立化封装操作。代码示例如下。

```
protected void doConnect() throws Throwable {
    //客户端发起远程异步连接
    ConnectFuture future = connector.connect(getConnectAddress(), new MinaHan-
dler(getUrl(), this));
    long start = System.currentTimeMillis();
    final AtomicReference<Throwable> exception = new AtomicReference
<Throwable>();
    final CountDownLatch finish = new CountDownLatch(1);
    future.addListener(new IoFutureListener() {
        @Override
        public void operationComplete(IoFuture future) {
            try {
                if (future.isReady()) {
                    IoSession newSession = future.getSession();
                    try {
                        //获取上次状态的通道会话
                        IoSession oldSession = MinaClient.this.session;
                        if (oldSession != null) {
                            try {
                                if (logger.isInfoEnabled()) {
                                    logger.info("Close old mina channel " + oldSes-
sion + " on create new mina channel " + newSession);
                                }
                                //关闭上次状态的通道会话
                                oldSession.close();
                            } finally {
                                MinaChannel.removeChannelIfDisconnected(oldSes-
sion);
                            }
                    }
```

```
                } finally {
                    //客户端已标记关闭
                    if (MinaClient.this.isClosed()) {
                        try {
                            if (logger.isInfoEnabled()) {
                                logger.info("Close new mina channel " + newSes-
sion + ", because the client closed.");
                            }
                            //关闭当前的会话
                            newSession.close();
                        } finally {
                            MinaClient.this.session = null;
                            Mina Channel.removeChannelIfDisconnected (newSes-
sion);
                        }
                    } else {
                        MinaClient.this.session = newSession;
                    }
                }
            }
        }catch (Exception e) {
            exception.set(e);
        }finally {
            finish.countDown();
        }
    }
});
..............//省掉非核心
}
```

2.3　Grizzly 通信方式解密

Dubbo 分布式服务框架底层通信模块可以根据实际需求选择任意其他 NIO 通信模块，只需要设置参数 server=grizzly 或者 client=grizzly 等，就可以为不同的服务节点设置相应的通信模块，此参数的值为 grizzly。

2.3.1　功能设计

Grizzly 属于 Glassfish 下的一个子项目，与 Netty 与 Mina 都属于 NIO 类型通信框架，专门解决高并发服务中各种的复杂性问题，隐藏了通信底层的复杂性，构建易于使用的高抽象层应用程序接口，此设计理念与 Netty 架构设计相似。核心抽象维度分别为 TCP&UDP 传输控制、内存管理、零拷贝、JMX 监控、事件循环、过滤链、统一端口、协议层、OSGI 扩展服务等。

在接入层面非常方便，只需要关注数据流层的处理，围绕这个层面构建符合自身需求的处理链即可，因此 Dubbo 也在此环节接入完成融合。

Dubbo 与 Grizzly 整合架构原理如图 2-5 所示。

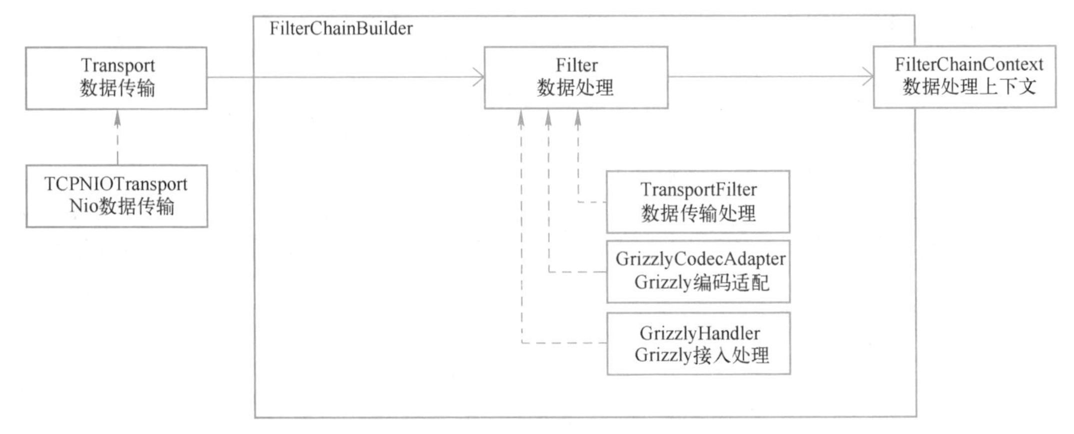

●图 2-5　Dubbo 与 Grizzly 整合架构原理图

各个组件对应的业务职责如下。

1）TCPNIOTransport：负责创建 TCP NIO 客户端与服务端，并连接其他组件完成整个通信的处理流程。

2）TransportFilter：负责判断是否存在具体协议过滤器处理，如果存在则调用相应方法，如果不存在则中断责任链。

3）GrizzlyCodecAdapter：负责字节码输入与输出的编码与解码适配工作。

4）GrizzlyHandler：负责各维度状态的处理，例如连接处理、断开处理、消息读取、消息发送、异常处理等事件状态。

5）FilterChainContext：负责串联整个责任链的上下文过滤器数据传递。

Dubbo 依托 Grizzly 的责任链模式将所有业务 Filter & Handler 构建起来，原理如图 2-6 所示。

●图 2-6　Dubbo 中 Grizlly AbstractFilterChain 链条原理图

通过以上的责任链模式将各个环节（传输过滤）构建成一个完整的业务需求流程。该设计模式的优点在于同服务可以构建多协议支持的特点。

2.3.2　服务端设计

Dubbo 微服务框架中通信组建 Grizlly 服务端的职责如下。

1）通过上层 API 设置 TCP 参数、线程池参数、业务处理 Handler、协议编码与解码。

2）根据相应的Grizzly通信事件状态映射Dubbo ChannelHandler状态方法，完成整个业务数据下行的流程。

代码示例如下。

```
privateTCPNIOTransport transport;

protected voiddoOpen() throws Throwable {
    //过滤链任务设置
    FilterChainBuilder filterChainBuilder = FilterChainBuilder.stateless();
    filterChainBuilder.add(new TransportFilter());
     filterChainBuilder.add (new GrizzlyCodecAdapter (getCodec (), getUrl (),
this));
    filterChainBuilder.add(new GrizzlyHandler(getUrl(), this));
    TCPNIOTransportBuilder builder = TCPNIOTransportBuilder.newInstance();
    //线程池参数配置
    ThreadPoolConfig config = builder.getWorkerThreadPoolConfig();
    config.setPoolName(SERVER_THREAD_POOL_NAME).setQueueLimit(-1);
    String threadpool = getUrl().getParameter(Constants.THREADPOOL_KEY, Con-
stants.DEFAULT_THREADPOOL);
    if (Constants.DEFAULT_THREADPOOL.equals(threadpool)) {
         int threads = getUrl ().getPositiveParameter (Constants.THREADS_KEY,
Constants.DEFAULT_THREADS);
        config.setCorePoolSize(threads).setMaxPoolSize(threads)
                .setKeepAliveTime(0L, TimeUnit.SECONDS);
    } else if ("cached".equals(threadpool)) {
        int threads = getUrl().getPositiveParameter(Constants.THREADS_KEY, In-
teger.MAX_VALUE);
        config.setCorePoolSize(0).setMaxPoolSize(threads)
                .setKeepAliveTime(60L, TimeUnit.SECONDS);
    } else {
         throw new IllegalArgumentException ("Unsupported threadpool type " +
threadpool);
    }
    //TCP参数配置
    builder.setKeepAlive(true).setReuseAddress(false)
            .setIOStrategy(SameThreadIOStrategy.getInstance());
    //构建服务通信对象
    transport = builder.build();
    //设置通信处理的过滤链
    transport.setProcessor(filterChainBuilder.build());
    //绑定IP地址
    transport.bind(getBindAddress());
```

```
    transport.start();
}
```

2.3.3 客户端设计

Dubbo 微服务框架中通信组建 Grizzly 客户端的职责如下。

Grizzly 与 Mina、Netty 的客户端职责是相似的，上层 API 的使用方式基本上也一样。因此这样不再详解。

下面对客户端的创建流程进行详细介绍。

1）创建 TCPNIOTransport 示例。TCPNIOTransportBuilder 是 Transport 客户端构建者，Grizzly 比 Mina 能力域要丰富，因此采用了构建者模式。初始化 TCP 连接参数、线程池参数、设置编码解码、超时参数。代码示例如下。

```
privateTCPNIOTransport transport;

protected voiddoOpen() throws Throwable {
    //过滤链任务设置
    FilterChainBuilder filterChainBuilder = FilterChainBuilder.stateless();
    filterChainBuilder.add(new TransportFilter());
    filterChainBuilder.add(new GrizzlyCodecAdapter(getCodec(), getUrl(), this));
    filterChainBuilder.add(new GrizzlyHandler(getUrl(), this));
    //传输构建者创建
    TCPNIOTransportBuilder builder = TCPNIOTransportBuilder.newInstance();
    //线程池参数配置
    ThreadPoolConfig config = builder.getWorkerThreadPoolConfig();
    config.setPoolName(CLIENT_THREAD_POOL_NAME)
            .setQueueLimit(-1)
            .setCorePoolSize(0)
            .setMaxPoolSize(Integer.MAX_VALUE)
            .setKeepAliveTime(60L, TimeUnit.SECONDS);
        //TCP 参数配置
    builder.setTcpNoDelay(true).setKeepAlive(true)
            .setConnectionTimeout(getConnectTimeout())
            .setIOStrategy(SameThreadIOStrategy.getInstance());
    //构建客户通信对象
    transport = builder.build();
    //设置通信处理的过滤链
    transport.setProcessor(filterChainBuilder.build());
    //开始启动
    transport.start();
}
```

2）调用 TCPNIOTransport 的 connect 方法，发起异步连接，get 方法同步获得连接对象。连接的部分独立出来是为了后续的重连做独立化封装操作。代码示例如下。

```
protected voiddoConnect() throws Throwable {
    //发起远程连接,并指定等待获得连接的超时时间
     connection = transport.connect(getConnectAddress()).get(getUrl()
.getPositiveParameter(Constants.TIMEOUT_KEY, Constants.DEFAULT_TIMEOUT),
TimeUnit.MILLISECONDS);
}
```

2.4 总结

本节分别详解了 Dubbo 分布式微服务中通信框架 Netty、Mina、Grizzly 的整合方式以及各个通信框架外放处理结构。Netty 已成为现在主流的通信中间件，在性能与功能层面都要比 Mina 与 Grizlly 完善 。如果是新项目则选择 Netty 作为首选通信组建，否则选择 Mina 或 Grizzly。

扫一扫观看串讲视频

第3章

RocketMQ 代码探索实践

3.1 RocketMQ 架构原理

消息队列（Message Queue，MQ）已经逐渐成为企业 IT 系统内部通信的核心手段。它具有低耦合、可靠投递、传播范围广、流量易于控制、数据最终一致性好等优点，成为异步 RPC 的主要手段之一。当前市面上有很多主流的消息中间件，如老牌的 ActiveMQ、RabbitMQ，炙手可热的 Kafka，阿里巴巴自主开发 RocketMQ 等。本章将会从 RocketMQ 消息中间件代码层面深度解析 MQ 底层原理，从实际生产环境出发，深度结合现实生产中的问题，提出有效的解决方案。

本节主要目的是带读者从架构的层面认识消息中间件，深入理解消息中间件各个组件的作用，认识消息中间件在实际生产环境中具体的应用场景及工作原理。

3.1.1 为什么要使用消息中间件

MessageQueue 是一个广泛应用在互联网项目且非常重要的技术，MessageQueue 通常被用来解决在高并发压力下的流量削峰、服务解耦、消息通信等问题。

在认识消息队列的消息中间件之前，读者对 MQ 没有太直观的感受，都有类似“MQ 到底是什么？需要在项目中使用它吗？使用它不就增加项目的复杂度了吗？”等疑问。

以上问题确实存在，但是在互联网项目中，随着业务的拓展，项目往往面临着越来越高的并发访问，为了解决项目面临的一些问题，项目中不得不引入 MQ 消息中间件。

虽然引入消息中间件不得不让系统处理诸如单点故障、数据一致性、接口的幂等性等复杂问题，但是引入它是以较小的成本提高项目性能的方案之一。

为了让所有人能直观感受 MQ 消息中间件在应用项目开发中的显著作用，下面通过一个小实例来进一步详细说明 MQ 在实际生产环境中所发挥的作用。

1. 链式调用

链式调用是服务调用时的一般流程，为了完成一个整体功能，会将其拆分成多个函数（或子模块），比如模块 A 调用模块 B，模块 B 调用模块 C，模块 C 调用模块 D。但在大型分布式应用中，系统间的 RPC 交互繁杂，一个功能背后甚至要调用上百个接口，那么如果有一个服务出现调用阻塞或者任务处理时间较长，就会造成任务阻塞，甚至服务雪崩的可怕后果。

这些接口之间耦合比较严重，每新增一个下游功能，都要对上游的相关接口进行改造。举个例子：假如系统 A 要发送数据给系统 B 和系统 C，发送给每个系统的数据可能有差异，因此系统 A 对要发送给每个系统的数据进行了组装，然后逐一发送；当代码上线后，新增了一个需求，就是把数据也发送给系统 D。此时就需要修改系统 A，让其感知到系统 D 的存在，同时把数据处理好给系统 D。在这个过程中用户会看到，每接入一个下游系统，都要对系统 A 进行代码改造，开发联调的效率很低。其整体架构如图 3-1 所示。

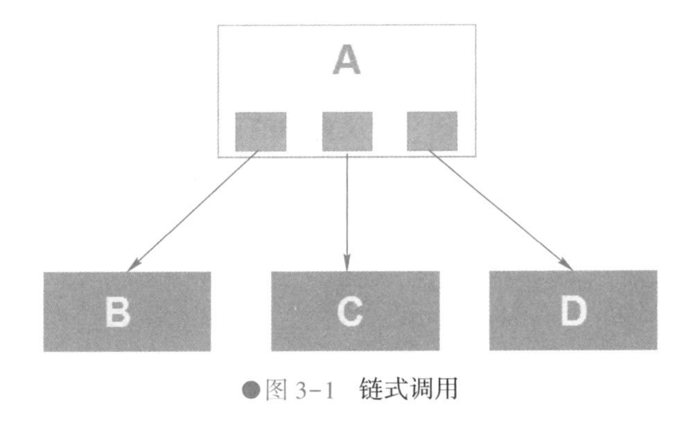

●图 3-1 链式调用

2. 木桶理论

系统服务面临大流量并发时，如果不做处理，此时系统服务极容易被冲垮。每个接口模块的吞吐能力是有限的，这个上限能力就像堤坝，当大流量（洪水）来临时，容易被冲垮。

因此服务存在性能问题。RPC 接口基本上是同步调用，整体的服务性能遵循“木桶理论”，即链路中最慢的那个接口决定了整体的服务性能。如图 3-2 所示，假如 A 调用 B/C/D 耗时都是 50 ms，但此时 B 又调用了 E，耗时 2000 ms，那么直接就拖累了整个服务性能，甚至会拖垮整个系统。

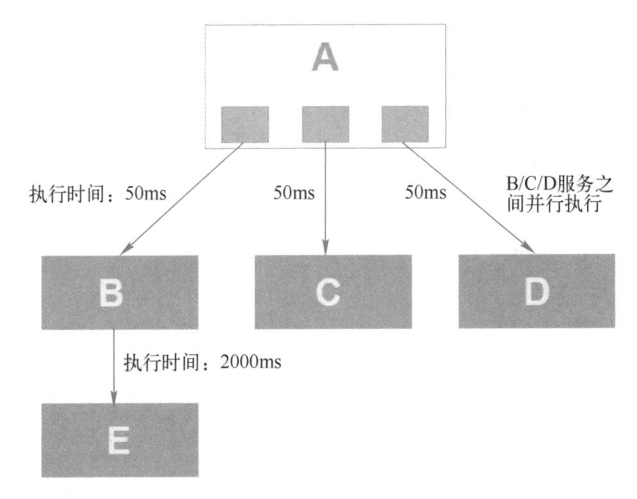

●图 3-2 链式调用-木桶理论

3. 服务解耦

根据上述几个问题，在设计系统时可以明确要达到的目标。

1）要做到系统解耦，当新的模块接进来时，可以做到代码改动最小。

2）设置流量缓冲池，可以让后端系统按照自身吞吐能力进行消费，不被冲垮。

3）强弱依赖梳理，将非关键调用链路的操作异步化，提升整体系统的吞吐能力，比如图 3-2 中 A、B、C、D 是让用户发起付款，然后返回付款成功提示的几个关键流程，而 E 是付款成功后通知商家发货的模块，那么实质上用户对 E 完成的时间容忍度比较大（比如几秒之后），可以将其异步化。

在现在的系统视线中，MQ 消息队列是普遍使用的，是可以完美解决这些问题的利器。图 3-3 所示是使用了 MQ 的简单架构图，可以看到 MQ 在最前端对流量进行蓄洪，下游的系统 A \ B \ C 只与 MQ 打交道，通过事先定义好的消息格式来解析。

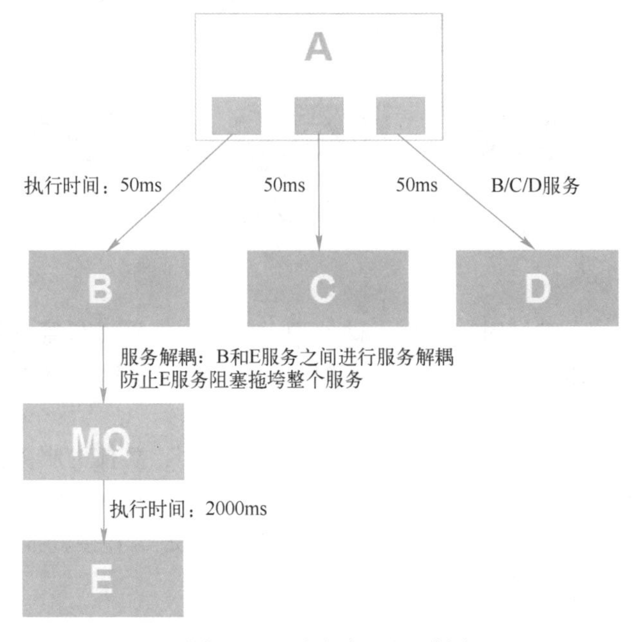

●图 3-3　服务解耦-流量削峰

3.1.2　要使用哪个消息中间件

1. 主流的 MQ 中间件产品

1）ZeroMQ。

2）推特的 Distributedlog。

3）ActiveMQ：Apache 旗下的老牌消息引擎。

4）RabbitMQ、Kafka：AMQP 的默认实现。

5）RocketMQ。

6）Artemis：Apache 的 ActiveMQ 下的子项目。

7）Apollo：同样为 Apache 的 ActiveMQ 的子项目，号称下一代消息引擎。

8）商业化的消息引擎 IronMQ。

9）实现了 JMS（Java Message Service）标准的 OpenMQ。

在当前的互联网行业发展下，有多种消息中间件产品被开发出来，且均为开源。一些主流的消息中间件如图 3-4 所示。

2. 几种主要产品对比

消息中间件服务商提供了很多产品，且这些产品大多都是开源且免费的，那么在实际的项目生产环境下，到底应该选择哪一种消息中间件更为合适呢？读者可以通过下面的表格来进行对比。几种消息中间件产品的对比见表 3-1。

●图 3-4 主流消息中间件产品图

表 3-1 几种消息中间件产品的对比

特 性	ActiveMQ	RabbitMQ	RocketMQ	kafka
开发语言	Java	Erlang	Java	Scala
单机吞吐量	1 万级	1 万级	10 万级	10 万级
时效性	ms 级	us 级	ms 级	ms 级以内
可用性	高（主从架构）	高（主从架构）	非常高（分布式架构）	非常高（分布式架构）
功能特性	成熟的产品，在很多公司得到应用；有较多的文档；各种协议支持较好	基于 Erlang 开发，所以并发能力很强，性能极其好，延时很低；管理界面较丰富	MQ 功能比较完备，扩展性佳	只支持主要的 MQ 功能，像一些消息查询、消息回溯等功能则没有提供，因为其主要是为大数据企业准备的，在大数据领域应用广

3. 产品选型

一般的业务系统都要引入 MQ，最早大家都用 ActiveMQ，但是现在用得不多了，因为 ActiveMQ 没经过大规模吞吐量场景的验证，社区也不是很活跃。

后来大家开始用 RabbitMQ，但是 Erlang 语言阻碍了大量 Java 工程师对其进行深入研究，对公司而言，这种情况几乎处于不可控的状态，但是这个产品是开源的，拥有比较稳定的支持，活跃度也高。

不过现在确实越来越多的公司会去用 RocketMQ。RocketMQ 是一个天然的分布式消息中间件，性能极其出色，且支持事务消息。

如果是大数据领域的实时计算、日志采集等场景，用 Kafka 是绝对没问题的，社区活跃度很高，而且几乎是全世界这个领域的事实性规范。

如果是中小型软件公司，建议选 RabbitMQ。这是因为，Erlang 语言天生具备高并发的特性，而且它的管理界面用起来十分方便。但是，它的弊端也比较明显，即虽然 RabbitMQ 是开源的，但国内能定制化开发 Erlang 的程序员却很少。所幸，RabbitMQ 的社区十分活跃，可以解决开发过程中遇到的 bug，这点对于中小型公司来说十分重要。不考虑 RocketMQ 和 Kafka 的原因是，中小型软件公司不如互联网公司数据量那么大，选消息中间件应首选功能比较完备的，所以排除 Kafka，可以考虑阿里的 RocketMQ。

大型软件公司应根据具体使用场景在 RocketMQ 和 Kafka 之间二选一。这是因为，一方面，大型软件公司具备足够的资金搭建分布式环境，也具备足够大的数据量。另一方面，针对 RocketMQ，大型软件公司也可以抽出人手对 RocketMQ 进行定制化开发，毕竟国内有能力改 Java 代码的人还是相当多的。至于 Kafka，根据业务场景选择，如果有日志采集功能，其肯定首选。

在进行中间件选型时，一般都是通过下面几点来确定使用哪种产品。

1）性能。

2）功能支持程度。

3）开发语言（团队中是否有成员熟悉此中间件的开发语言，市场上此种语言的开发人员是否好招）。

4）有多少公司已经在生产环境上实际使用过，使用的效果如何。

5）社区的支持力度如何。

6）中间件的学习程度是否简单、文档是否详尽。

7）稳定性。

8）集群功能是否完备。

如果从以上 8 点来选型一个消息队列，作为一名熟悉 Java 的程序员，当遇到重新选择消息队列的场景时，会选型 RocketMQ，RocketMQ 除了在第 5 点上表现略差（文档少，学习成本高）以及监控管理功能不友好外，从其他几点来说，它真的是一款非常优秀的消息队列中间件。

3.1.3 RocketMQ 基本认识

1. 什么是 RocketMQ?

ApacheRocketMQ 是一个采用 Java 语言开发的分布式消息系统，由阿里巴巴团队开发，于 2016 年底贡献给 Apache，成为 Apache 的一个顶级项目，如图 3-5 所示。在阿里内部，RocketMQ 很好地服务了集团上千个应用，在每年的“双十一”当天，更有不可思议的万亿级消息通过 RocketMQ 流转（在 2019 年的“双十一”当天，整个阿里巴巴集团通过 RocketMQ 流转的线上消息达到了万亿级，峰值 TPS 达到 7600 万+），在阿里大中台策略上发挥着举足轻重的作用 。

RocketMQ 是一个队列模型的消息中间件，具有高性能、高可靠、高实时、分布式特点，其提供丰富的消息拉取模式、实时的消息订阅机制，拥有高效的订阅者水平扩展能力和亿级消息堆核能力。

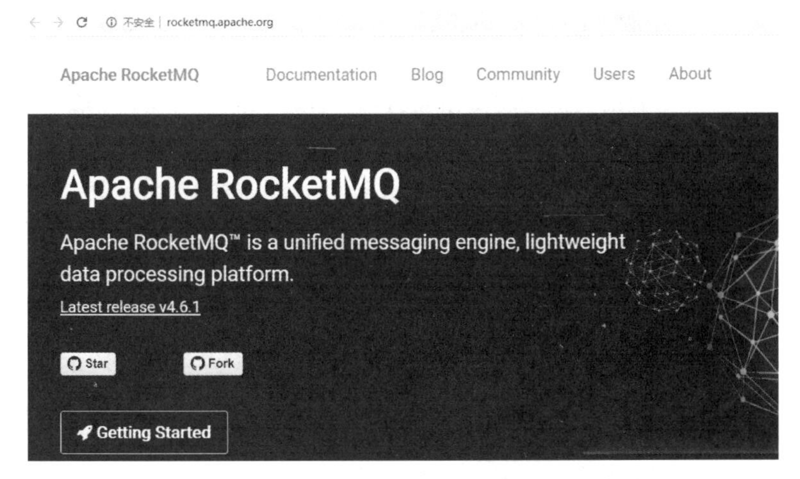

●图 3-5 RocketMQ 官网截图

2. RocketMQ 发展历史

阿里巴巴消息中间件起源于 2001 年的五彩石项目，Notify 在这期间应运而生，用于交易核心消息的流转。2010 年，B2B 开始大规模使用 ActiveMQ 作为消息内核，随着阿里业务的快速发展，急需一款支持顺序消息，且拥有海量消息堆积能力的消息中间件，MetaQ v1.0 在 2011 年应运而生了，如图 3-6 所示。

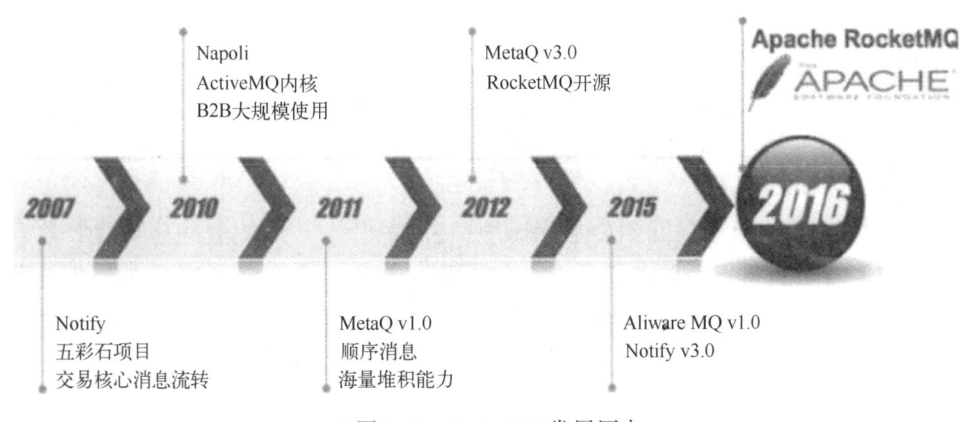

●图 3-6 RocketMQ 发展历史

2012 年，MetaQ 已经发展到了 3.0 版本，并抽象出了通用的消息引擎 RocketMQ。随后，对 RocketMQ 进行了开源，阿里的消息中间件正式走入了公众视野 。

2015 年，RocketMQ 已经经历了多年“双十一”超高流量的考验，在可用性、可靠性以及稳定性等方面都有出色的表现。与此同时，云计算大行其道，阿里消息中间件基于 RocketMQ 推出了 Aliware MQ 1.0，开始为阿里云上成千上万家企业提供消息服务。

2016 年，MetaQ 在“双十一”期间承载了万亿级消息的流转，跨越了一个新的里程碑，同时 RocketMQ 进入 Apache 孵化。

3. 谨慎使用消息中间件

项目引入 RocketMQ 消息中间件或其他的消息中间件产品是否会对整个项目带来风险？

一个使用了 MQ 的项目，如果连这个问题都没有考虑过，一旦在项目中引入就会给项目带来巨大的风险。引入一个技术，要对这个技术的弊端有充分的认识，才能做好预防。那么使用 RocketMQ 等消息中间件会给应用项目带来什么样的问题呢？

1）系统可用性降低：本来其他系统只要正常运行，用户的系统就是正常的。现在用户非要加个消息队列进去，消息队列就会失效，用户的系统也有可能崩溃。因此，降低了系统可用性。

2）系统复杂性增加：既然项目中要使用 RocketMQ，那就要多考虑很多方面的问题，比如一致性问题、如何保证消息不被重复消费、如何保证保证消息可靠传输。因此，需要考虑的东西更多，系统复杂性增大。

3）维护成本提高：比如一致性问题，会需要额外的技术方案和架构来规避维护成本的提高。

既然有这些缺点，那么是不是不敢使用 MQ 了呢？答案很明显，不是。为了提高项目的性能，构建松耦合、异步的结构，必须要使用 MQ。

这看似是一个矛盾的话题，其实不矛盾。在一些初创型企业或者中小型公司，服务拆分架构没有太多，并发流量也不是很大，很显然没必要引入 MQ。但是在当下互联网的产品开发中，企业往往要求产品快速迭代，实现可持续交付，具备高扩展性和可持续部署的能力，因此项目架构往往采用 SOA 或微服务架构，那么引入消息中间件也就成为必然。所以关于是否使用 MQ 消息中间件的问题，就已经非常清楚了。

3.1.4 RocketMQ 应用场景

MQ 可应用在多个领域，包括异步通信解耦、企业解决方案、金融支付、电信、电子商务、快递物流、广告营销、社交、即时通信、手游、视频、物联网、车联网等。从应用功能上来讲，RocketMQ 具有异步处理、应用解耦、流量削峰、日志处理、消息通信、事务处理等功能。

1. 异步处理

场景说明：用户注册后，需要发注册邮件和注册短信。传统的做法有两种。

1）串行方式。如图 3-7 所示，将注册信息成功写入数据库后，发送注册邮件，再发送注册短信。以上三个任务全部完成后，返回给客户端。

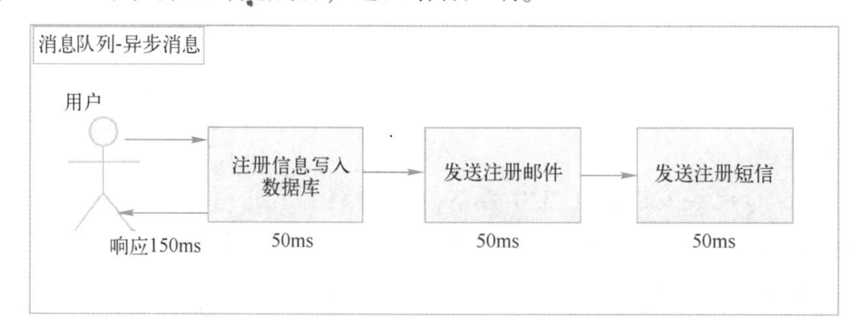

●图 3-7　串行执行

2）并行方式。如图 3-8 所示，将注册信息成功写入数据库后，发送注册邮件的同时，发送注册短信。以上三个任务完成后，返回给客户端。与串行的差别是，并行的方式可以缩短处理的时间。

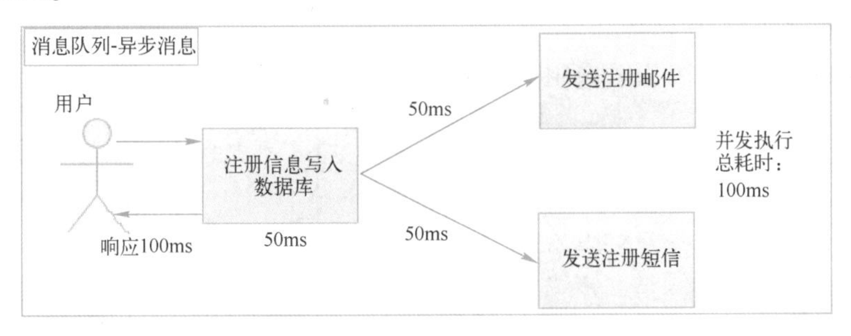

●图 3-8 并行执行

假设三个业务节点每个使用 50 ms，不考虑网络等其他开销，则串行方式的时间是 150 ms，并行的时间可能是 100 ms。因为 CPU 在单位时间内处理的请求数是一定的，假设 CPU 在 1 s 内吞吐量是 100 次。则串行方式 1 s 内 CPU 可处理的请求量是 7 次（1000/150），并行方式处理的请求量是 10 次（1000/100）。

小结：根据以上案例描述，使用传统处理方式系统的性能（并发量、吞吐量、响应时间）会有瓶颈。

如何解决这个问题呢？引入消息队列和异步处理，改造后的架构如图 3-9 所示。

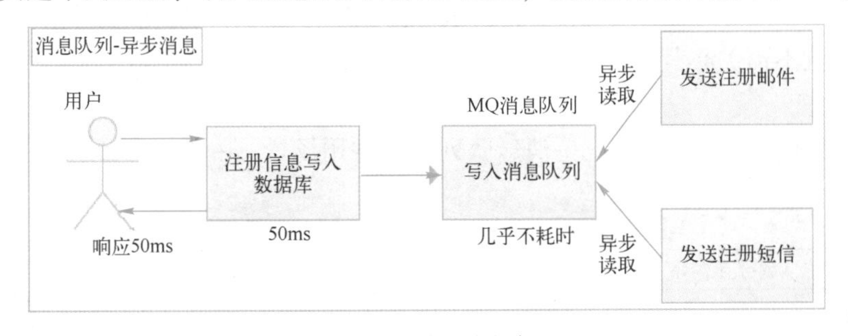

●图 3-9 异步解耦

按照以上约定，用户的响应时间相当于注册信息写入数据库的时间，也就是 50 ms。注册邮件，发送短信写入消息队列后，直接返回，写入消息队列的速度很快，基本可以忽略，所以用户的响应时间可能是 50 ms。因此架构改变后，系统的吞吐量提高到每秒 20 QPS，是串行吞吐量的近 3 倍，并行吞吐量的两倍。

2. 应用解耦

场景说明：用户下单后，订单系统需要通知库存系统。传统的做法是，订单系统调用库存系统的接口，如图 3-10 所示。

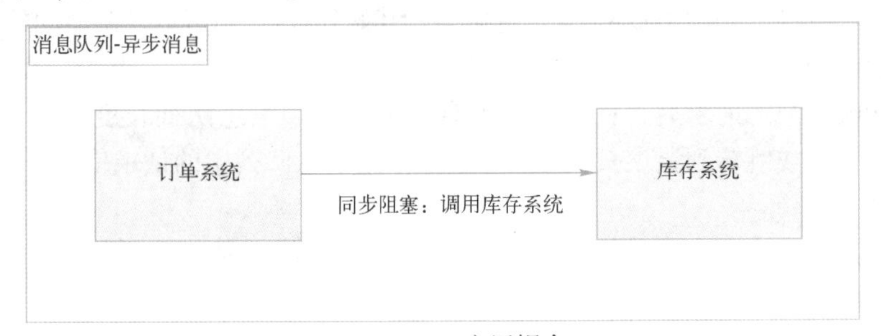

●图 3-10 应用耦合

传统模式的缺点：假如库存系统无法访问，则订单减库存将失败，从而导致订单失败，订单系统与库存系统耦合。

如何解决以上问题呢？引入应用消息队列后的方案，如图 3-11 所示。

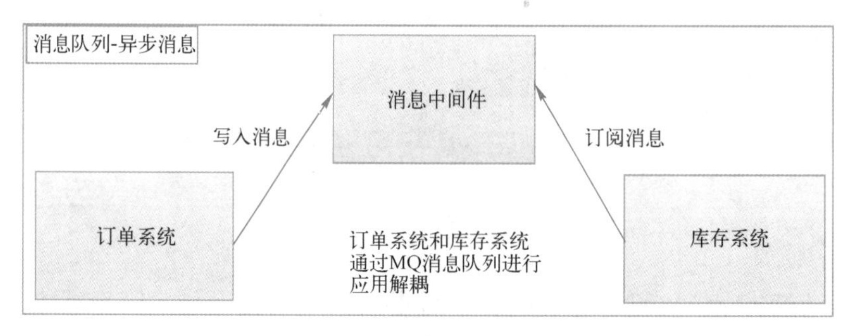

●图 3-11　应用解耦

订单系统：用户下单后，订单系统完成持久化处理，将消息写入消息队列，返回用户订单，下单成功。

库存系统：订阅下单的消息，采用拉/推的方式获取下单信息，库存系统根据下单信息进行减库存。

假设：在下单时库存系统不能正常使用，也不影响正常下单。因为下单后，订单系统写入消息队列就不再关心其他后续操作了，实现了订单系统与库存系统的应用解耦。

3. 流量削峰

如图 3-12 所示，流量削峰也是消息队列中的常用场景，一般在秒杀或团抢活动中使用广泛。

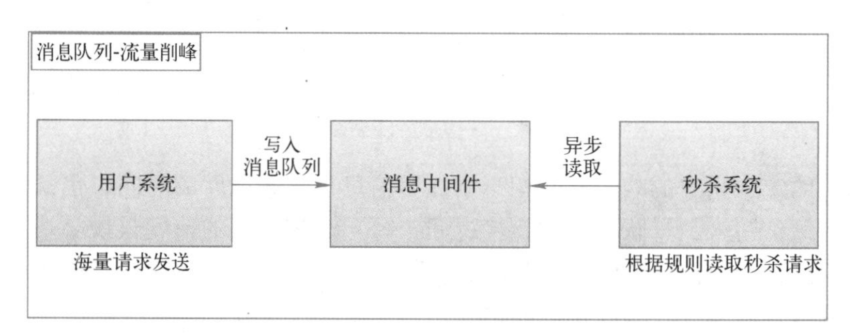

●图 3-12　流量削峰

应用场景：秒杀活动中，一般会因为流量过大而导致短时流量暴增，应用崩溃。为解决这个问题，一般需要在应用前端加入消息队列，其好处是：1）可以控制活动的人数；2）可以避免短时间内的高流量压垮应用。

服务器接收用户的请求后，首先写入消息队列。假如消息队列长度超过最大数量，则直接抛弃用户请求或跳转到错误页面。秒杀业务根据消息队列中的请求信息再做后续处理。

4. 日志处理

日志处理是指将消息队列用在日志处理中，比如 Kafka 的应用，解决大量日志传输的问题。日志处理的架构简化如图 3-13 所示。

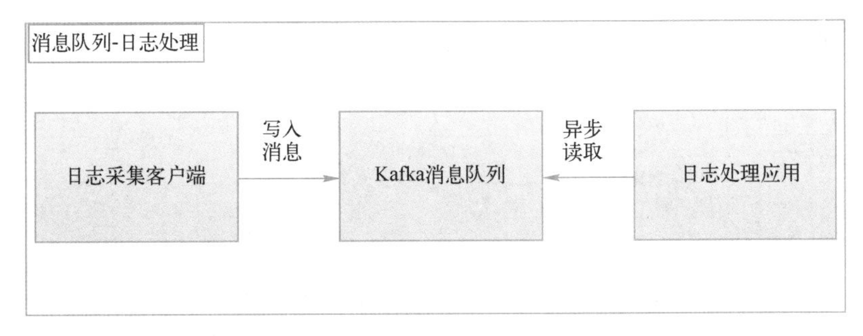

●图 3-13 日志处理

日志采集客户端，负责日志数据采集，定时写入 Kafka 消息队列，负责日志数据的接收、存储和转发。

日志处理应用：订阅并消费 Kafka 队列中的日志数据。

5. 消息通信

消息队列一般都内置了高效的通信机制，因此也可以用在纯消息通信中。比如实现消息通信、聊天室这样的点对点通信等。消息通信如图 3-14 所示。

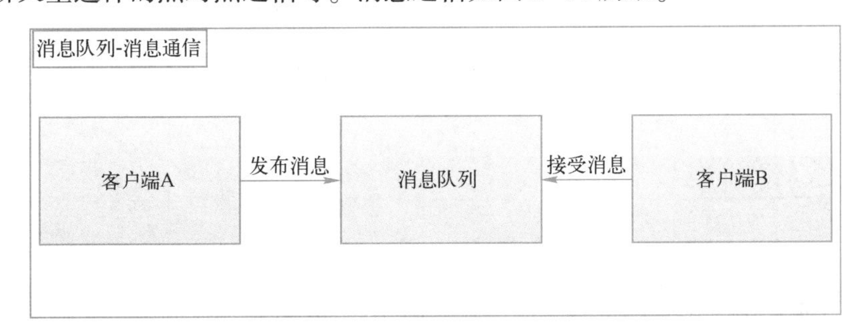

●图 3-14 消息通信

聊天室通信是指，客户端 A 和客户端 B 使用同一队列进行消息通信。聊天室通信如图 3-15 所示。

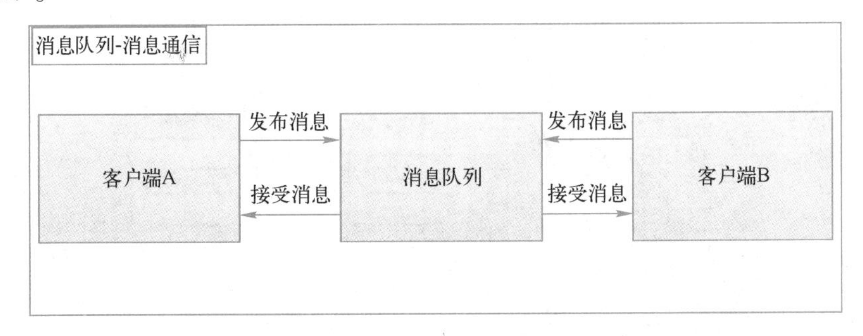

●图 3-15 聊天室通信

客户端 A、客户端 B、客户端 N 订阅同一主题，进行消息发布和接收，也可实现类似聊天室效果。以上实际是消息队列的两种消息模式，点对点或发布订阅模式。模型为示意图，供参考。

6. 事务消息

银行 A 和银行 B 之间进行转账，使用 MQ 消息中间件来保证不同系统之间的数据一致性。具体处理流程如图 3-16 所示。

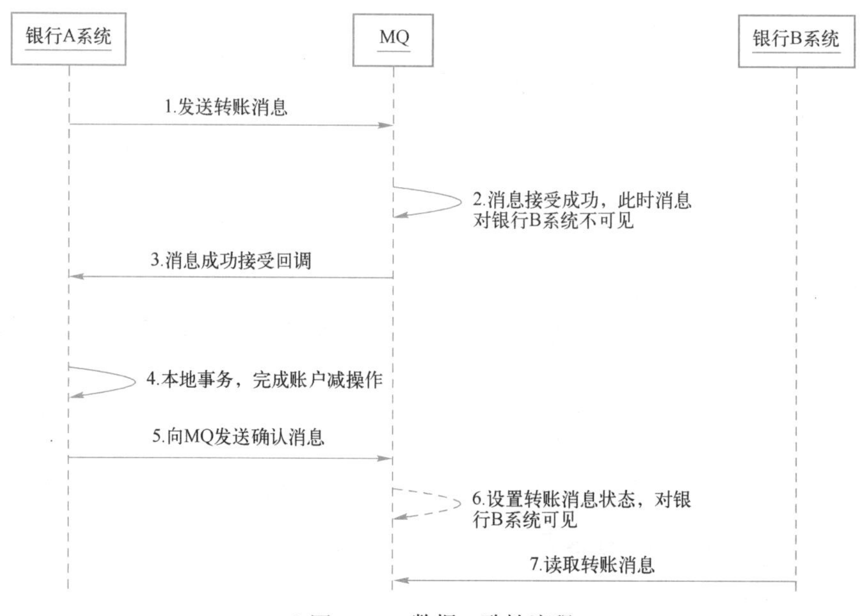

●图 3-16　数据一致性流程

3.1.5　消息发送模型

1. 消息存储

Topic 是一个逻辑上的概念，实际上 Message 是在每个 Broker 上以 Queue 的形式记录。具体 Topic 和队列的存储模型如图 3-17 所示。

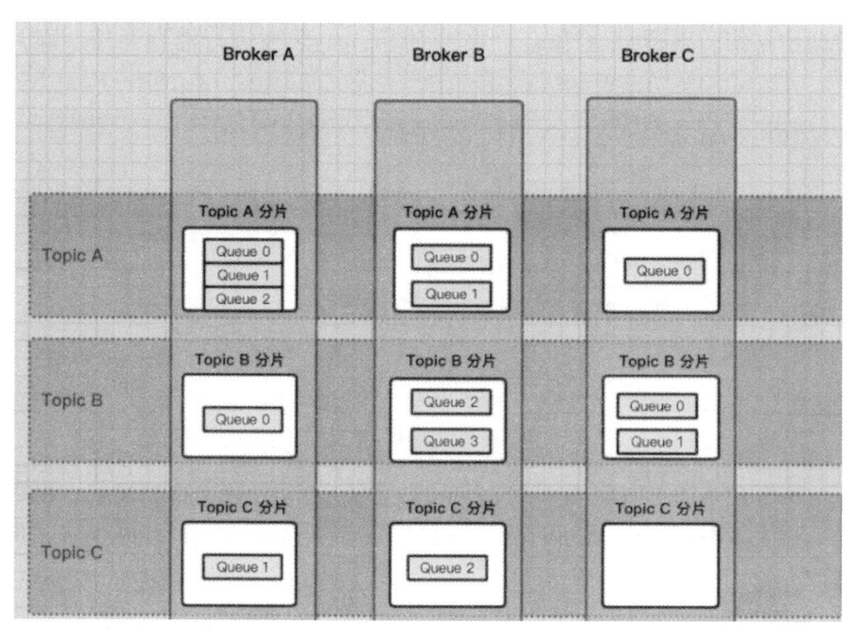

●图 3-17　存储模型

从图 3-17 可以总结以下几条结论。

1）消费者发送的 Message 会在 Broker 中的 Queue 队列中记录。

2）一个 Topic 的数据可能会存在于多个 Broker 中。

3）一个 Broker 存在多个 Queue。

也就是说每个 Topic 在 Broker 上会划分成几个逻辑队列，每个逻辑队列保存一部分消息数据，但是保存的消息数据实际上不是真正的消息数据，而是指向 commit log 的消息索引。

2. 消息发送之简化流程

一个消息从发送到接收的最简单步骤：Producer→Topic→Consumer。先由简单到复杂地来理解它的一些核心概念，其简单的发送模型如图 3-18 所示。

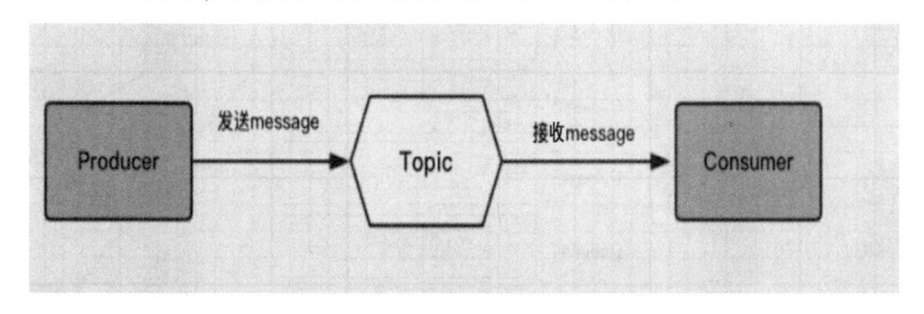

●图 3-18 发送模型

消息先发到 Topic，然后消费者去 Topic 拿消息。只是 Topic 在这里只是个概念，那它到底是怎么存储消息数据的呢？这里就要引入 Broker 概念。

3. 消息发送之详细流程

消息发送或接收都是以组的方式进行的，分组必须根据开发环境中业务需求来进行。消息发送者组可以发送多个 Topic 的消息，但是一个消费者组不能同时消费多个 Topic 的消息。而多个消费者可以消费同一个 Topic 的消息。详细的消息发送及接收流程如图 3-19 所示。

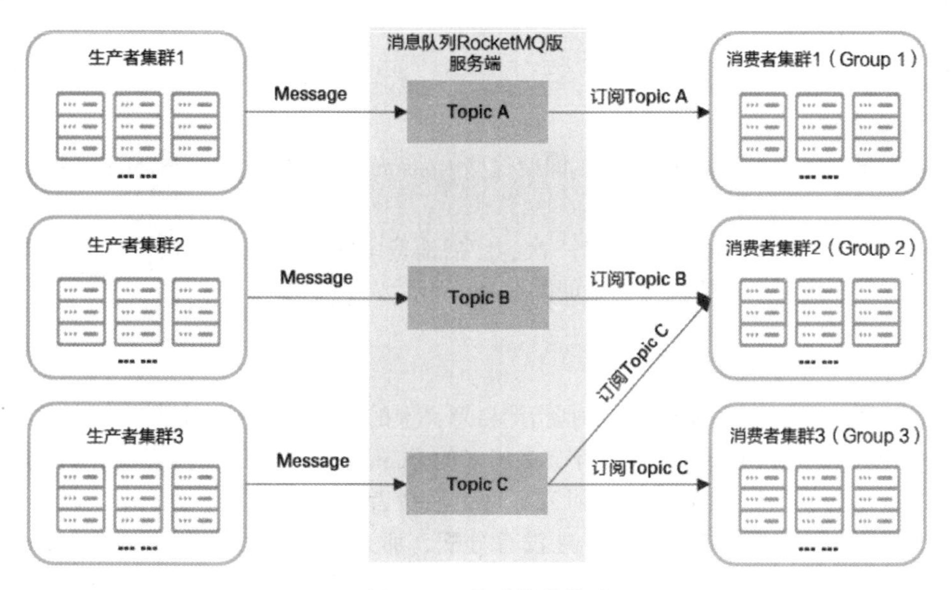

●图 3-19 发送接收模型

4. 消息发送负载均衡

消息被发送到Broker消息服务器的Queue队列中存储（为了便于理解，暂时就认为消息存储在Queue），队列中存储非常多的消息，同时又有很多队列，那么消息应该从哪里消费消息呢？同时消息发送者应该把消息发送到哪个队列中进行存储呢？具体的做法如图3-20所示。

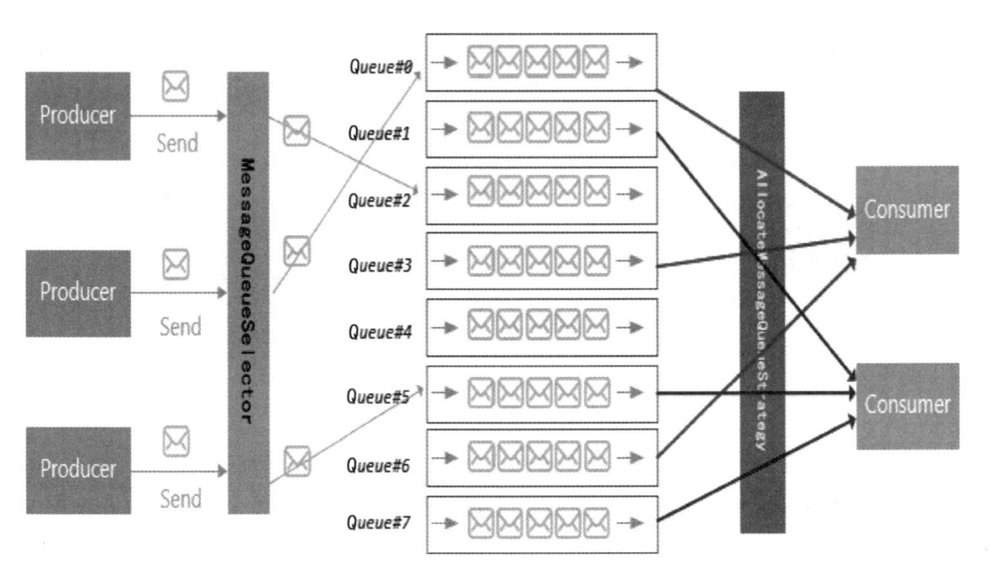

●图3-20　负载均衡模型

3.1.6　消息消费模型

1. 广播消费

一条消息被多个Consumer消费，即使这些Consumer属于同一个Consumer Group，消息也会被消费。

Group中的每个Consumer都消费一次，广播消费中的Consumer Group概念可以认为在消息划分方面无意义，广播消息模型如图3-21所示。

2. 集群消费

（1）平均分配算法

这里所谓的平均分配算法，并不是指严格意义上的完全平均，如上面的例子中有10个Queue，而消费者只有4个，无法整除，多出来的Queue将依次根据消费者的顺序均摊。

按照上述例子来看，10/4≈2，即表示每个消费者平均均摊2个Queue；而10%4=2，即除了均摊之外，多出来2个Queue还没有分配，那么，根据消费者的顺序Consumer-1、Consumer-2、Consumer-3、Consumer-4，则多出来的2个Queue将分别给Consumer-1和Consumer-2。最终，分摊关系如下。

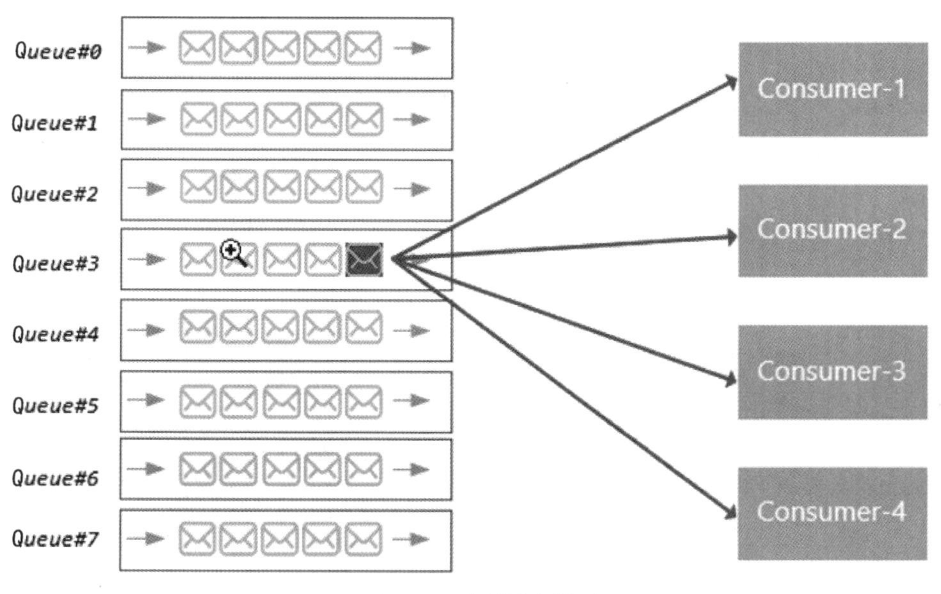

●图 3-21 广播消息模型

Consumer-1:3 个；Consumer-2:3 个；Consumer-3:2 个；Consumer-4:2 个，如图 3-22 所示。

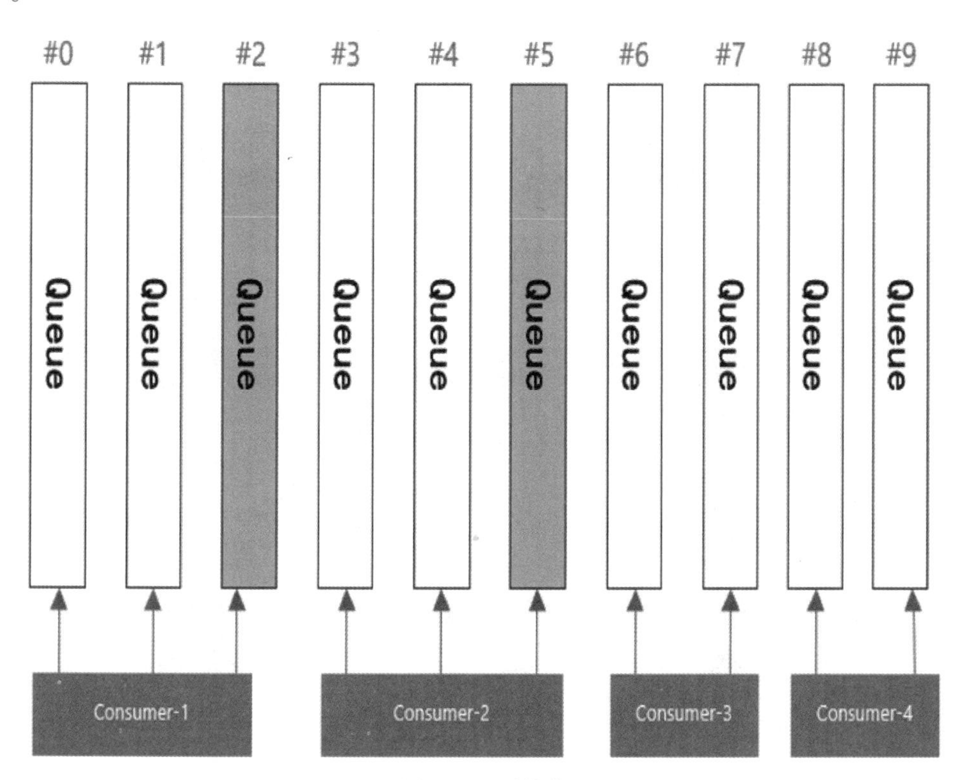

●图 3-22 平均分配

（2）环形平均算法

是指根据消费者的顺序，依次在由 Queue 队列组成的环形图中逐个分配。具体流程如图 3-23 所示。

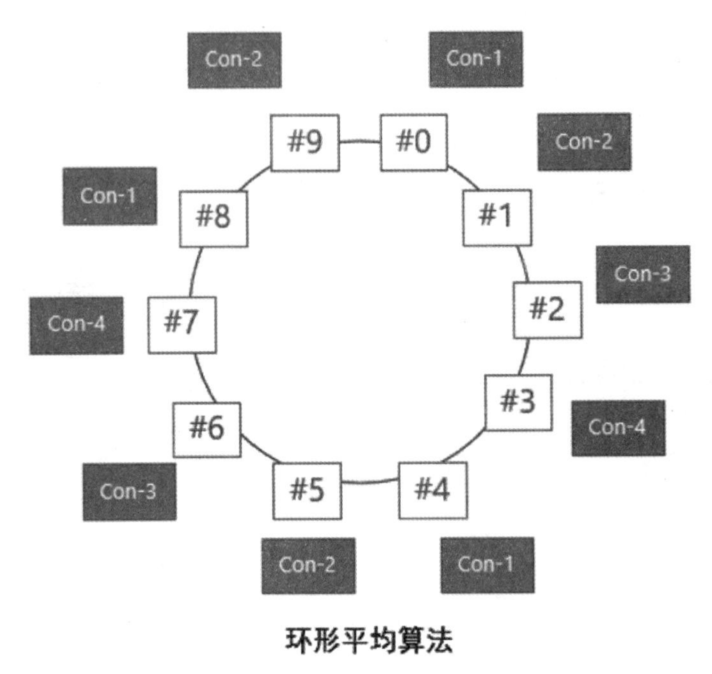

●图 3-23　环形平均分配

（3）机房临近法

RocketMQ 消息中间件部署在多个机房，例如，在杭州有机房、北京有机房、成都有机房，为了提升性能，必须使用最近机房的消息中间件，机房临近算法如图 3-24 所示。

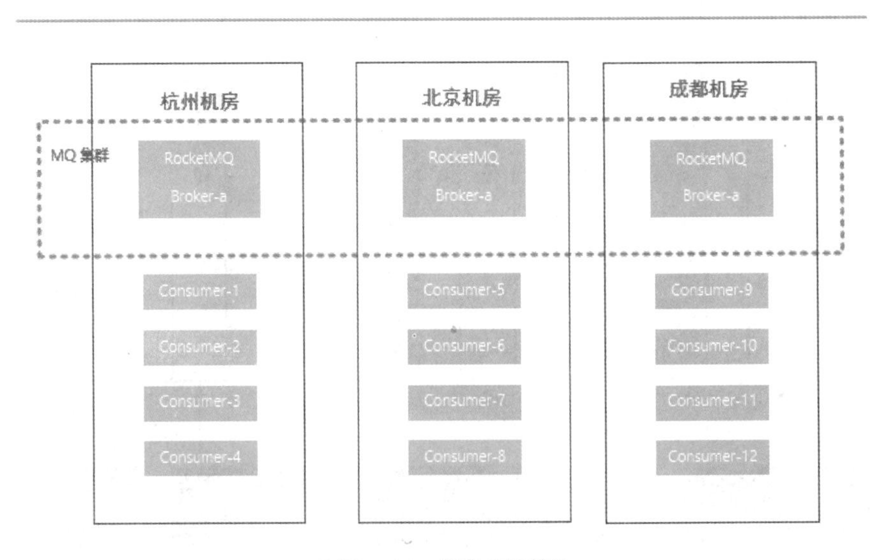

●图 3-24　机房临近算法

3.1.7　RocketMQ 组件原理

1. RocketMQ 架构

RocketMQ 是一个分布式架构的消息中间件，其参考了 Kafka 的架构及 Kafka 的优点，同时也对 Kafka 的一些缺点进行了改进，使得 RocketMQ 消息中间件成为一个性能极其强大且稳定的消息中间件。RocketMQ 消息中间件分布式架构如图 3-25 所示。

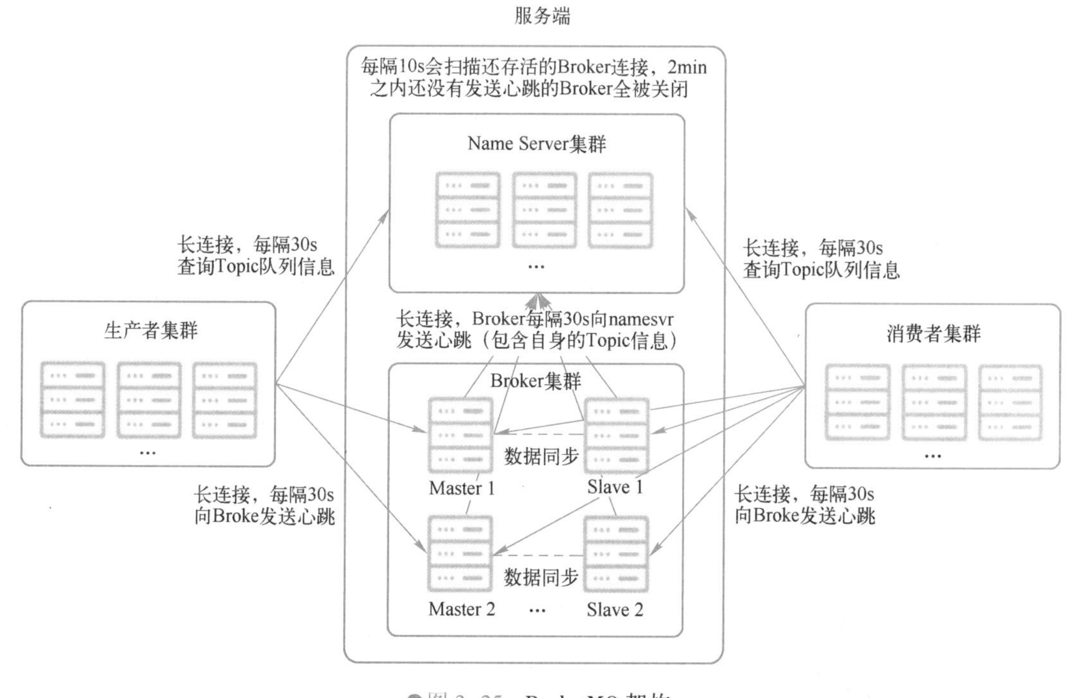

图 3-25　RocketMQ 架构

从图 3-25 可以看出，RocketMQ 消息中间件是一个分布式的能力强劲的消息中间件。使用 namesvr 无状态服务作为 Broker 服务的发现与注册服务器，Broker 是存储消息的服务节点。Producer 向 Broker 发送消息，Consumer 从 Brokr 接收消息，Broker 采用主从结构来进行消息的存储。

2. nameserver 架构

相对来说，nameserver 的稳定性非常高。nameserver 互相独立，彼此没有通信关系，单台 nameserver 挂掉，不影响其他 nameserver，即使全部挂掉，也不影响业务系统使用。无状态 nameserver 不会有频繁的读写，所以性能开销非常小，稳定性很高。

nameserver 是一个几乎无状态的节点，可集群部署，节点之间无任何信息同步。

3. Broker 架构

（1）基本概念

Broker 就是用来存储消息的服务。Broker 通常都是以集群的方式存在，消息发送者把消息发送给 Broker 进行存储。

（2）与 nameserver 的关系

1）连接　单个 Broker 和所有 nameserver 保持长连接。

2）心跳　心跳间隔：每隔 30 s（此时间无法更改）向所有 nameserver 发送心跳，心跳包含了自身的 Topic 配置信息。心跳时：nameserver 每隔 10 s（此时间无法更改）扫描所有还存活的 Broker 连接，若某个连接 2 min 内（当前时间与最后更新时间差值超过 2 min，此时间无法更改）没有发送心跳数据，则断开连接。

3）断开　时机：Broker 挂掉；心跳超时导致 nameserver 主动关闭连接。动作：一旦连接断开，nameserver 会立即感知，更新 Topic 与队列的对应关系，但不会通知生产者和消费者。

（3）负载均衡

1）一个 Topic 分布在多个 Broker 上，一个 Broker 可以配置多个 Topic，它们是多对多的关系。

2）如果某个 Topic 消息量很大，应该给它多配置几个队列，并且尽量多分布在不同 Broker 上，减轻某个 Broker 的压力。

3）Topic 消息量都比较均匀的情况下，某个 Broker 上的队列越多，则该 Broker 压力越大。

（4）可用性

由于消息分布在各个 Broker 上，一旦某个 Broker 宕机，则该 Broker 上的消息读写都会受到影响。所以 RocketMQ 提供了 Master/Slave 的结构，Slave 定时从 Master 同步数据，如果 Master 宕机，则 Slave 提供消费服务，但是不能写入消息，此过程对应用透明，由 RocketMQ 内部解决。

这里有两个关键点：

1）一旦某个 Broker Master 宕机，生产者和消费者多久才能发现？受限于 RocketMQ 的网络连接机制，默认情况下，最多需要 30 s，但这个时间可由应用设定参数来缩短。这个时间段内，发往该 Broker 的消息都是失败的，而且该 Broker 的消息无法消费，因为此时消费者不知道该 Broker 已经挂掉。

2）消费者得到 Master 宕机通知后，转向 Slave 消费（重定向，对于二次开发者透明），但是 Slave 不能保证 Master 的消息 100%都同步过来，因此会有少量的消息丢失。但是消息最终不会丢失，一旦 Master 恢复，未同步过去的消息会被消费掉。

（5）可靠性

1）所有发往 Broker 的消息，有同步刷盘和异步刷盘机制，总的来说，可靠性非常高。

2）同步刷盘时，消息写入物理文件才会返回成功，因此非常可靠。

3）异步刷盘时，只有机器宕机才会产生消息丢失，Broker 挂掉可能会发生，但是机器宕机崩溃是很少发生的，除非突然断电。

（6）消息清理

1）扫描间隔，默认 10 s，由 Broker 配置参数 cleanResourceInterval 决定。

2）空间阈值，物理文件不能无限制地一直存储在磁盘，当磁盘空间达到阈值时，不再接收消息，Broker 打印出日志，消息发送失败，阈值为固定值的 85%。

3）清理时机，默认每天凌晨 4 点，由 Broker 配置参数 deleteWhen 决定；或者磁盘空间达到阈值时清理。

4）文件保留时长，默认 72 h，由 Broker 配置参数 fileReservedTime 决定。

（7）读写性能

1）文件内存映射方式操作文件，避免 read/write 系统调用和实时文件读写，性能非常高。

2）永远是一个文件在写，其他文件在读。

3）顺序写，随机读。

4）利用 Linux 的 sendfile mmap+write 机制，将消息内容直接输出到 socket 管道，避免系统调用。

（8）系统特性

1）大内存，内存越大性能越高，否则系统 swap 会成为性能瓶颈。

2）IO 密集。

3）CPU 负载高，使用率低，因为 CPU 占用后，大部分时间在 IO WAIT。

4）磁盘可靠性要求高，为了兼顾安全和性能，采用 RAID10 阵列。

5）磁盘读取速度要求快，要求高转速大容量磁盘。

总结：Broker 部署相对复杂，Broker 分为 Master 与 Slave，一个 Master 可以对应多个 Slave，但是一个 Slave 只能对应一个 Master，Master 与 Slave 的对应关系通过指定相同的 BrokerName，由不同的 BrokerId 来定义，BrokerId 为 0 表示 Master，非 0 表示 Slave。Master 也可以部署多个。每个 Broker 与 nameserver 集群中的所有节点建立长连接，定时注册 Topic 信息到所有 nameserver。

4. 消费者

（1）与 nameserver 的关系

1）连接　单个消费者和一台 nameserver 保持长连接，定时查询 Topic 配置信息，如果该 nameserver 挂掉，消费者会自动连接下一个 nameserver，直到有可用连接为止，并能自动重连。

2）心跳　与 nameserver 没有心跳。

3）轮询时间　默认情况下，消费者每隔 30 s 从 nameserver 获取所有 Topic 的最新队列情况，这意味着某个 Broker 如果宕机，客户端最多要 30 s 才能感知。该时间由 DefaultMQPushConsumer 的 pollNameServerInteval 参数决定，可手动配置。

（2）与 Broker 的关系

1）连接　单个消费者和该消费者关联的所有 Broker 保持长连接。

2）心跳　默认情况下，消费者每隔 30 s 向所有 Broker 发送心跳，该时间由 DefaultMQPushConsumer 的 heartbeatBrokerInterval 参数决定，可手动配置。Broker 每隔 10 s（此时间无法更改）扫描所有还存活的连接，若某个连接 2 min 内（当前时间与最后更新时间差值超过 2 min，此时间无法更改）没有发送心跳数据，则关闭连接，并向该消费者分组的所有消费者发出通知，分组内消费者重新分配队列继续消费。

3）断开　时机：消费者挂掉；心跳超时导致 Broker 主动关闭连接。动作：一旦连接断开，Broker 会立即感知到，并向该消费者分组的所有消费者发出通知，分组内消费者重新分配队列继续消费。

（3）负载均衡

集群消费模式下，一个消费者集群多台机器共同消费一个 Topic 的多个队列，一个队列只会被一个消费者消费。如果某个消费者挂掉，分组内其他消费者会接替挂掉的消费者继续消费。

（4）消费机制

1）本地队列　消费者不间断地从 Broker 拉取消息，消息拉取到本地队列，然后本地消费线程消费本地消息队列，只是一个异步过程，拉取线程不会等待本地消费线程，这种模式实时性非常高（本地消息队列达到解耦的效果，响应时间减少）。为了对消费者和本地队列有一个保护，因此本地消息队列不能无限大，否则可能会占用大量内存，本地队列大小由 DefaultMQPushConsumer 的 pullThresholdForQueue 属性控制，默认 1000，可手动设置。

2）轮询间隔　消息拉取线程每隔多久拉取一次？间隔时间由 DefaultMQPushConsumer 的 pullInterval 属性控制，默认为 0，可手动设置。

3）消息消费数量　监听器每次接收本地队列的消息是多少条？这个参数由 DefaultMQPushConsumer 的 consumeMessageBatchMaxSize 属性控制，默认为 1，可手动设置。

（5）消费进度存储

每隔一段时间将各个队列的消费进度存储到对应的 Broker 上，该时间由 DefaultMQPushConsumer 的 persistConsumerOffsetInterval 属性控制，默认为 5 s，可手动设置。

如果一个 Topic 在某 Broker 上有 3 个队列，一个消费者消费这 3 个队列，那么该消费者和这个 Broker 有几个连接？

答案是一个连接。消费单位与队列相关，消费连接只跟 Broker 相关，事实上，消费者将所有队列的消息拉取任务放到本地的队列挨个拉取，拉取完毕后，又将拉取任务放到队尾，然后执行下一个拉取任务。

总结：Consumer 与 Name Server 集群中的其中一个节点（随机选择，但不同于上一次）建立长连接，定期从 Name Server 取 Topic 路由信息，并向提供 Topic 服务的 Master、Slave 建立长连接，且定时向 Master、Slave 发送心跳。

5. 生产者

（1）与 nameserver 的关系

1）连接　单个生产者者和一台 nameserver 保持长连接，定时查询 Topic 配置信息，如果该 nameserver 挂掉，生产者会自动连接下一个 nameserver，直到有可用连接为止，并能自动重连。

2）轮询时间　默认情况下，生产者每隔 30 s 从 nameserver 获取所有 Topic 的最新队列情况，这意味着某个 Broker 如果宕机，生产者最多要 30 s 才能感知，在此期间，发往该 Broker 的消息发送失败。该时间由 DefaultMQProducer 的 pollNameServerInteval 参数决定，可手动配置。

3）心跳　与 nameserver 没有心跳。

（2）与 Broker 的关系

1）连接　单个生产者和该生产者关联的所有 Broker 保持长连接。

2）心跳　默认情况下，生产者每隔 30 s 向所有 Broker 发送心跳，该时间由 DefaultMQProducer 的 heartbeatBrokerInterval 参数决定，可手动配置。Broker 每隔 10 s（此时间无法更改）扫描一次所有还存活的连接，若某个连接 2 min 内（当前时间与最后更新时间差值超过 2 min，此时间无法更改）没有发送心跳数据，则关闭连接。

3）连接断开　移除 Broker 上的生产者信息。

（3）负载均衡

生产者之间没有联系，每个生产者向队列轮流发送消息。

总结：Producer 与 Name Server 集群中的其中一个节点（随机选择，但不同于上一次）建立长连接，定期从 Name Server 取 Topic 路由信息，并向提供 Topic 服务的 Master 建立长连接，且定时向 Master 发送心跳。

3.2　消息投递原理详解

消息投递是消息发送投递模型中非常重要的一环，那么如何保证消息投递的正确？如何保证消息 100%投递成功？消息投递失败如何解决？消息投递负载均衡如何解决？本节将会详细对这些问题进行分析讲解。

3.2.1　消息投递模型

消息生产者业务集群群组发送消息到 RocketMQ 消息集群 Broker 服务器，RocketMQ 提供了 Java 客户端，用来连接 namesvr、Broker 服务，主要是从 namesvr 获取路由信息，然后把消息通过负载均衡策略发送给 Broker 消息服务器。

可以看到 RocketMQ 消息中间件的结构，消息的发送者 Producer 也是以消息集群组的方式进行消息发送的，这一组服务代表一组相同的服务集群，它们都能发送消息，只不过它们发送的是一类相同的消息。

Namesvr 也是集群状态，但是需要注意的是，namesvr 是无状态服务，每一个服务互相不影响，每一个服务都存储相同的信息。也就是说，Broker 服务会同时向所有 namesvr 注册信息，因此 namesvr 中存储的是相同的 Topic、Queue、IP 地址对应的信息。

Broker 服务集群是 Master、Slave 结构，Master 服务读写消息，Slave 进行消息读服务。消息发送模型如图 3-26 所示。

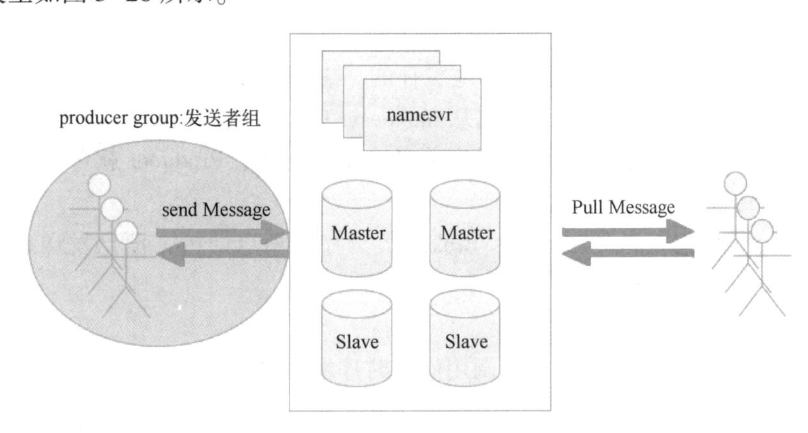

图 3-26　消息发送模型

本节将会重点讲解 Producer 客户端是如何发送消息的。具体涉及消息发送超时处理、消息响应机制、消息的发送流程等详细代码分析，带大家从代码、原理的角度深刻认识 RocketMQ 消息中间件底层构造的方法及原理。

3.2.2 消息投递流程

1. 投递流程

消息生产投递的具体流程如图 3-27 所示，Producer 用来投递消息，namesvr 用作 Broker 服务的注册中心，Broker 用来存储消息服务。

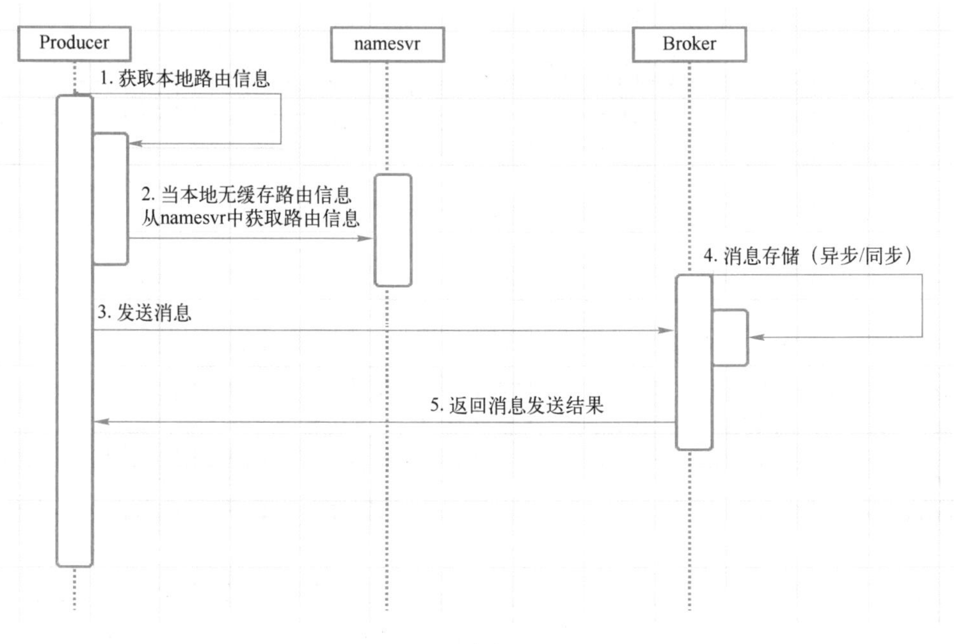

●图 3-27　消息投递流程

Producer 发送消息，首先必须知道该向哪个 Broker 服务器发送消息，因此就必须先从 namesvr 注册中心中获取 Broker 服务信息。再使用某种策略把消息投递到 Broker 服务器即可，具体流程如下。

1）Producer 发送消息，首先获取本地缓存的路由信息。

2）如果本地没有缓存路由信息，再从 nanmesvr 中获取路由信息。

3）获取到路由信息后，就拿到了对应消息 Queue 对象，Producer 就可以采用负载均衡策略把消息发送到某一个队列。

4）Producer 把消息发送到 Broker，Broker 负责存储消息即可，消息发送成功，返回消息发送成功对象 SendResult。

2. 方法链

消息投递在 RocketMQ 代码的方法调用流程时序图，从图 3-28 可以很清晰看出消息的详细流程。

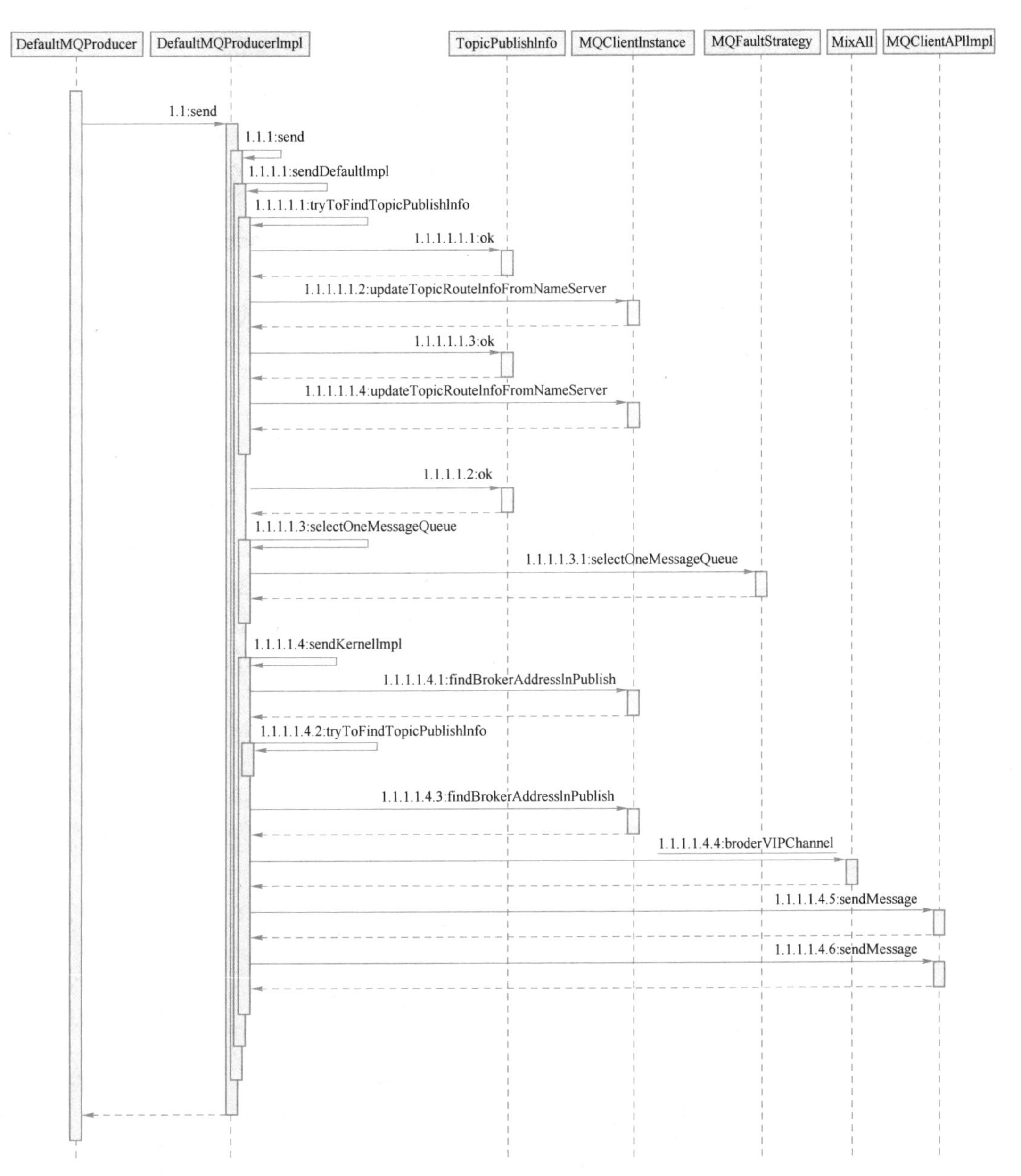

●图 3-28　消息投递方法链

图 3-28 展示了消息的发送流程，从获取消息路由表到发送消息的核心方法实现。

```
//发送消息
DefaultMQProducer#send(Message msg)
//增加了超时时间
DefaultMQProducerImpl#send(Message msg,long timeout)
//发送消息,增加了发送消息的模式,同步,异步
DefaultMQProducerImpl # sendDefaultImpl (Message msg, CommunicationMode mode,
long timeout)
```

```
//查询消息发送的路由信息
DefaultMQProducerImpl#tryToFindTopicPublishInfo(String topic)
//根据 Topic 的名称更新 namesvr 的路由信息
MQClinetInstance#updateTopicRouteInfoFromNameServer(String topic)
//根据 Topic 的名称更新 namesvr 的路由信息,且获取路由信息
MQClinetInstance#updateTopicRouteInfoFromNameServer(String topic,Boolean is-
Default,MQDefaultProducer mqDefaultProducer)
//根据负载均衡算法,选择某一个队列进行消息发送
DefaultMQProducerImpl # selectOneMessageQueue (TopicPublishInfo topic, String
lastBrokerName);
//调用发送消息核心方法,发送消息
DefaultMQProducerImpl#sendKernelImpl(Message msg,MessageQueue queue)
```

注：消息发送完成的流程，方法的调用链式关系已经在图 3-28 中说明，此处列举了方法调用的详细信息，方便大家查阅理解。

在这条方法链中除了发送消息以外，如果发送消息成功，那么返回值是什么呢？其实很多人对此一直认识不是很清晰，从图 3-28 可以看出，发送消息完毕后，返回了一个对象，此对象称为 SendResult。那么这个对象中到底是什么东西呢？下面具体介绍。

```
/**
 * 发送消息结果
 */
public class SendResult {
    /**
     * 发送结果状态
     */
    private SendStatus sendStatus;
    /**
     * 消息的 uniqueKey,有 Cilent 发送消息时生成
     */
    private String msgId;
    /**
     * 消息队列
     */
    private MessageQueue messageQueue;
    /**
     * 消息队列位置
     */
    private long queueOffset;
    /**
     * TODO 待读:
     */
    private String transactionId;
```

```
    /**
     * ip+port+commitLog 存储消息编号
     */
    private String offsetMsgId;
    private String regionId;
    private boolean traceOn = true;
```

可以看到这个类中有一个属性 SendStatus，此属性为一个状态属性，记录了消息发送的状态到底是成功还是失败。消息状态中有四种状态。

1）SEND_OK：发送成功且同步存储成功。

2）FLUSH_DISK_TIMEOUT：发送成功，但是存储失败。

3）FLUSH_SLAVE_TIMEOUT ：发送成功，但是从节点超时。

4）SLAVE_NOT_AVAILABLE：发送成功，但是从节点不可用。

```
publicenum SendStatus {
    /**
     * 发送成功且存储同步成功
     */
    SEND_OK,
    /**
     * 发送成功但存储失败
     */
    FLUSH_DISK_TIMEOUT,
    /**
     * 发送成功但从节点超时
     */
    FLUSH_SLAVE_TIMEOUT,
    /**
     * 发送成功但从节点不可用
     */
    SLAVE_NOT_AVAILABLE
}
```

注：该状态都表示消息处理是成功的，只是存储、同步时出现问题。

3. 代码解析

（1）Producer 发送消息

消息生产对象 DefaultMQProducer 发送消息类继承模型，如图 3-29 所示。

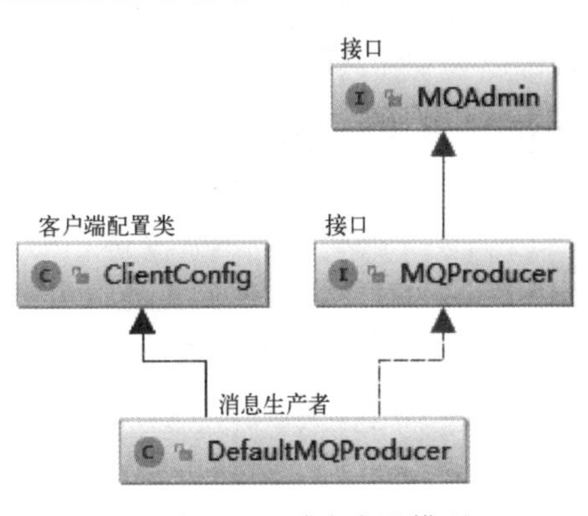

●图 3-29　消息发送模型

使用 Producer 发送消息，具体实现的方式如下。

1）创建 DefaultMQProducer，且指定发送消息所在组。

2）设置消息消费的地址，这里主要是指

namesvr 的地址，Producer 将会从 namesvr 中获取 Topic 主题及队列信息。

3）开启并开始发送消息，在发送消息的同时必须确定消息主题、消息标签、消息内容，然后再发送消息即可。

```
# 自定义类发送消息
Public class A{
public static void main(String[] args) throws Exception {
    //创建一个消息的生产者,且指定一个组
    DefaultMQProducer producer = new DefaultMQProducer("group-A");
    //设置 namesrv 地址
    producer.setNamesrvAddr("192.168.66.66:9876");
    //设置
    //producer.setDefaultTopicQueueNums(5);
    //开启
    producer.start();
    //创建多条消息
    for (int i = 0; i < 10; i++) {
        //创建消息对象
        Message message = new Message("topic-A",
                "tagA", ("helloA" + i).getBytes(RemotingHelper.DEFAULT_CHAR-
SET));
        //衣服
        //鞋子 TAG
        //设置消息延时级别
        message.setDelayTimeLevel(6);
        //发送消息
        SendResult result = producer.send(message);
        //打印
        System.out.println("发送消息返回结果:" + result);
    }
    //关闭
    producer.shutdown();
}
}
```

注：此案例模拟发送了 10 条消息。服务器搭建在此不再赘述。

（2）DefaultMQProducer

消息发送 producer#send 方法，调用的是 DefaultMQProducer 中的 send 方法进行消息发送，而在此方法中，又调用了 defaultMQProducerImpl#send 方法实现消息投递。

```
public classDefaultMQProducer extends ClientConfig implements MQProducer {
//其他方法代码略,此处只贴了主要代码
@Override
public SendResult send(
```

```
    Message msg) throws MQClientException, RemotingException, MQBrokerExcep-
tion, InterruptedException {
        //defaultMQProducerImpl调用send方法发送消息
        return this.defaultMQProducerImpl.send(msg);
}
}
```

(3) defaultMQProducerImpl

使用defaultMQProducerImpl实现类发送消息，增加超时时间的相关配置。

```
public classDefaultMQProducerImpl implements MQProducerInner {

//其他方法略……

publicSendResult send(
    Message msg) throws MQClientException, RemotingException, MQBrokerExcep-
tion, InterruptedException {
    //发送消息,且指定消息发送的超时时间
    return send(msg, this.defaultMQProducer.getSendMsgTimeout());
}

//调用本类的send方法
publicSendResult send(Message msg,
    long timeout) throws MQClientException, RemotingException, MQBrokerExcep-
tion, InterruptedException {
    //发送消息,指定消息发送类型:同步、异步、超时时间...
    return this.sendDefaultImpl(msg, CommunicationMode.SYNC, null, timeout);
}



}
```

(4) sendDefaultImpl

调用本类方法sendDefaultImpl进行消息发送业务，此方法中需要做以下几件事情。

1) 获取消息路由信息，路由信息包含Topic下的队列及IP地址信息。

2) 选择要发送到的消息队列，此步骤会采用相应的负载均衡策略选择一个队列进行消息存储。

3) 执行消息发送核心方法，发送消息在sendKernelImpl核心方法中进行发送。

4) 对发送结果进行封装返回。

```
public classDefaultMQProducerImpl implements MQProducerInner {

//其他方法略
```

```
/**
  * 发送消息
  * 1. 获取消息路由信息
  * 2. 选择要发送到的消息队列
  * 3. 执行消息发送核心方法
  * 4. 对发送结果进行封装返回
  *
  * @param msg              消息
  * @param communicationMode 通信模式
  * @param sendCallback       发送回调
  * @param timeout            发送消息请求超时时间
  * @return 发送结果
  * @throwsMQClientException 当 Client 发生异常
  * @throwsRemotingException 当请求发生异常
  * @throwsMQBrokerException 当 Broker 发生异常
  * @throws InterruptedException 当线程被打断
  */

privateSendResult sendDefaultImpl(
    Message msg,
    final CommunicationMode communicationMode,
    final SendCallback sendCallback,
    final long timeout
) throws MQClientException, RemotingException, MQBrokerException, Interrupte-
dException {
    //确保这个 MQ 服务正在运行,否则抛出异常:The producer service state not OK
    this.makeSureStateOK();
    //检查消息是否为空、消息体是否存在……,否则抛出异常
    Validators.checkMessage(msg, this.defaultMQProducer);

    //获取 Broker 服务器路由列表
    TopicPublishInfo topicPublishInfo = this.tryToFindTopicPublishInfo(msg.
getTopic());
        //路由信息不为空,路由队列不为空
        if (topicPublishInfo != null && topicPublishInfo.ok()) {

        //消息发送模式,确定消息的重发次数
         int timesTotal = communicationMode == CommunicationMode.SYNC ? 1 +
this.defaultMQProducer.getRetryTimesWhenSendFailed() : 1;

        int times = 0;
```

```
    //存储发送消息 Broker 名称
    String[] brokersSent = new String[timesTotal];
//循环调用发送消息,直到成功
    for (; times < timesTotal; times++) {
        String lastBrokerName = null == mq ? null : mq.getBrokerName();

        //选择消息要发送到的队列,默认策略下,按顺序轮流发送,当一次发送失败时,按顺序
选择下一个 Broker 的 MessageQueue
        MessageQueue mqSelected = this.selectOneMessageQueue(topicPublish-
Info, lastBrokerName);
        if (mqSelected != null) {
            mq = mqSelected;
            brokersSent[times] = mq.getBrokerName();

            //超时判断
            try {
                //获取当前时间
                beginTimestampPrev = System.currentTimeMillis();
                //花销时间 = 现在时刻-开始时刻
                long costTime = beginTimestampPrev - beginTimestampFirst;
                //如果超时时间小于开销时间,超时
                if (timeout < costTime) {
                    callTimeout = true;
                    break;
                }
               //发送消息的核心方法
                sendResult = this.sendKernelImpl(msg, mq, communicationMode,
sendCallback, topicPublishInfo, timeout - costTime);
                //更新 Broker 可用性信息,发送时间超过 550ms 后会有不可用时长,至少
30 s,不可用时间只有开启了延迟容错机制才有效果
                this.updateFaultItem(mq.getBrokerName(), endTimestamp - be-
ginTimestampPrev, false);

                switch (communicationMode) {
                    case ASYNC:
                        return null;
                    case ONEWAY:
                        return null;
                    case SYNC:
                            if (sendResult.getSendStatus() != SendStatus.SEND_
OK) {
                //同步发送成功但存储有问题时 && 配置存储异常重新发送开关时,进行重试
```

```
                        if (this.defaultMQProducer.isRetryAnotherBrokerWhenNotStoreOK
()) {
                                continue;
                            }
                        }

                        return sendResult;
                    default:
                        break;
                }
            }
                    ………………………… 捕获异常代码块…………………………
        }else {
            break;
        }
    }

    if (sendResult != null) {
        return sendResult;
    }
        ………………………… 抛出异常代码块 …………………………

  }

}
```

（5） sendKernelImpl

1） 发送消息的核心方法 sendKernelImpl，此方法将会根据 brokername 从本地 brokerAddrTable broker 地址列表中获取 Broker Master 服务的 IP 地址，如果无法获取到 Broker Master 的 IP 地址，那么就会从 namesvr 中获取此地址。

2） 是否使用 Broker VIP 通道。Broker 会开启两个端口对外服务，VIP 通道的端口是原始端口-2。

3） 构造 RequestHeader 请求头数据封装。

4） 采用不同模式发送消息：同步 SYNC；异步 ASYNC；ONEWAY 单向无需返回结果；如果发生不成功，抛出 Broker 异常。

具体信息在下面代码中都有详细的注释，可以参考以下代码片段。

```
public class DefaultMQProducerImpl implements MQProducerInner {
    /**
     * 发送消息核心方法， 并返回发送结果
     *
     * @param msg                  消息
```

```
     * @param mq                   消息队列
     * @param communicationMode 通信模式
     * @param sendCallback         发送回调
     * @param topicPublishInfo  Topic 发布信息
     * @param timeout              发送消息请求超时时间
     * @return 发送结果
     * @throwsMQClientException 当 Client 发生异常
     * @throwsRemotingException 当请求发生异常
     * @throwsMQBrokerException 当 Broker 发生异常
     * @throws InterruptedException 当线程被打断
     * /
privateSendResult sendKernelImpl(final Message msg,
                              final MessageQueue mq,
                              final CommunicationMode communicationMode,
                              final SendCallback sendCallback,
                              final TopicPublishInfo topicPublishInfo,
                              final long timeout) throws MQClientException,
RemotingException, MQBrokerException, InterruptedException {

    long beginStartTime = System.currentTimeMillis();
    //根据 brokerName 名字查询 Broker Master 的 IP 地址
    StringbrokerAddr = this.mQClientFactory.findBrokerAddressInPublish
(mq.getBrokerName());
    //如果 IP 地址为空,重新从 namesvr 中查询 Broker 地址
    if (null == brokerAddr) {
        tryToFindTopicPublishInfo(mq.getTopic());
        brokerAddr = this.mQClientFactory.findBrokerAddressInPublish
(mq.getBrokerName());
    }

    SendMessageContext context = null;
    if (brokerAddr != null) {

//是否使用 Broker VIP 通道 Broker 会开启两个端口对外服务,VIP 通道的端口是原始端口-2
    brokerAddr = MixAll.brokerVIPChannel
(this.defaultMQProducer.isSendMessageWithVIPChannel(), brokerAddr);

   //构建 requestHeader 消息请求数据封装
   SendMessageRequestHeader requestHeader = new SendMessageRequestHeader();
   //设置消息发送者组
    requestHeader.setProducerGroup (this.defaultMQProducer.getProducerGroup
());
```

```
//设置消息主题名称
requestHeader.setTopic(msg.getTopic());
//设置消息主题默认消息名称
requestHeader.setDefaultTopic (this.defaultMQProducer.getCreateTopicKey
());
//设置 Topic 主题队列数量
requestHeader.setDefaultTopicQueueNums(this.defaultMQProducer.
getDefaultTopicQueueNums());
//设置要发送的消息 ID
requestHeader.setQueueId(mq.getQueueId());
//设置消息系统标记
requestHeader.setSysFlag(sysFlag);
//消息的创建时间
requestHeader.setBornTimestamp(System.currentTimeMillis());
requestHeader.setFlag(msg.getFlag());
//设置消息属性
requestHeader.setProperties    ( MessageDecoder.messageProperties2String
(msg.getProperties()));
//记录已消费次数
requestHeader.setReconsumeTimes(0);
//
requestHeader.setUnitMode(this.isUnitMode());
//大消费次数
requestHeader.setBatch(msg instanceof MessageBatch);
//如果 Topic 等于 %retry%，表示消息重发
if (requestHeader.getTopic().startsWith(MixAll.RETRY_GROUP_TOPIC_PREFIX)) {
   String reconsumeTimes = MessageAccessor.getReconsumeTime(msg);
      if (reconsumeTimes != null) {
        requestHeader.setReconsumeTimes(Integer.valueOf(reconsumeTimes));
          MessageAccessor.clearProperty(msg, MessageConst.PROPERTY_RECONSUME_
TIME);
        }
    String maxReconsumeTimes = MessageAccessor.getMaxReconsumeTimes(msg);
      if (maxReconsumeTimes != null) {
                        requestHeader.setMaxReconsumeTimes(Integer.valueOf
(maxReconsumeTimes));
                  MessageAccessor.clearProperty(msg, MessageConst.PROPERTY_
MAX_RECONSUME_TIMES);
              }
          }

          SendResult sendResult = null;
```

```
        //根据消息发送的不同模式发送消息
          switch (communicationMode) {
              case ASYNC:
                  Message tmpMessage = msg;
                  if (msgBodyCompressed) {
              //If msg body was compressed, msgbody should be reset using prev-
Body.
              //Clone new message using commpressed message body and
recover origin
              //Fix bug:https://github.com/apache/rocketmq-externals
/issues/66
                    tmpMessage = MessageAccessor.cloneMessage(msg);
                    msg.setBody(prevBody);
                  }
                  long costTimeAsync = System.currentTimeMillis() - beginStar-
tTime;
                  if (timeout < costTimeAsync) {
                      throw new RemotingTooMuchRequestException
("sendKernelImpl call timeout");
                  }
                //ASYNC 发送消息
                      sendResult = this.mQClientFactory.getMQClientAPIImpl()
.sendMessage(
                        brokerAddr,
                        mq.getBrokerName(),
                        tmpMessage,
                        requestHeader,
                        timeout - costTimeAsync,
                        communicationMode,
                        sendCallback,
                        topicPublishInfo,
                        this.mQClientFactory,
                        this.defaultMQProducer.getRetryTimesWhenSendAsyncFailed(),
                        context,
                        this);
                break;
            case ONEWAY:
            case SYNC:
                    long costTimeSync = System.currentTimeMillis() - beginStart-
Time;
                if (timeout < costTimeSync) {
                    throw new RemotingTooMuchRequestException
```

```
("sendKernelImpl call timeout");
                    }
                    //SYNC 发送消息
                        sendResult = this.mQClientFactory.getMQClientAPIImpl()
.sendMessage(
                        brokerAddr,
                        mq.getBrokerName(),
                        msg,
                        requestHeader,
                        timeout - costTimeSync,
                        communicationMode,
                        context,
                        this);
                    break;
                default:
                    assert false;
                    break;
            }
            returnsendResult;
        }
    }
}
```

（6）sendMessage

发送消息的真正实现方法，通过此类可以看到发送消息是使用远程调用类 remotingClient 进行的。

首先构建消息发送的请求对象 SendMessageRequestHeader，再使用 RemotingCommand 创建请求指令设置请求参数，然后发送远程调用请求，实现消息发送。

当消息发送模式为 ONEWAY 时，消息只会发送一次。

当消息发送模式为 ASYNC 时，如果消息发送失败，会根据消息重试次数进行消息重发。

当消息发送模式为 SYNC 时，如果使用同步发送，消息会直接发送，不会进行重试。

```
#方法调用类
# sendResult = this.mQClientFactory.getMQClientAPIImpl().sendMessage(……)

public classMQClientInstance {
/**
     * 发送消息,并返回发送结果
     *
     * @param addr                              Broker 地址
     * @param brokerName                         brokerName
     * @param msg                               消息
     * @param requestHeader                      请求
```

```
    * @param timeoutMillis              请求最大时间
    * @param communicationMode          通信模式
    * @param sendCallback               发送回调
    * @param topicPublishInfo           Topic 发布信息
    * @param instance                   Client
    * @param retryTimesWhenSendFailed
    * @param context                    发送消息 context
    * @param producer                   Producer
    * @return 发送结果
    * @throwsRemotingException 当请求发生异常
    * @throwsMQBrokerException 当 Broker 发生异常
    * @throws InterruptedException 当线程被打断
    */
public SendResult sendMessage(
    final String addr,
    final String brokerName,
    final Message msg,
    final SendMessageRequestHeader requestHeader,
    final long timeoutMillis,
    final CommunicationMode communicationMode,
    final SendCallback sendCallback,
    final TopicPublishInfo topicPublishInfo,
    final MQClientInstance instance,
    final int retryTimesWhenSendFailed,
    final SendMessageContext context,
    final DefaultMQProducerImpl producer
) throws RemotingException, MQBrokerException, InterruptedException {
    long beginStartTime = System.currentTimeMillis();

    //创建请求。如果开启 sendSmartMsg 开关,实际是将请求参数的 key 缩短,加快序列化性能,
减少网络 IO
    RemotingCommand request = null;
    //请求
    switch (communicationMode) {
        case ONEWAY:
          //远程调用 Broker 服务,发送消息
            this.remotingClient.invokeOneway(addr, request, timeoutMillis);
            return null;
            case ASYNC:
            final AtomicInteger times = new AtomicInteger();
            long costTimeAsync = System.currentTimeMillis() - beginStartTime;
            if (timeoutMillis < costTimeAsync) {
```

```
            throw new RemotingTooMuchRequestException("sendMessage call time-
out");
          }
        //ASYNC 发送消息
          this.sendMessageAsync(addr, brokerName, msg, timeoutMillis - cost-
TimeAsync, request, sendCallback, topicPublishInfo, instance,
              retryTimesWhenSendFailed, times, context, producer);
        return null;
      case SYNC:
          long costTimeSync = System.currentTimeMillis() - beginStartTime;
          if (timeoutMillis < costTimeSync) {
            throw new RemotingTooMuchRequestException("sendMessage call time-
out");
          }
        //SYNC 发送消息
          return this.sendMessageSync(addr, brokerName, msg, timeoutMillis -
costTimeSync, request);

      default:
          assert false;
          break;
    }
    return null;
  }
}
```

注：可以看到 Producer 客户端最终使用 remotingClient 客户端远程调用 Broker 服务来发送消息。

3.2.3 消息路由

1. 路由存在的意义

在 RocketMQ 网络部署中，Broker 相当于服务端，而 Producer、Consumer 都相当于其客户端，如果 Broker 固定不变，那么 namesrv 存在就没有任何意义了，但是服务端由于自动伸缩、故障以及升级等会变动，因此 namesrv 就有存在的意义了，客户端发送消息到服务端存在的问题如图 3-30 所示。

Namesvr 的作用就是及时发现随时变化的 Broker 服务器，从而可以实现消息发送的负载均衡。

客户端访问多个服务，但是客户端不知道服务的地址，就不能采用相应的负载均衡方式把消息投递给相应的服务。那么服务是如何被发现的呢？具体的服务发现机制如图 3-31 所示。

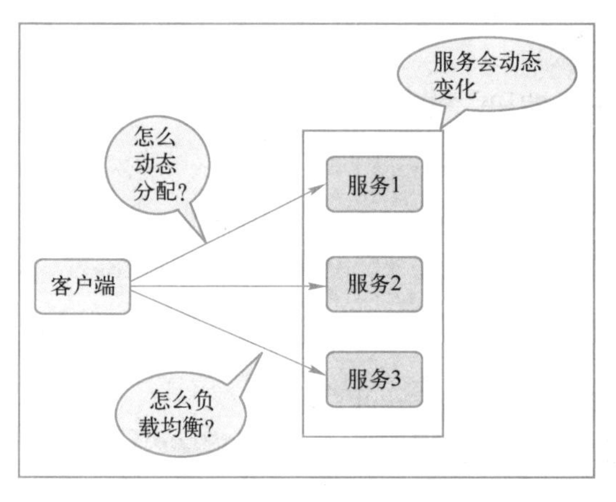

●图 3-30 负载均衡

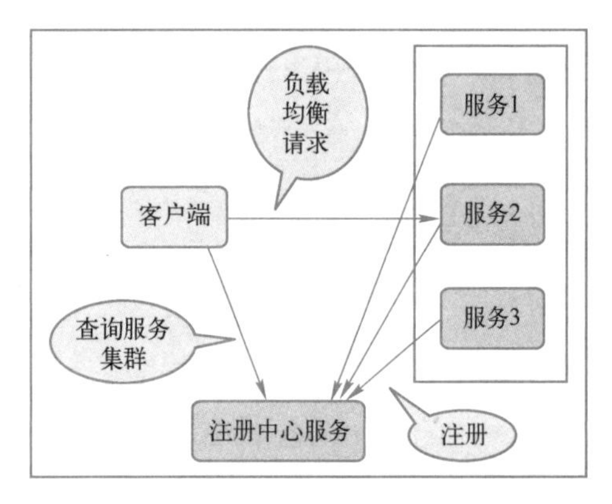

●图 3-31 负载均衡原理

当发出请求服务时，客户端通过注册中心服务知道所有的服务实例。客户端接着使用负载均衡算法选择可用服务实例中的一个并进行发送。

2. 获取 Topic 信息

（1）获取路由信息的方法

```
# DefaultMQProducerImpl 类中的方法:获取路由信息核心代码
TopicPublishInfo    topicPublishInfo    =    this.tryToFindTopicPublishInfo
(msg.getTopic());
```

发送消息之前，必须先从 namesvr 中获取 Broker 服务器中 Topic、队列、IP 对应的路由信息，然后采用随机、hash 等算法进行发送消息。

（2）tryToFindTopicPublishInfo

```
# DefaultMQProducerImpl 类中的方法:获取路由信息核心代码
# 根据 Topic 名称查询路由信息
privateTopicPublishInfo tryToFindTopicPublishInfo(final String topic) {

    //1. 先从本地 ConcurrentMap topicPublishInfoTable 中获取路由信息
  TopicPublishInfo topicPublishInfo = this.topicPublishInfoTable.get(top-
ic);

    //2. 如果路由信息为 null ,或者 messageQueueList 为空
  if (null == topicPublishInfo || !topicPublishInfo.ok()) {

    //3. 向 topicPublishInfoTable 添加空路由对象
      this.topicPublishInfoTable.putIfAbsent(topic, new TopicPublishInfo
());

    //4. 更新路由信息
    this.mQClientFactory.updateTopicRouteInfoFromNameServer(topic);
```

```
        //5. 从更新后的路由信息表中获取路由信息
        topicPublishInfo = this.topicPublishInfoTable.get(topic);
    }

        //6. 如果路由信息存在,获取路由队列 messageQueueList 存在,返回路由信息对象
        if(topicPublishInfo.isHaveTopicRouterInfo() |topicPublishInfo.ok()) {
        return topicPublishInfo;
    } else {
        //7. 如果路由对象不存在,路由队列为空,重新去 namesvr 中获取
         this.mQClientFactory.updateTopicRouteInfoFromNameServer(topic, true,
this.defaultMQProducer);
        topicPublishInfo = this.topicPublishInfoTable.get(topic);
        return topicPublishInfo;
    }
}
```

获取路由信息的具体步骤如下。

1）先从本地 ConcurrentMap topicPublishInfoTable 中获取路由信息。

2）如果路由信息为 null，或者 messageQueueList 为空，就向 topicPublishInfoTable 添加空路由对象。

3）更新 PublishInfo 路由信息。

4）从更新后的路由信息表中获取路由信息。

5）如果路由信息存在，获取路由队列 messageQueueList 存在，返回路由信息对象。

6）如果路由对象不存在，路由队列为空，重新去 namesvr 中获取。

（3）Topic 路由信息表

TopicPublishInfo 对象用于存储路由信息，这些信息分别如下。

1）orderTopic：排序失败。

2）haveTopicRouterInfo：是否存在路由信息。

3）messageQueueList：队列集合列表信息。

4）ThreadLocalIndex：用于存储线程的序列号。

5）topicRouteData：路由数据，包括队列、Broker 地址、Broker 数据。

同时 topicPublishInfo 中也包含了一些选择队列进行消息发送的负载均衡的默认策略，循环所有 MessageQueue。

当 lastBrokerName == null 时，获取第一个可用的 MessageQueue。

当 lastBrokerName != null 时，获取 brokerName = lastBrokerName && 可用的 MessageQueue。

默认情况下，获得 lastBrokerName 对应的一个消息队列，不考虑该队列的可用性。

TopicPublishInfo 代码分析如下所示。

```
public classTopicPublishInfo {
    private boolean orderTopic = false;
```

```
    private boolean haveTopicRouterInfo = false;
    private List<MessageQueue> messageQueueList = new ArrayList<MessageQueue>
();
    private volatile ThreadLocalIndex sendWhichQueue = new ThreadLocalIndex();
    private TopicRouteData topicRouteData;

      /**
        * 默认策略下的 MessageQueue 选择
        *
        * @param lastBrokerName
        * @return
       */
    public MessageQueue selectOneMessageQueue(final String lastBrokerName) {
      //根据 BrokerName 选择其中一个队列
        if (lastBrokerName == null) {
            return selectOneMessageQueue();
        } else {
            int index = this.sendWhichQueue.getAndIncrement();
            for (int i = 0; i < this.messageQueueList.size(); i++) {
                int pos = Math.abs(index++) % this.messageQueueList.size();
                if (pos < 0)
                    pos = 0;
                MessageQueue mq = this.messageQueueList.get(pos);
                if (!mq.getBrokerName().equals(lastBrokerName)) {
                    return mq;
                }
            }
            return selectOneMessageQueue();
        }
    }

//选项一个队列 selectOneMessageQueue
publicMessageQueue selectOneMessageQueue() {
        int index = this.sendWhichQueue.getAndIncrement();
        int pos = Math.abs(index) % this.messageQueueList.size();
        if (pos < 0)
            pos = 0;
        return this.messageQueueList.get(pos);
    }
}
```

3. 组装路由数据

MQClientInstance#updateTopicRouteInfoFromNameServerMQClientInstance 是 MQ 消息队列

客户端实例非常重要的一个队列，这个实例中主要完成如下事情。

1）将 Topic 路由数据转换成 Topic 发布信息，过滤 Master 挂了的 Broker 以及 Slave 的 MessageQueue。

2）提取 TopicRouteData 内的 QueueData 生成 MessageQueue，也就是 Topic 的订阅队列信息。

3）更新 Topic 路由信息。

```
/**
 * 将 Topic 路由数据转换成 Topic 发布信息,过滤 Master 挂了的 Broker 以及 Slave 的 Mes-
sageQueue
 * 顺序消息
 * 非顺序消息
 *
 * @param topic Topic
 * @param route Topic 路由数据
 * @return Topic 信息
 */
public static TopicPublishInfo topicRouteData2TopicPublishInfo (final String
topic, final TopicRouteData route) {
    TopicPublishInfo info = new TopicPublishInfo();
    info.setTopicRouteData(route);
    if (route.getOrderTopicConf() != null && route.getOrderTopicConf().length
() > 0)
        {//如果指定了 Topic 的 Queue 发送顺序
        String[] brokers = route.getOrderTopicConf().split(";");
        //解析顺序配置,生成 MessageQueue
        for (String broker : brokers) {
            String[] item = broker.split(":");
            int nums = Integer.parseInt(item[1]);
            for (int i = 0; i < nums; i++) {
                MessageQueue mq = new MessageQueue(topic, item[0], i);
                info.getMessageQueueList().add(mq);
            }
        }
        //指定 Topic 是有序 Topic,消息发送顺序按配置顺序
        info.setOrderTopic(true);
    } else {
        List<QueueData> qds = route.getQueueDatas();
        Collections.sort(qds);
        //为每个 QueueData 找到所属的 BrokerData          for (QueueData qd : qds) {
        //是否写入队列,Slave 注册 Broker 时会在 Namesrv 创建 BrokerData,但不会创建
QueueData
```

```
            if (PermName.isWriteable(qd.getPerm())) {
                BrokerData brokerData = null;
                //找到当前 QueueData 所属的 BrokerData
                for (BrokerData bd : route.getBrokerDatas()) {
                if (bd.getBrokerName().equals(qd.getBrokerName())) {
                        brokerData = bd;
                        break;
                    }
                }

                if (null == brokerData) {
                    continue;
                }
              //若 BrokerData 不包含 Master 节点地址,可能 Master 已经挂了,所以不处理
消息
                if (!brokerData.getBrokerAddrs().containsKey(MixAll.MASTER_ID))

                {
                  continue;
                }

                //创建队列信息,只有那些经过校验的 QueueData 才能创建队列信息
                for (int i = 0; i < qd.getWriteQueueNums(); i++) {
                    MessageQueue mq = new MessageQueue(topic, qd.getBrokerName
(), i);
                    info.getMessageQueueList().add(mq);
                }
            }
        }
        //指定 Topic 消息发送不是有序的
        info.setOrderTopic(false);
    }

    return info;
}

/**
 * 提取 TopicRouteData 内的 QueueData 生成 MessageQueue,也就是 Topic 的订阅队列信息
 *
 * @param topic
 * @param route
 * @return
```

```
  */
public static Set < MessageQueue > topicRouteData2TopicSubscribeInfo (final
String topic, final TopicRouteData route) {
    Set<MessageQueue> mqList = new HashSet<>();
    List<QueueData> qds = route.getQueueDatas();
    for (QueueData qd : qds) {
        //QueueData 是否可读，% DLQ% +consumeGroup 队列只能写不能读
        if (PermName.isReadable(qd.getPerm())) {
        for (int i = 0; i < qd.getReadQueueNums(); i++) {
                MessageQueue mq = new MessageQueue(topic, qd.getBrokerName(), i);
                mqList.add(mq);
            }
        }
    }
    return mqList;
}
```

更新 Topic 路由信息是消息投递非常重要的一环，整个消息投递可以说都是围绕路由信息而展开的，因此有必要在此详细说明。

1）为了防止并发修改 namesvr 路由信息，使用 ReentrantLock 可重入锁。

2）第一次获取的路由信息在 namesvr 中并不存在。因为此时消息生产者还没有在 Broker 服务中创建消息主题及消息队列，那么 Broker 自然也无法向 namesvr 注册相关消息队列信息，因此第一次发生消息时从 namesvr 获取路由信息是不存在的。如果路由信息不存在，就无法发生消息。此时的解决方案是，如果 isDefault = true & defaultMQProducer ! = null 表示使用默认消息主题获取路由信息，默认消息主题的名称为 getCreateTopicKey#MixAll. DEFAULT_ TOPIC = “TBW102”，根据主题名为 TBW102 获取 Topic 主题路由数据 TopicRouteData。

3）如果 TBW102 主题数据不为空，那么就使用此主题数据作为自己消息主题的数据，否则根据 Topic 名称从 namesvr 中查询。

4）同时如果从 namesvr 中获取路由信息不为空的话，需要判断本地路由表中的信息和新获取的路由信息是否有差异，如果有差异需要把本地路由信息更新为最新的版本。

```
//路由信息处理类
public classMQClientInstance {
    /**
     *更新单个 Topic 路由信息
     *若 isDefault=true && defaultMQProducer!=null 时,使用{createTopicKey}
     * @param topic              Topic
     * @param isDefault          是否默认
     * @param defaultMQProducer producer
     * @return 是否更新成功
     */
public booleanupdateTopicRouteInfoFromNameServer(final String topic, boolean
```

```
isDefault,
    DefaultMQProducer defaultMQProducer) {
    try {
        if (this.lockNamesrv.tryLock(LOCK_TIMEOUT_MILLIS, TimeUnit.
MILLISECONDS)) {
            try {
                TopicRouteData topicRouteData;
            if (isDefault && defaultMQProducer != null)
    //使用默认 TopicKey 获取 TopicRouteData.
    //当 Broker 开启自动创建 Topic 开关时,会使用 MixAll.DEFAULT_TOPIC 进行创建
    //DEFAULT_TOPIC = "TBW102";
    //当 Producer 的 createTopic 为 MixAll.DEFAULT_TOPIC 时,可以获得 TopicRouteData
    //目的:用于新的 Topic,发送消息时,未创建路由信息,先使用 createTopic 的路由信息,等
到发送到 Broker 时,进行自动创建
            topicRouteData = this.mQClientAPIImpl.
            getDefaultTopicRouteInfoFromNameServer(defaultMQProducer
                                                .getCreateTopicKey(),1000 * 3);
                if (topicRouteData != null) {
                    for (QueueData data : topicRouteData.getQueueDatas()) {
                        int queueNums =
                        Math.min(defaultMQProducer.getDefaultTopicQueueNums(),
                        data.getReadQueueNums());
                        data.setReadQueueNums(queueNums);
                        data.setWriteQueueNums(queueNums);
                    }
                }
            } else {
                topicRouteData =
this.mQClientAPIImpl.getTopicRouteInfoFromNameServer(topic, 1000 * 3);
            }
            if (topicRouteData != null) {
                TopicRouteData old = this.topicRouteTable.get(topic);
                boolean changed = topicRouteDataIsChange(old, topicRouteDa-
ta);
                if (!changed) {
                    changed = this.isNeedUpdateTopicRouteInfo(topic);
                } else {
                }
                if (changed) {
        //克隆对象的原因:topicRouteData 会被设置到下面的 publishInfo/subscribeInfo
        TopicRouteData cloneTopicRouteData = topicRouteData.
cloneTopicRouteData();
```

```
        //更新 Broker 地址相关信息,当某个 Broker 心跳超时后,会被从 BrokerData 的 bro-
kerAddrs 中移除(由 namesrv 定时操作)
        //namesrv 存在 Slave 的 BrokerData,所以 brokerAddrTable 含有 Slave 的 bro-
kerAddr
            for (BrokerData bd : topicRouteData.getBrokerDatas()) {
                this.brokerAddrTable.put(bd.getBrokerName(),
bd.getBrokerAddrs());
            }
        //……….
            }catch (Exception e) {
              } finally {
                this.lockNamesrv.unlock();
            }
        }
        return false;
}

}
```

3.2.4 消息负载均衡

Producer 消息发送是从 namesvr 中获取 Topic 主题路由信息的，然后根据之前队列的存储模型，可以知道队列存在于多个 Broker 服务器中，而需要通过一定的负载算法把消息发送到不同的服务器。具体如图 3-32 所示。

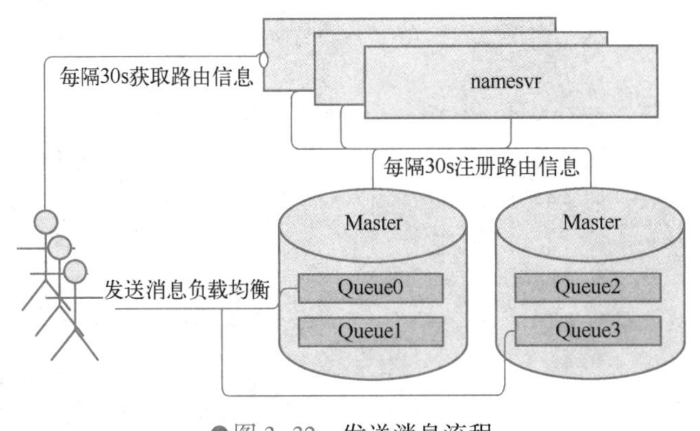

●图 3-32　发送消息流程

1. 默认策略

发送消息时，根据相应的算法选择其中一个队列去发送消息，而 Producer 客户端发送消息会采用默认的策略方式，使用 mqFaultStrategy 所支持的策略进行消息发送。

```
//选择一种一个队列
MessageQueue mqed = this.selectOneMessageQueue(topicPublishInfo, lastBroker-
Name);

//根据负载均衡的策略,选择其中一个队列
publicMessageQueue selectOneMessageQueue(final TopicPublishInfo tpInfo, final
String lastBrokerName) {
    return this.mqFaultStrategy.selectOneMessageQueue (tpInfo, lastBroker-
Name);
}
```

MQFaultStrategy 类中定义了 selectOneMessageQueue 方法，此方法就是消息队列负载均衡的默认策略，它采用随机递增取模算法选择其中一个队列进行消息发送。

那么具体默认的负载策略的算法是什么样的呢？

1）判断发送消息延迟容错开关是否打开，如果消息延迟容错开关打开，开始消息发送策略构建，否则直接使用 TopicPublishInfo 中的 selectMessageOne 策略发送消息。

2）从 ThreadLocal<Integer>线程变量中获取值，当消息线程第一次发送时，ThreadLocal<Integer>这个变量的值如果为空，就随机生成一个值；如果有值，就给这个值加 1，添加到线程变量中去。

3）获取到线程变量后，根据主题下队列的长度进行循环，使用线程变量++的方式和队列的长度进行取模运算，最终得到一个数字，此数字必定就是一个 Topic 下某一个队列的角标。然后根据这个角标获取这个队列返回一个队列对象即可。当 lastBrokerName == null 时，获取第一个可用的 MessageQueue；当 lastBrokerName != null 时，获取 brokerName=lastBrokerName && 可用的 MessageQueue。

4）选择一个相对好的 Broker，并获得其对应的一个消息队列，按 可用性 > 延迟 > 开始可用时间选择，默认情况下，容错开关没有打开，获得 lastBrokerName 对应的一个消息队列，不考虑该队列的可用性。

```
public classMQFaultStrategy {
//默认负载均衡策略
publicMessageQueue selectOneMessageQueue(final TopicPublishInfo tpInfo, final
String lastBrokerName) {
    if (this.sendLatencyFaultEnable) {
        try {
            int index = tpInfo.getSendWhichQueue().getAndIncrement();
            for (int i = 0; i < tpInfo.getMessageQueueList().size(); i++) {
                int pos = Math.abs(index++) % tpInfo.getMessageQueueList().size();
                if (pos < 0)
                    pos = 0;
                MessageQueue mq = tpInfo.getMessageQueueList().get(pos);
```

```
                if (latencyFaultTolerance.isAvailable(mq.getBrokerName())) {
                    if (null == lastBrokerName || mq.getBrokerName().equals(last-
BrokerName))
                        return mq;
                }
            }
        //………..
return tpInfo.selectOneMessageQueue();
    }

    return tpInfo.selectOneMessageQueue(lastBrokerName);
}
}
```

2. 随机策略

消息发送负载均衡算法之随机算法，这里使用 SelectMessageQueueByRandom 类进行负载均衡。

（1）使用方法

使用随机策略发送消息，选择 SelectMessageQueueByRandom 算法发送消息即可，从图 3-33 所示的使用方法来看，使用随机策略发送消息非常简单。

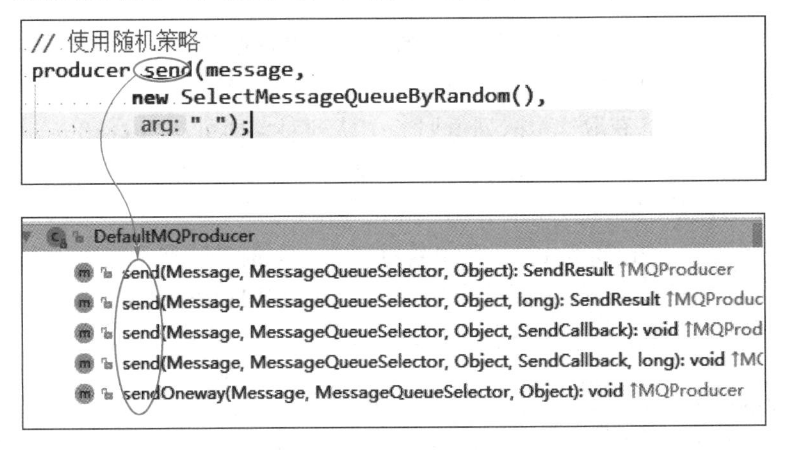

●图 3-33 随机算法使用方法

（2）策略代码分析

```
public classSelectMessageQueueByRandom implements MessageQueueSelector {
    private Random random = new Random(System.currentTimeMillis());

    @Override
    public MessageQueue select(List<MessageQueue> mqs, Message msg, Object arg) {
        //获取一个队列长度范围之内的随机数,根据随机数取一个队列
        int value = random.nextInt(mqs.size());
```

```
        return mqs.get(value);
    }
}
```

可以看见 RocketMQ 消费的随机算法非常简单，仅仅使用了 random 来获取 Queue 队列长度范围内的随机数，这个随机数必定是集合中存储队列的下标，通过此下标即可获得队列。

3. hash 策略

消息发送负载均衡算法之 hash 算法，这里使用 SelectMessageQueueByHash 类进行负载均衡。

（1）hash 策略使用方式

使用 hash 策略发送消息，选择 SelectMessageQueueByHash 算法发送消息即可，从图 3-34 所示的使用方法来看，使用 hash 策略发送消息也非常简单。

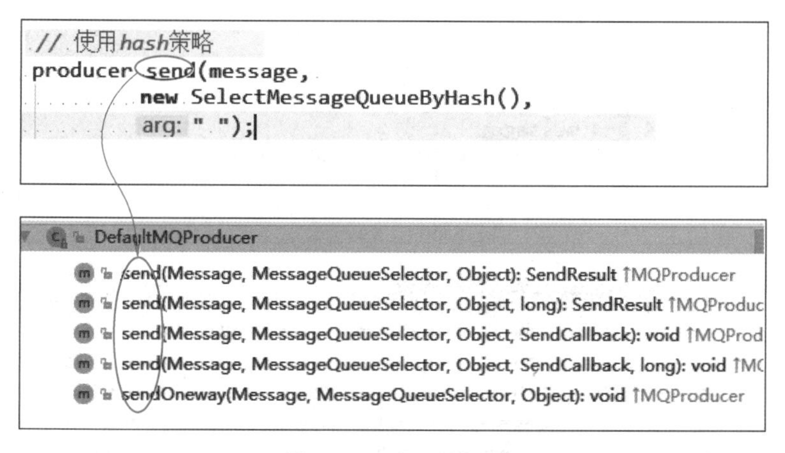

●图 3-34　hash 负载均衡

（2）代码分析

```
public classSelectMessageQueueByHash implements MessageQueueSelector {

    @Override
    public MessageQueue select(List<MessageQueue> mqs, Message msg, Object
arg) {
        //通过 hash 算法对 arg 参数进行转换,计算 hash 值
        int value = arg.hashCode();
        //如果 hash 值小于 0,就取 value 的绝对值
        if (value < 0) {
            value = Math.abs(value);
        }

//使用 hash 的绝对值和队列长度取模运算,最终得到需要的队列角标位置,返回相应位置的队列
        value = value % mqs.size();
```

```
        return mqs.get(value);
    }
}
```

可以看见 RocketMQ 消费的 hash 算法也非常简单，仅仅得到了 arg 参数的 hashCode 数字值。如果值小于 0，就取 hashCode 绝对值，否则使用 hash 数字值的绝对值和队列长度做取模运算，最终得到需要的队列角标位置，返回相应位置的队列，可以发现此算法非常简单。

4. 机房策略

消息发送负载均衡算法之就近机房算法，这里使用 SelectMessageQueueByMachineRoom 类进行负载均衡。

（1）使用方法

使用机房策略发送消息，选择 SelectMessageQueueByMachineRoom 算法发送消息即可，如图 3-35 所示。

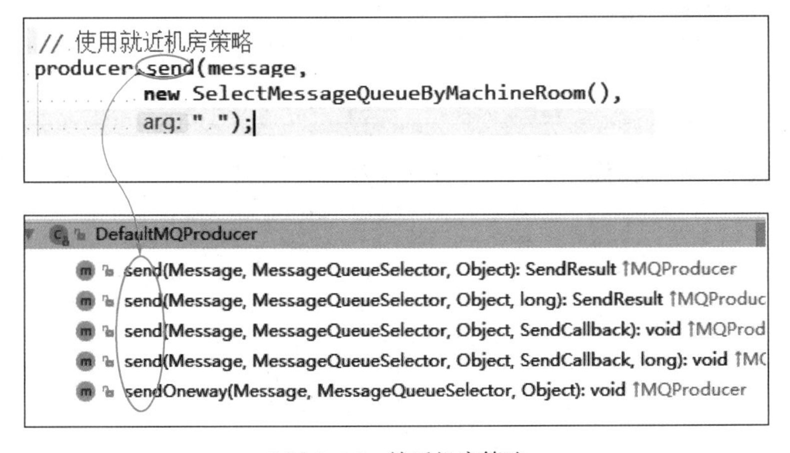

●图 3-35　就近机房算法

（2）代码分析

```
public class SelectMessageQueueByMachineRoom implements MessageQueueSelector {
    private Set<String> consumeridcs;

    @Override
    public MessageQueue select(List<MessageQueue> mqs, Message msg, Object arg) {
        return null;
    }

    public Set<String> getConsumeridcs() {
        return consumeridcs;
    }
```

```
    public void setConsumeridcs(Set<String> consumeridcs) {
        this.consumeridcs = consumeridcs;
    }
}
```

注意：

机房策略 Producer 客户端并没有实现。如果有需求需要自己进行重写。

3.2.5 顺序消息

1. 什么是顺序消息？

日常思维中，大部分情况会将顺序和时间关联起来，即时间的先后表示事件的顺序关系。

比如事件 A 发生在下午 3 点一刻，而事件 B 发生在下午 4 点，那么事件 A 发生在事件 B 之前，它们的顺序关系为先 A 后 B。

上面的例子之所以成立是因为它们有相同的参考系，即它们的时间对应的是同一个物理时钟的时间。如果 A 发生的时间是北京时间，而 B 依赖的时间是东京时间，那么先 A 后 B 的顺序关系还成立吗？

如果没有一个绝对的时间参考，那么 A 和 B 之间还有顺序吗，或者说怎么断定 A 和 B 的顺序？

显而易见，如果 A、B 两个事件之间是有因果关系的，那么 A 一定发生在 B 之前（前因后果，有因才有果）。相反，在没有一个绝对的时间的参考的情况下，若 A、B 之间没有因果关系，那么 A、B 之间就没有顺序关系。

那么在说顺序时，其实说的是：

1）有绝对时间参考的情况下，事件发生时间的关系；

2）没有时间参考下的，一种由因果关系推断出来的 happening before 的关系。

2. 在分布式环境中讨论顺序

当把顺序放到分布式环境（多线程、多进程都可以认为是一个分布式的环境）中去讨论时：

1）同一线程上的事件顺序是确定的，可以认为它们有相同的时间作为参考；

2）不同线程间的顺序只能通过因果关系去推断。

在图 3-36 中，进程 P 中的事件顺序为 p1→p2→p3→p4（时间推断）。而因为 p1 给进程 Q 的 q2 发了消息，那么 p1 一定在 q2 之前（因果推断）。但是无法确定 p1 和 q1 之间的顺序关系。

3. 消息中间件中的顺序消息

有了上述的基础之后，回到本节的主题中，聊一聊消息中间件中的顺序消息。

顺序消息（FIFO 消息）是 MQ 提供的一种严格按照顺序进行发布和消费的消息类型。顺序消息由两个部分组成：顺序发布和顺序消费。

顺序消息包含两种类型：分区顺序和全局顺序。

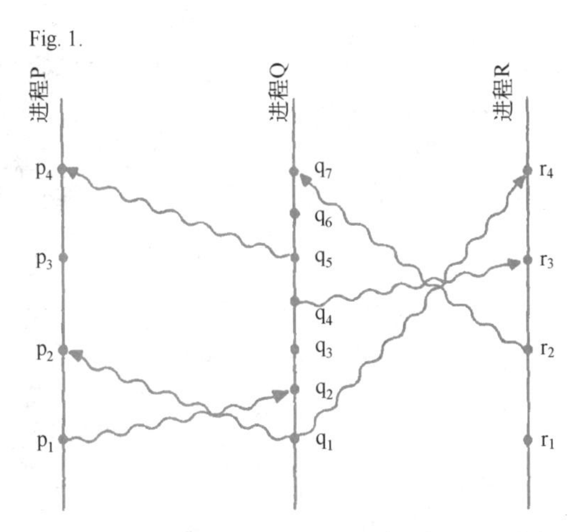

●图 3-36　事件顺序（点表示事件，波浪线箭头表示事件间的消息）

1）分区顺序：一个 Partition 内所有的消息按照先进先出的顺序进行发布和消费。

2）全局顺序：一个 Topic 内所有的消息按照先进先出的顺序进行发布和消费。

这是阿里云上对顺序消息的定义，把顺序消息拆分成了顺序发布和顺序消费。那么多线程中发送消息算不算顺序发布？

如之前介绍的，多线程中若没有因果关系则没有顺序。那么用户在多线程中去发消息就意味着用户不关心那些在不同线程中被发送的消息的顺序。即多线程发送的消息，不同线程间的消息不是顺序发布的，同一线程的消息是顺序发布的。这是需要用户自己去保障的。

而对于顺序消费，则需要明确哪些来自同一个发送线程的消息在消费时是按照相同的顺序被处理的（为什么不说它们应该在一个线程中被消费呢？）。

全局顺序其实是分区顺序的一个特例，即使 Topic 只有一个分区（以下不再讨论全局顺序，因为全局顺序将面临性能的问题，而且绝大多数场景都不需要全局顺序）。

4. 如何保证顺序

在 MQ 的模型中，顺序需要由 3 个阶段去保障。

1）消息被发送时保持顺序。

2）消息被存储时保持和发送的顺序一致。

3）消息被消费时保持和存储的顺序一致。

发送时保持顺序意味着对于有顺序要求的消息，用户应该在同一个线程中采用同步的方式发送。存储保持和发送的顺序一致则要求在同一线程中被发送出来的消息 A 和消息 B，存储时在空间上消息 A 一定在消息 B 之前。而消费保持和存储顺序一致则要求消息 A、消息 B 到达 Consumer 之后必须按照先消息 A 后消息 B 的顺序被处理。

如图 3-37 所示，两个订单的消息的原始数据为 a1、b1、b2、a2、a3、b3（绝对时间下发生的顺序）。

1）在发送时，a 订单的消息需要保持 a1、a2、a3 的顺序，b 订单的消息也相同，但是 a、b 订单之间的消息没有顺序关系，这意味着 a、b 订单的消息可以在不同的线程中被发送出去。

2）在存储时，需要分别保证 a、b 订单的消息顺序，但是 a、b 订单之间的消息顺序可以不保证。

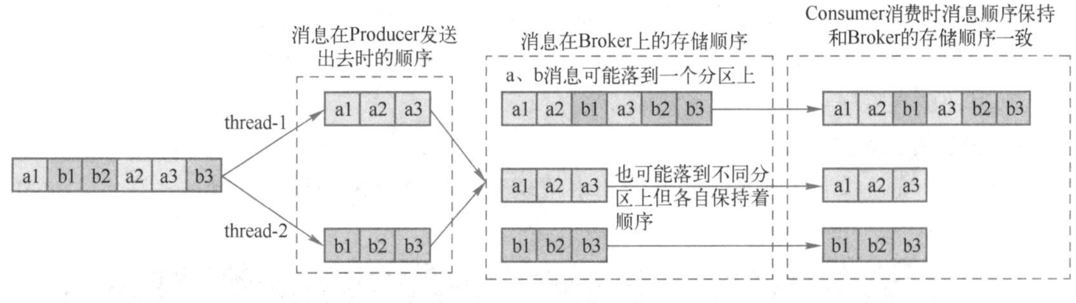

●图 3-37　顺序消息

a1、b1、b2、a2、a3、b3 是可以接受的。

a1、a2、b1、b2、a3、b3 也是可以接受的。

a1、a3、b1、b2、a2、b3 是不能接受的。

3）消费时保证顺序的简单方式就是“什么都不做”，不对接收到的消息顺序进行调整，即只要一个分区的消息只由一个线程处理即可；当然，如果 a、b 在一个分区中，在收到消息后也可以将它们拆分到不同线程中处理，不过要权衡一下收益。

5. RocketMQ 中顺序的实现

读者通过上面的学习已经明白顺序消息在实际生产环境中的作用，也明白了如何去实现一个顺序消息。为了让读者更清晰在生产环境中发送顺序消息的方法，使用如图 3-38 所示的方法做一个示例。

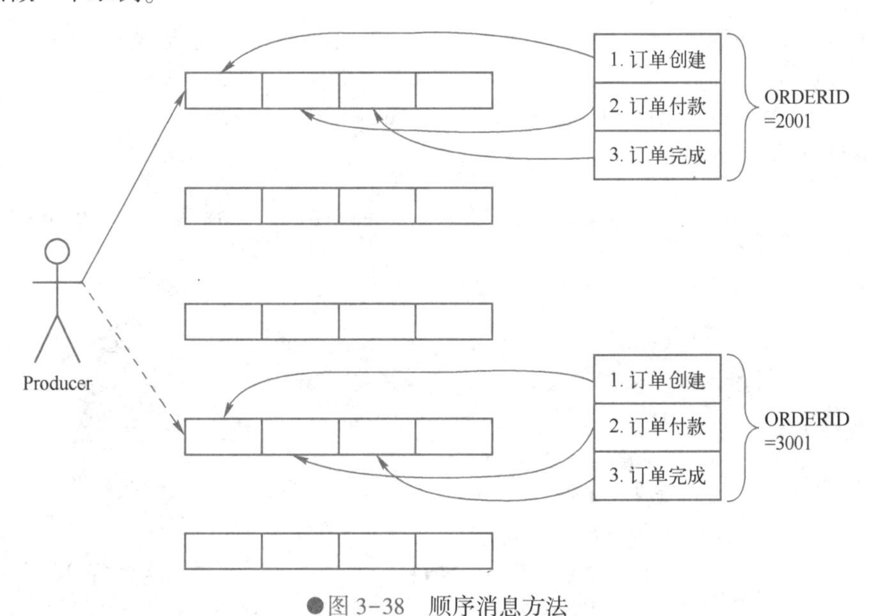

●图 3-38　顺序消息方法

注意：

图 3-38 已经把顺序的实现方法说明得非常清楚了，订单创建、订单付款、订单完成这 3 个消息必须是顺序消息，如何保证它们的顺序性呢？实际上可以看出，它们都有一个相同的订单 ID，因此可以通过此订单 ID 唯一标识实现顺序消息。

上面所展示的是 RocketMQ 顺序消息原理，将不同订单的消息路由到不同的分区中。文档只是给出了 Producer 顺序的处理，Consumer 消费时通过一个分区只能由一个线程消费的方式来保证消息顺序。

6. 定义发送算法

Producer 端确保消息顺序唯一要做的事情就是将消息路由到特定的分区，在 RocketMQ 中，通过 MessageQueueSelector 来实现分区的选择。

```
public interface MessageQueueSelector {
    MessageQueue select(final List<MessageQueue> mqs, final Message msg, final Object arg);
}
```

1）List<MessageQueue> mqs：消息要发送的 Topic 下所有的分区。

2）Message msg：消息对象。

3）额外的参数：用户可以传递自己的参数。

例如，如下代码实现就可以保证相同订单的消息被路由到相同的分区。

```
long orderId = ((Order) object).getOrderId;
return mqs.get(orderId % mqs.size());
```

使用订单 ID 作为模数，具有顺序的消息在业务逻辑上具有因果关系，它们都有 orderID，因此把相同的 orderID 和队列的长度进行取模运算将会得到相同的结果，这些消息将会被发送到同一个队列进行存储，且在时间上这些消息被发送时是具有顺序的。

```
public class Producer {
    public static void main(String[] args) throws UnsupportedEncodingException {
        try {
            DefaultMQProducer producer = new DefaultMQProducer("please_rename_
unique_group_name");

            producer.setNamesrvAddr("192.168.66.66:9876"); //TODO add by yunai

            producer.start();

            String[] tags = new String[] {"TagA", "TagB", "TagC", "TagD", "TagE"};
            for (int i = 0; i < 100; i++) {
                //流水号
                int orderId = i % 10;
                //构造消息对象
                Message msg =
                    new Message("TopicTestjjj", tags[i % tags.length ], "KEY" + i,
                        ("Hello RocketMQ " + i).getBytes(RemotingHelper.DEFAULT_
CHARSET ));
                //发送消息,重新构造发送消息的负载均衡策略
                SendResult sendResult =producer.send(msg, new MessageQueueSelector() {
                    @Override
                    public MessageQueue select(List<MessageQueue> mqs, Message
msg, Object arg) {
```

```
                    Integer id = (Integer) arg;
                    int index = id % mqs.size();
                    return mqs.get(index);
                }
            }, orderId);

            System.out .printf("% s% n", sendResult);
        }

        producer.shutdown();
    } catch (MQClientException | RemotingException | MQBrokerException | In-
terruptedException e) {
        e.printStackTrace();
    }
  }
}
```

7. Consumer 顺序消费

RocketMQ 消费端有两种类型：MQPullConsumer 和 MQPushConsumer。

MQPullConsumer 由用户控制线程，主动从服务端获取消息，每次获取到的是一个 MessageQueue 中的消息。PullResult 中的 List msgFoundList 自然和存储顺序一致，用户需要在拿到这批消息后自己保证消费的顺序。

对于 PushConsumer，由用户注册 MessageListener 来消费消息，在客户端中需要保证调用 MessageListener 时消息的顺序性。RocketMQ 中的实现如图 3-39 所示。

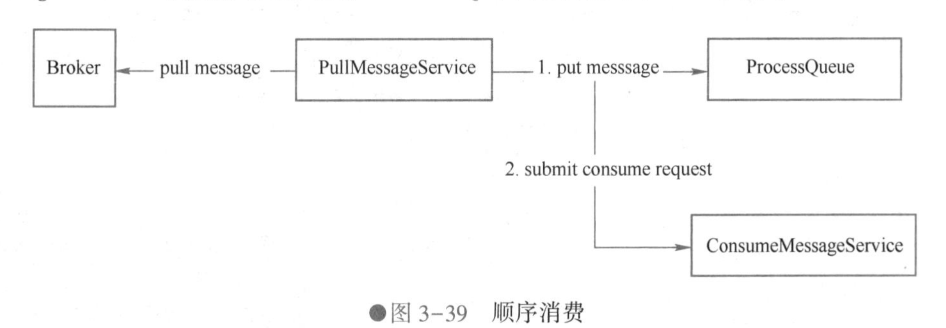

●图 3-39　顺序消费

消息顺序具体的流程如下。

1）PullMessageService 单线程地从 Broker 获取消息。

2）PullMessageService 将消息添加到 ProcessQueue 中（ProcessMessage 是一个消息的缓存），之后提交一个消费任务到 ConsumeMessageOrderService。

3）ConsumeMessageOrderService 多线程执行，每个线程在消费消息时需要拿到 MessageQueue 的锁。

4）拿到锁之后从 ProcessQueue 中获取消息，如图 3-40 所示的顺序消费锁。

保证消费顺序的核心思想是：

1）获取到消息后添加到 ProcessQueue 中，单线程执行，所以 ProcessQueue 中的消息是

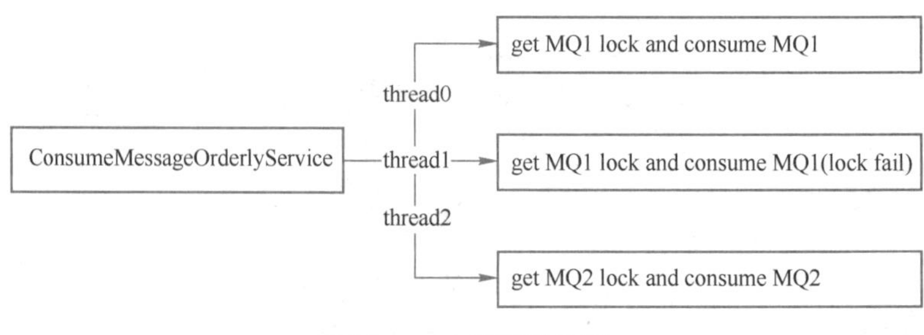

●图 3-40　顺序消费锁

顺序的。

2）提交消费任务时提交的是“对某个 MQ 进行一次消费”，这次消费请求是从 ProcessQueue 中获取消息消费，所以也是顺序的（无论哪个线程获取到锁，都是按照 ProcessQueue 中消息的顺序进行消费）。

顺序消息消费具体实现代码如下所示。

```
public class Consumer {

    public static void main(String[] args) throws MQClientException {
        DefaultMQPushConsumer consumer = new DefaultMQPushConsumer("please_re-
name_unique_group_name_3");

        consumer.setConsumeFromWhere(ConsumeFromWhere.CONSUME_FROM_FIRST_OFFSET);

        consumer.subscribe("TopicTest", "TagA || TagC || TagD");

        consumer.setNamesrvAddr("127.0.0.1:9876"); //TODO add by yunai

         consumer.registerMessageListener(new MessageListenerOrderly() {
            AtomicLong consumeTimes = new AtomicLong(0);

            @Override
            public ConsumeOrderlyStatus consumeMessage(List<MessageExt> msgs,
ConsumeOrderlyContext context) {
                context.setAutoCommit(false);
                System.out.printf(Thread.currentThread().getName() + " Receive
New Messages: " + msgs + "%n");
                this.consumeTimes.incrementAndGet();
                if ((this.consumeTimes.get() % 2) == 0) {
                    return ConsumeOrderlyStatus.SUCCESS;
                } else if ((this.consumeTimes.get() % 3) == 0) {
                    return ConsumeOrderlyStatus.ROLLBACK;
                } else if ((this.consumeTimes.get() % 4) == 0) {
                    return ConsumeOrderlyStatus.COMMIT;
                } else if ((this.consumeTimes.get() % 5) == 0) {
```

```
                context.setSuspendCurrentQueueTimeMillis(3000);
                return ConsumeOrderlyStatus.SUSPEND_CURRENT_QUEUE_A_MOMENT ;
            }

            return ConsumeOrderlyStatus.SUCCESS ;
        }
    });

    consumer.start();
    System.out .printf("Consumer Started.% n");
  }

}
```

8. 顺序和异常的关系

顺序消息需要 Producer 和 Consumer 都保证顺序。Producer 需要保证消息被路由到正确的分区，消息需要保证每个分区的数据只有一个线程消息，那么就会有一些缺陷。

1）发送顺序消息无法利用集群的 Failover 特性，因为不能更换 MessageQueue 进行重试。

2）因为发送的路由策略导致热点问题，可能某一些 MessageQueue 的数据量特别大。

3）消费的并行读依赖于分区数量。

4）消费失败时无法跳过。

不能更换 MessageQueue 重试就需要 MessageQueue 有自己的副本，通过 Raft、Paxos 之类的算法保证有可用的副本，或者通过其他高可用的存储设备来存储 MessageQueue。

热点问题目前没有什么好的解决办法，只能通过拆分 MessageQueue 和优化路由来尽量均衡地将消息分配到不同的 MessageQueue。

消费并行度理论上不会有太大问题，因为 MessageQueue 的数量可以调整。

消费失败的无法跳过是不可避免的，因为跳过可能导致后续的数据处理都是错误的。不过可以提供一些策略，由用户根据错误类型来决定是否跳过，并且提供重试队列之类的功能，在跳过之后用户可以在“其他”地方重新消费到这条消息。

3.2.6 延迟消息

延迟消息是实际开发中一个非常有用的功能，本节第一部分从整体上介绍秒级精度延迟消息的实现思路；第二部分结合 RocketMQ 的延迟消息实现，进行细致的讲解，给出关键部分的代码；第三部分介绍延迟消息与消息重试的关系。

1. 什么是延迟消息?

基本概念：延迟消息是指生产者发送消息后，不能立刻被消费者消费，需要等待指定的时间后才可以被消费。

场景案例：用户下了一个订单之后，需要在指定时间内（如 30 min）进行支付，在到期之前可以发送一个消息提醒用户进行支付。

一些消息中间件的 Broker 端内置了延迟消息支持的能力，如：RocketMQ 开源版本延迟消息临时存储在一个内部主题 SCHEDULE_TOPIC_XXXX 中，不支持任意时间精度，支持特定的 level，例如定时 5 s，10 s，1 min 等。

Broker 端内置延迟消息处理能力，核心实现思路都一样：将延迟消息通过一个临时存储进行暂存，到期后才投递到目标 Topic 中，如图 3-41 所示。

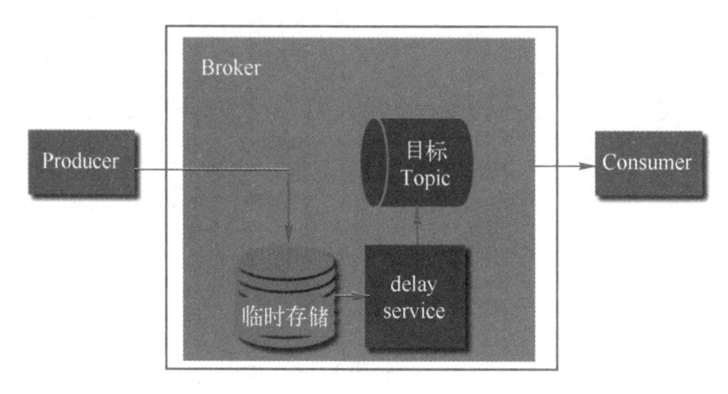

●图 3-41　延迟消息

步骤说明如下：

1）Producer 要将一个延迟消息发送到某个 Topic 中。

2）Broker 判断这是一个延迟消息后，将其通过临时存储进行暂存。

3）Broker 内部通过一个延迟服务（delay service）检查消息是否到期，将到期的消息投递到目标 Topic 中。这个延迟服务名字为 delay service，不同消息中间件的延迟服务模块名称可能不同。

4）消费者消费目标 Topic 中的延迟投递的消息。

显然，临时存储模块和延迟服务模块，是延迟消息实现的关键。图 3-41 中，临时存储和延迟服务都是在 Broker 内部实现，对业务透明。

此外，还有一些消息中间件原生并不支持延迟消息，如 Kafka。在这种情况下，可以选择对 Kafka 进行改造，但是成本较大。另外一种方式是使用第三方临时存储，并加一层代理。

第三方存储选型要求如下。

对于第三方临时存储，其需要满足以下几个特点。

1）高性能：写入延迟要低，MQ 的一个重要作用是削峰填谷，在选择临时存储时，写入性能必须要高，关系型数据库（如 Mysql）通常不满足需求。

2）高可靠：延迟消息写入后，不能丢失，需要进行持久化，并进行备份。

3）支持排序：支持按照某个字段对消息进行排序，对于延迟消息需要按照时间进行排序。普通消息通常先发送的会被先消费，延迟消息与普通消息不同，需要进行排序。例如先发一条延迟 10 s 的消息，再发一条延迟 5 s 的消息，那么后发送的消息需要被先消费。

4）支持长时间保存：一些业务的延迟消息，需要延迟几个月，甚至更长，所以延迟消息必须能长时间保留。不过通常不建议延迟太长时间，存储成本比较大，且业务逻辑可能已经发生变化，已经不需要消费这些消息。

例如，滴滴开源的消息中间件 DDMQ，在底层消息中间件的基础上加了一层代理，独立部署延迟服务模块，使用 rocksdb 进行临时存储。rocksdb 是一个高性能的 KV 存储，并支持排序。此时对于延迟消息的存储如图 3-42 所示。

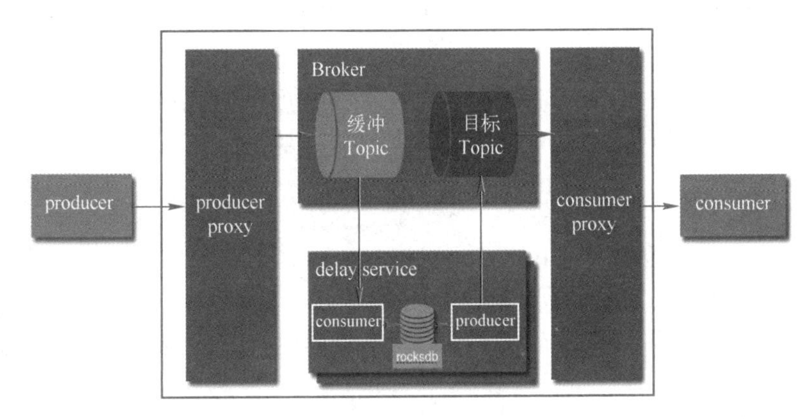

●图 3-42 延迟消息存储

图 3-42 的说明如下。

1）生产者将消息发送给 producer proxy，如果 proxy 判断是延迟消息，就将其投递到一个缓冲 Topic 中。

2）delay service 启动消费者，用于从缓冲 Topic 中消费延迟消息，以时间为 key，存储到 rocksdb 中。

3）delay service 判断消息到期后，将其投递到目标 Topic 中。

4）消费者消费目标 Topic 中的数据。

这种方式的好处是，因为 delay service 的延迟投递能力是独立于 Broker 实现的，不需要对 Broker 做任何改造，对于任意 MQ 类型都可以提供支持延迟消息的能力，例如，DDMQ 对 RocketMQ、Kafka 都提供了秒级精度的延迟消息投递能力，但是 Kafka 本身并不支持延迟消息，而 RocketMQ 虽然支持延迟消息，但不支持秒级精度。

事实上，DDMQ 还提供了很多其他功能，仅仅从延迟消息的角度，完全没有必要使用这个 proxy，直接将消息投递到缓冲 Topic 中，之后通过 delay service 完成延迟投递逻辑即可。

具体到 delay service 模块的实现上，也有一些重要的细节。

1）为了保证服务的高可用，delay service 需要部署多个节点。

2）为了保证数据不丢失，每个 delay service 节点都需要消费缓冲 Topic 中的全量数据，保存到各自的持久化存储中，这样就有了多个备份，并需要以时间为 key。不过因为是各自拉取，并不能保证强一致。如果一定要强一致，那么 delay service 就不需要内置存储实现，可以借助于其他支持强一致的存储。

3）为了避免重复投递，delay service 需要进行选主，可以借助于 zookeeper、etcd 等实现。只有 Master 可以通过生产者投递到目标 Topic 中，其他节点处于备用状态。否则，如果每个节点都进行投递，那么延迟消息就会被投递多次，造成消费重复。

4）Master要将自己当前投递到的时间记录到一个共享存储中，如果Master崩溃，则从Slave节点中选出一个新的Master节点，从之前记录时间继续开始投递。

5）延迟消息的取消：一些延迟消息在未到期之前，可能希望进行取消。通常取消逻辑实现较为复杂，且不够精确。对于那些已经快要到期的消息，可能还未取消之前，已经发送出去了，因此需要在消费者端做检查，才能万无一失。

2. RocketMQ中的延迟消息

开源RocketMQ支持延迟消息，但是不支持秒级精度。默认支持18个level的延迟消息，这是通过Broker端的messageDelayLevel配置项确定的，如下：

```
messageDelayLevel=1s 5s 10s 30s 1m 2m 3m 4m 5m 6m 7m 8m 9m 10m 20m 30m 1h 2h
```

Broker在启动时，会创建一个内部主题：SCHEDULE_TOPIC_XXXX。根据延迟level的个数，创建对应数量的队列，也就是说18个level对应了18个队列。注意，这并不是说这个内部主题只会有18个队列，因为Broker通常是集群模式部署的，因此每个节点都有18个队列。

延迟级别的值可以进行修改，以满足自己的业务需求，可以修改/添加新的level。例如，用户想支持2天的延迟，修改最后一个level的值为2d，这个时候依然是18个level；也可以增加一个2d，这个时候总共就有19个level。

可以看到，这里并不支持秒级精度，按照*rocketmq developer guide*中的说法，是为了避免Broker对消息进行排序，造成性能影响。不过笔者认为，之所以不支持，更多是出于商业上的考虑。

生产者发送延迟消息：生产者发送延迟消息非常简单，只需要设置一个延迟级别即可，注意不是具体的延迟时间，如：

```
Message msg=new Message();
msg.setTopic("TopicA");
msg.setTags("Tag");
msg.setBody("this is a delay message".getBytes());
//设置延迟 level 为 5,对应延迟 1 min
msg.setDelayTimeLevel(5);
producer.send(msg);
```

如果设置的延迟level超过最大值，那么将会重置最大值。

Broker端延迟消息处理：延迟消息在RocketMQ Broker端的流转如图3-43所示。

可以看到，总共有5个步骤。

1）修改消息Topic名称和队列信息。

2）转发消息到延迟主题的CosumeQueue中。

3）延迟服务消费SCHEDULE_TOPIC_XXXX消息。

4）将信息重新存储到CommitLog中。

5）将消息投递到目标Topic中。

下面对这5个步骤进行详细讲解：

第一步：修改消息Topic名称和队列信息。

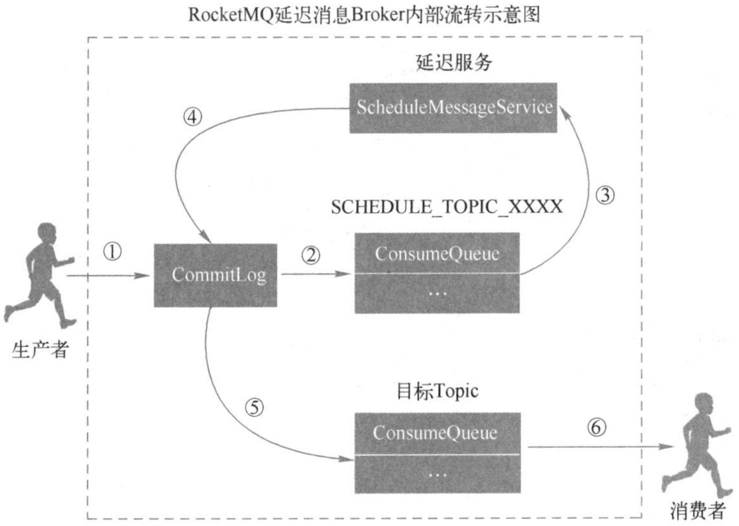

●图 3-43 延迟消息流转图示

RocketMQ Broker 端在存储生产者写入消息时，首先都会将其写入 CommitLog 中。之后根据消息中的 Topic 信息和队列信息，将其转发到目标 Topic 的指定队列（ConsumeQueue）中。

由于消息一旦存储到 ConsumeQueue 中，消费者就能消费到，而延迟消息不能被立即消费，所以这里将 Topic 的名称修改为 SCHEDULE_TOPIC_XXXX，并根据延迟级别确定要投递到哪个队列下。

同时，还会将消息原来要发送到的目标 Topic 和队列信息存储到消息的属性中。相关代码如下所示。

```
org.apache.rocketmq.store.CommitLog#putMessage

publicPutMessageResult putMessage(final MessageExtBrokerInner msg) {
...
    //如果是延迟消息
    if (msg.getDelayTimeLevel() > 0) {
        //如果设置的级别超过了最大级别,重置延迟级别
        if (msg.getDelayTimeLevel() > this.defaultMessageStore.getScheduleMessageService()
                                                .getMaxDelayLevel()) {
            msg.setDelayTimeLevel(this.defaultMessageStore.getScheduleMessageService()
                                                .getMaxDelayLevel());
        }

        //修改 Topic 的投递目标为内部主题 SCHEDULE_TOPIC_XXXX
        topic = ScheduleMessageService.SCHEDULE_TOPIC;
        //根据 delayLevel,确定将消息投递到 SCHEDULE_TOPIC_XXXX 内部的哪个队列中
        queueId=ScheduleMessageService.delayLevel2QueueId(msg.getDelayTimeLevel());
```

```
        //记录原始 Topic,queueId
         MessageAccessor.putProperty(msg, MessageConst.PROPERTY_REAL_TOPIC,
msg.getTopic());
        MessageAccessor.putProperty(msg, MessageConst.PROPERTY_REAL_QUEUE_ID,
                                    String.valueOf(msg.getQueueId()));
          msg.setPropertiesString (MessageDecoder.messageProperties2String
(msg.getProperties()));

        //更新消息投递目标为 SCHEDULE_TOPIC_XXXX 和 queueId
        msg.setTopic(topic);
        msg.setQueueId(queueId);
    }
...
```

第二步：转发消息到延迟主题的 CosumeQueue 中。

CommitLog 中的消息转发到 CosumeQueue 中是异步进行的。在转发过程中，会对延迟消息进行特殊处理，主要是计算这条延迟消息需要在什么时候进行投递。

投递时间=消息存储时间(storeTimestamp)+延迟级别对应的时间

需要注意的是，会将计算出的投递时间当作消息 Tag 的 hash 值存储到 CosumeQueue 中，CosumeQueue 单个存储单元组成结构如图 3-44 所示。

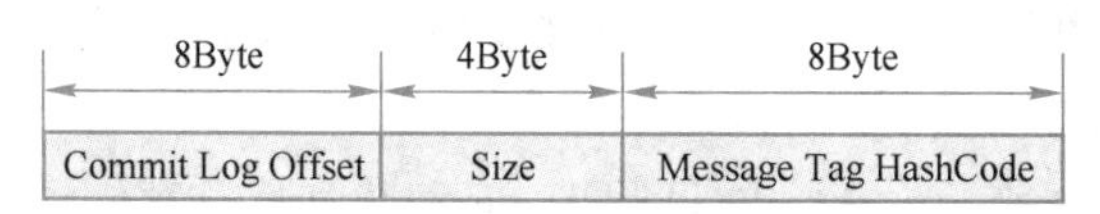

●图 3-44　存储结构

Commit Log Offset：记录在 CommitLog 中的位置。

Size：记录消息的大小

Message Tag HashCode：记录消息 Tag 的 hash 值，用于消息过滤。特别地，对于延迟消息，这个字段记录的是消息的投递时间戳。这也是为什么 Java 中 hashCode 方法返回一个 int 型，只占用 4 个字节，而这里 Message Tag HashCode 字段却设计成 8 个字节的原因。

相关代码如下：

```
CommitLog#checkMessageAndReturnSize
publicDispatchRequest checkMessageAndReturnSize (java.nio.ByteBuffer byte-
Buffer, final boolean checkCRC,
    final booleanreadBody) {
  ...
  //Timing message processing
  {
    //如果消息需要投递到延迟主题 SCHEDULE_TOPIC_XXX 中
    String t =propertiesMap.get(MessageConst.PROPERTY_DELAY_TIME_LEVEL);
    if (ScheduleMessageService.SCHEDULE_TOPIC.equals(topic) && t != null) {
```

```
    intdelayLevel = Integer.parseInt(t);

     if (delayLevel > this.defaultMessageStore.getScheduleMessageService()
.getMaxDelayLevel()) {
        delayLevel = this.defaultMessageStore.getScheduleMessageService()
.getMaxDelayLevel();
    }
    //如果延迟级别大于0,计算目标投递时间,并将其当作 tag hash 值
    if (delayLevel > 0) {
      tagsCode = this.defaultMessageStore.getScheduleMessageService()
          .computeDeliverTimestamp(delayLevel,storeTimestamp);
    }
  }
}
...
```

第三步：延迟服务消费 SCHEDULE_TOPIC_XXXX 消息。

Broker 内部有一个 ScheduleMessageService 类，其充当延迟服务，消费 SCHEDULE_TOPIC_XXXX 中的消息，并投递到目标 Topic 中。

ScheduleMessageService 在启动时，其会创建一个定时器 Timer，并根据延迟级别的个数，启动对应数量的 TimerTask，每个 TimerTask 负责一个延迟级别的消费与投递。

相关代码如下所示。

```
ScheduleMessageService#start
public void start() {
    if (started.compareAndSet(false, true)) {
        //1 创建定时器 Timer
        this.timer = new Timer("ScheduleMessageTimerThread", true);
        //2 针对每个延迟级别,创建一个 TimerTask
        //2.1 迭代每个延迟级别:delayLevelTable 是一个 Map 记录了每个延迟级别对应的延
迟时间
        for (Map.Entry<Integer, Long> entry : this.delayLevelTable.entrySet()) {
            //2.2 获得每个延迟级别的 level 和对应的延迟时间
            Integer level = entry.getKey();
            LongtimeDelay = entry.getValue();
            Long offset = this.offsetTable.get(level);
            if (null == offset) {
                offset = 0L;
            }
            //2.3 针对每个级别创建一个对应的 TimerTask
            if (timeDelay != null) {
                this.timer.schedule(new DeliverDelayedMessageTimerTask(level, offset),
                                                    FIRST_DELAY_TIME);
```

```
        }
    }
  ...
```

需要注意的是，每个 TimeTask 在检查消息是否到期时，首先检查对应队列中尚未投递第一条消息，如果这条消息没到期，那么之后的消息都不会检查。如果到期了，则进行投递，并检查之后的消息是否到期。

第四步：将信息重新存储到 CommitLog 中。

消息到期后，需要投递到目标 Topic。由于在第一步已经记录了原来的 Topic 和队列信息，因此这里重新设置，再存储到 CommitLog 即可。此外，由于之前 Message Tag HashCode 字段存储的是消息的投递时间，这里需要重新计算 tag 的 hash 值后再存储。代码参见：DeliverDelayedMessageTimerTask 的 messageTimeup 方法。

第五步：将消息投递到目标 Topic 中。

这一步与第二步类似，不过由于消息的 Topic 名称已经改为了目标 Topic。因此消息会直接投递到目标 Topic 的 ConsumeQueue 中，之后消费者就会消费到这条消息。

3. 延迟消息与消息重试

RocketMQ 提供了消息重试的能力，在并发模式消费的情况下，如果消费失败，可以返回一个枚举值 RECONSUME_LATER，那么消息之后将会进行重试。如：

```
consumer.registerMessageListener(new MessageListenerConcurrently() {

        @Override
        public ConsumeConcurrentlyStatusconsumeMessage(List<MessageExt> msgs,
                                ConsumeConcurrentlyContext context) {

        //处理消息,失败,返回 RECONSUME_LATER,进行重试
        return ConsumeConcurrentlyStatus.RECONSUME_LATER;
    }


});
```

重试默认会进行 16 次。每次重试与上次重试之间的时间间隔见表 3-2。

表 3-2　延迟消息

第几次重试	与上次重试的间隔时间	第几次重试	与上次重试的间隔时间
1	10 s	9	7 min
2	30 s	10	8 min
3	1 min	11	9 min
4	2 min	12	10 min
5	3 min	13	20 min
6	4 min	14	30 min
7	5 min	15	1 h
8	6 min	16	2 h

细心的读者发现了，消息重试的16个级别，实际上是把延迟消息18个级别的前两个level去掉了，事实上，RocketMQ的消息重试也是基于延迟消息来完成的。在消息消费失败的情况下，将其重新当作延迟消息投递回Broker。在投递回去时，会跳过前两个level，因此只重试16次。

3.2.7　容错策略

1. 容错类图

容错类图的主要功能接口如下。

LatencyFaultTolerance：延迟故障容错接口。

LatencyFaultToleranceImpl：延迟故障容错接口实现列，具体延迟故障容错功能实现。

MQFaultStrategy：消息中间件的一些延迟策略。

故障容错的关键信息及RocketMQ延迟故障容错接口如图3-45所示。

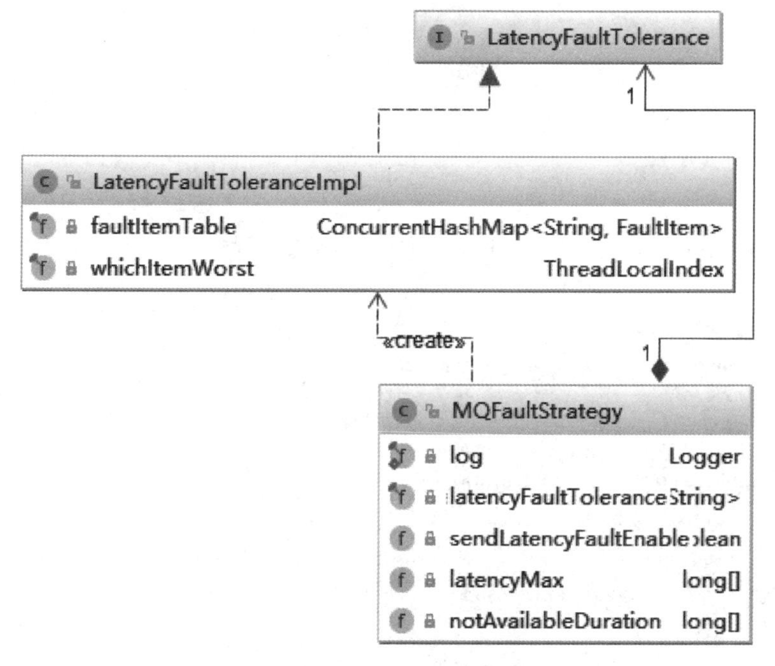

●图3-45　容错策略

2. MQFaultStrategy

MQFaultStrategy延迟故障容错策略类，那么其中有哪些容错策略呢？

1）MQFaultStrategy延迟故障容错，维护每个Broker发送消息的延迟。

2）维护发送消息延迟容错开关。

3）不可用时长数组与之对应的延迟级别数组。

```
public classMQFaultStrategy {
    private final static Logger log =ClientLogger.getLog();
```

```
    /**
      * 延迟故障容错,维护每个 Broker 发送消息的延迟
      * key:brokerName
      * /
    private final LatencyFaultTolerance<String> latencyFaultTolerance = new
LatencyFaultToleranceImpl();
    /**
      * 发送消息延迟容错开关
      * /
    private boolean sendLatencyFaultEnable = false;
    /**
      * 延迟级别数组
      * /
    private long[]latencyMax = {50L, 100L, 550L, 1000L, 2000L, 3000L, 15000L};
    /**
      * 不可用时长数组
      * /
    private long [] notAvailableDuration = {0L, 0L, 30000L, 60000L, 120000L,
180000L, 600000L};

    /**
      * 根据 Topic 发布的信息,选择一个消息队列
      *
      * @param tpInfo Topic 发布信息
      * @param lastBrokerName brokerName
      * @return 消息队列
      * /
    publicMessageQueue selectOneMessageQueue (final TopicPublishInfo tpInfo,
final String lastBrokerName) {
        //判断容错开关是否打开,默认 sendLatencyFaultEnable=false
        if (this.sendLatencyFaultEnable) {
            try {
                //获取 brokerName=lastBrokerName && 可用的一个消息队列
                int index =tpInfo.getSendWhichQueue().getAndIncrement();
                for (int i = 0; i <tpInfo.getMessageQueueList().size(); i++) {
                    int pos = Math.abs(index++) % tpInfo.getMessageQueueList().size();
                    if (pos < 0)
                        pos = 0;
                    //获取相应角标位置的 MQ 队列
                    MessageQueue mq = tpInfo.getMessageQueueList().get(pos);
                    if (latencyFaultTolerance.isAvailable(mq.getBrokerName())) {
                        if (null==lastBrokerName || mq.getBrokerName().equals(lastBro-
kerName))
```

```
                    return mq;
                }
            }
            //选择一个相对好的 Broker,并获得其对应的一个消息队列,不考虑该队列的可用性
            final StringnotBestBroker = latencyFaultTolerance.pickOneAtLeast();
            intwriteQueueNums = tpInfo.getQueueIdByBroker(notBestBroker);
            if (writeQueueNums > 0) {
                finalMessageQueue mq = tpInfo.selectOneMessageQueue();
                if (notBestBroker != null) {
                    mq.setBrokerName(notBestBroker);
                    mq.setQueueId(tpInfo.getSendWhichQueue().getAndIncrement() %
writeQueueNums);
                }
                return mq;
            } else {
                latencyFaultTolerance.remove(notBestBroker);
            }
        } catch (Exception e) {
            log.error("Error occurred when selecting message queue", e);
        }
        //选择一个消息队列,不考虑队列的可用性
        returntpInfo.selectOneMessageQueue();
    }
    //获得 lastBrokerName 对应的一个消息队列,不考虑该队列的可用性
    returntpInfo.selectOneMessageQueue(lastBrokerName);
}

/**
 * 更新延迟容错信息
 *
 * @param brokerName brokerName
 * @param currentLatency 延迟
 * @param isolation 是否隔离
 * 当开启隔离时,默认延迟为 30000.目前主要用于发送消息异常时 *
 */
public voidupdateFaultItem(final String brokerName, final long currentLa-
tency, boolean isolation) {
    if (this.sendLatencyFaultEnable) {
        long duration = computeNotAvailableDuration(isolation ? 30000 :cur-
rentLatency);
        this.latencyFaultTolerance.updateFaultItem(brokerName, currentLa-
tency, duration);
    }
```

```
    }

    /**
     * 计算延迟对应的不可用时间
     *
     * @param currentLatency 延迟
     * @return 不可用时间
     */
    private long computeNotAvailableDuration(final longcurrentLatency) {
        for (int i =latencyMax.length - 1; i >= 0; i--) {
            if (currentLatency >= latencyMax[i])
                return this.notAvailableDuration[i];
        }
        return 0;
    }
```

说明：

Producer 消息发送容错策略。默认情况下容错策略关闭，即 sendLatencyFaultEnable=false。

selectOneMessageQueue 方法：容错策略选择消息队列步骤如下。

1）优先获取可用队列。

2）其次选择一个 Broker 获取队列。

3）最差返回任意 Broker 的一个队列。

如果未开启容错策略，选择消息队列逻辑，TopicPublishInfo. selectOneMessageQueue

updateFaultItem 更新延迟容错信息。若 Producer 发送消息时间过长，则逻辑认为 N 秒内不可用。

延迟消息对应 Broker 中消息不可用时间对应关系，见表 3-3 所示。

表 3-3　延迟消息对应不可用时间

Producer 发送消息消耗时长	Broker 不可用时长
≥15000 ms	600×1000 ms
≥3000 ms	180×1000 ms
≥2000 ms	120×1000 ms
≥1000 ms	60×1000 ms
≥550 ms	30×1000 ms
≥100 ms	0 ms
≥50 ms	0 ms

3.2.8 发送失败重试

1. 重试机制

由于 MQ 经常处于复杂的分布式系统中，考虑网络波动、服务宕机、程序异常因素，很有可能出现消息发送或者消费失败的问题。因此，消息的重试就是所有 MQ 中间件必须考虑到的一个关键点。如果没有消息重试，就可能产生消息丢失的问题，对系统产生很大的影响。所以，MQ 消息中间件宁可多发消息，也不可丢失消息，大部分 MQ 都对消息重试提供了很好的支持，如图 3-46 所示为失败重试。

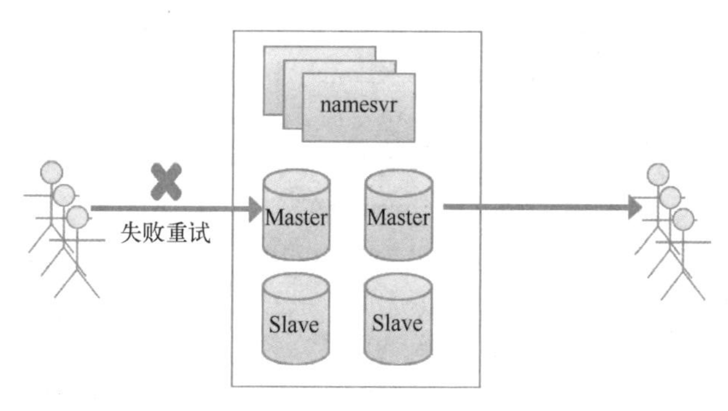

●图 3-46 失败重试

MQ 消费者的消费逻辑失败时，可以通过设置返回状态达到消息重试的结果。MQ 消息重试只针对集群消费方式生效；广播方式不提供失败重试特性，即消费失败后，失败消息不再重试，继续消费新的消息。

2. 重试原理

```
/**
 * 发送消息
 * 1. 获取消息路由信息
 * 2. 选择要发送到的消息队列
 * 3. 执行消息发送核心方法
 * 4. 对发送结果进行封装返回
 *
 * @param msg                               消息
 * @param communicationMode                 通信模式
 * @param sendCallback                      发送回调
 * @param timeout                           发送消息请求超时时间
 * @return                                  发送结果
 * @throws MQClientException                当 Client 发生异常
 * @throws RemotingException                当请求发生异常
 * @throws MQBrokerException                当 Broker 发生异常
 * @throws InterruptedException             当线程被打断
 */
private SendResult sendDefaultImpl(Message msg,
                          final CommunicationMode communicationMode,
                          final SendCallback sendCallback,
                          final long timeout
) throws MQClientException, RemotingException, MQBrokerException, Interrupte-
dException {
```

```
    //校验 Producer 处于运行状态
    this.makeSureStateOK();
    //校验消息格式
    Validators.checkMessage(msg, this.defaultMQProducer);
    //调用编号;用于下面打印日志,标记为同一次发送消息
    final long invokeID = random.nextLong();    long beginTimestampFirst = Sys-
tem.currentTimeMillis();
    long beginTimestampPrev = beginTimestampFirst;
    @SuppressWarnings("UnusedAssignment")
    long endTimestamp = beginTimestampFirst;
    //获取 Topic 路由信息
      TopicPublishInfo topicPublishInfo = this.tryToFindTopicPublishInfo
(msg.getTopic());
    if (topicPublishInfo != null && topicPublishInfo.ok()) {
        MessageQueue mq = null;                          //最后选择消息要发送到的队列
        Exception exception = null;
        SendResult sendResult = null;                    //最后一次发送结果
         int timesTotal = communicationMode == CommunicationMode.SYNC ? 1 +
this.defaultMQProducer.getRetryTimesWhenSendFailed() : 1;  //同步 3 次调用
        int times = 0;                                   //第几次发送
        String[] brokersSent = new String[timesTotal]; //存储每次发送消息选择的 broker 名
        //循环调用发送消息,直到成功
        for (; times < timesTotal; times++) {
    …………
    }
}
```

DefaultMQProducer 重试次数属性，默认重试 2 次。上面的源代码计算了 timesTotal 重试次数，如果是同步发送消息，那么重试次数就是 1+RetryTimesWhenSendFailed(2)= 3 ，也就是说重试次数为 3 次。如果是异步发送，那么重试次数为 1 次。

```
/**
  * 重试次数为 2 次
  */
private int retryTimesWhenSendFailed = 2;
/**
  * 异步发送发送,重试次数 2 次
  */
private int retryTimesWhenSendAsyncFailed = 2;
```

3. 重试设置

DefaultMQProducer 可以设置消息发送失败的最大重试次数，并可以结合发送的超时时间来进行重试的处理，具体 API 如下。

```
//设置消息发送失败时的最大重试次数
public void setRetryTimesWhenSendFailed(int retryTimesWhenSendFailed) {
    this.retryTimesWhenSendFailed = retryTimesWhenSendFailed;
}

//同步发送消息,并指定超时时间
publicSendResult send(Message msg,
            long timeout) throwsMQClientException, RemotingException, MQBrokerEx-
ception, InterruptedException {
    return this.defaultMQProducerImpl.send(msg, timeout);
}
```

因此，实现生产端的重试十分简单，例如，下面的代码可以设置 Producer 如果在 5 s 内没有发送成功，则重试 5 次。

```
//同步发送消息,如果 5 s 内没有发送成功,则重试 5 次
DefaultMQProducer producer = new DefaultMQProducer("DefaultProducer");
producer.setRetryTimesWhenSendFailed(5);
producer.send(msg,5000L);
```

3.3 消息消费原理详解

消息发送成功后消息已经存储在 Broker 服务器中了，那么消息消费者该如何消费呢？本章节将会重点讲解消息消费模式，消息消费的流程，消费者负载均衡算法，消息如何进行重试，消息如何进行重新投递？

3.3.1 消息接收模型

Consumer 消费者组消费消息，首先根据队列对应的 IP 信息从 namesvr 中获取 Broker 服务器中 Topic 队列信息的地址，然后根据消息负载均衡算法、平均分配算法、及环形平均分配算法，或者就近机房分配算法进行消息的消费。

消息消费方式有 2 种，一种是拉取消息消费，一种是推送消息消费，实际上推送消息消费在底层的实现上还是拉取消息消费模式。

消费者组消费消息将会按照组进行负载均衡队列的分配，也就是说会先进行队列数量的平均分配，然后再进行消费。同一个消费者组中的消费者不能同时监听多个 Topic 主题，否则会发生由于消费者负载均衡算法部分消息无法消费的现象。

消费者如果消费失败，将会进行消费重试，默认是重试 6 次，如果重试 6 次还没有消费成功的话，那么消息将会进入死信队列。然后再排查消费失败的原因，要么就是消费者出现了问题，要么就是消费服务器 Broker 有问题。查找出具体的问题，修复完毕后再进行

消息重新投递即可。消息消费模型如图 3-47 所示。

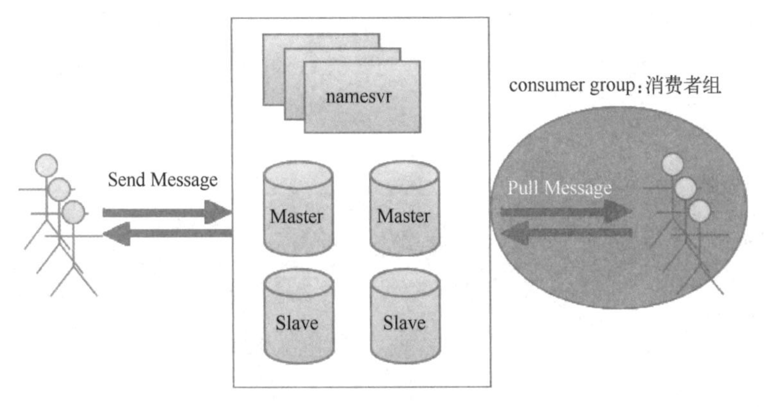

●图 3-47　消息消费模型

3.3.2　消息接收流程

1. 监听模型

（1）监听器设计模式

RocketMQ 消息中间件采用监听模式接收消息。根据监听模式的设计方式，RocketMQ 中涉及事件源、监听器注册、监听器处理类，如图 3-48 所示。

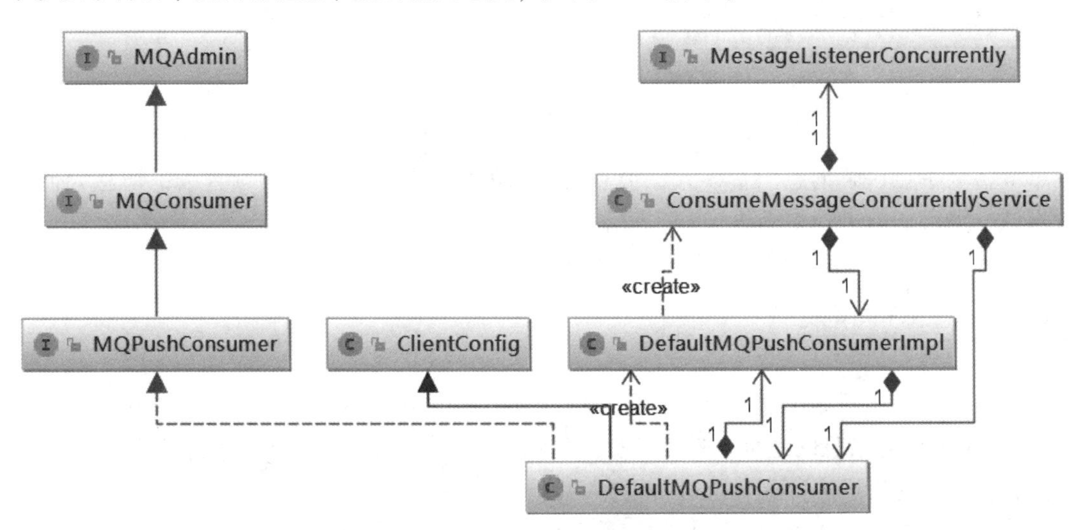

●图 3-48　监听模式

图 3-48 中监听器对象为 Consumer[MQPushConsumer、DefaultMQPushConsumer、DefaultMQPushConsumerImpl]对象。而 ComsumeMessageConcurrentlyService 是监听器执行类。

（2）注册监听器

定义消费者组，指定订阅主题，使用监听模式从 Broker 消息服务中消费消息。

1）指定消息消费者组，组名 CID_JODIE_1。

2）指定订阅主题 Jodie_topic_1023，消费所有消息。

3）设置重启后还能从上一次消费的位点进行消费。

4）注册监听器 MessageListenerConcurrently 使用 consumeMessage 方法消费消息。

5）消息消费成功，返回 CONSUME_SUCCESS。

6）开启消息消费，做一些消息消费的准备工作。

```
public class PushConsumer {
    //接受消息
    public static void main(String[] args) throws InterruptedException, MQClien-
tException {
        //创建消费者对象,设置组名
        DefaultMQPushConsumer consumer = new DefaultMQPushConsumer("CID_JODIE_1");
        //订阅消息主题 Jodie_topic_1023 下所有的消息,* 代表所有的消息
        consumer.subscribe("Jodie_topic_1023", "* ");
        //设置重启后还能从上一次消费的位点进行消费
         consumer.setConsumeFromWhere (ConsumeFromWhere.CONSUME_FROM_FIRST_
OFFSET);
        //注册监听器,使用匿名内部类的方式构建监听器对象
        consumer.registerMessageListener(new MessageListenerConcurrently() {
            //消息执行消费的方法
            @Override
            public ConsumeConcurrentlyStatus consumeMessage(List<MessageExt>
msgs, ConsumeConcurrentlyContext context) {
                System.out.printf(Thread.currentThread().getName() + " Receive
New Messages: " + msgs + "%n");
                return ConsumeConcurrentlyStatus.CONSUME_SUCCESS;
            }
        });
        //开启消费
        consumer.start();
        System.out.printf("Consumer Started.%n");
    }
}
```

（3）开启消费

Consumer 注册完监听器后，还没有开始消费，当 Consumer 执行 start 方法后，才开始进行消息消费的各种准备工作。

1）先判断服务状态，Consumer 服务是否处于运行状态，步骤如下。

① CREATE_JUST：服务刚刚创建，还有开始运行 。

② RUNNING：服务正在运行。

③ SHUTDOWN_ALREADY：服务已经关闭。

④ START_FAILED：服务启动失败。

2）如果服务刚刚创建，还没有开始运行，先进行一些检查准备工作。

① 如果刚刚创建服务出现异常或超时，服务的状态为 START_FAILED，因此先把服务

状态置位 START_FAILED，等待执行完成后，在把状态修改为 RUNNING。

② 检查接受消息相关配置，比如：验证组名格式是否正确，默认组名和系统默认组名是否相等，messageModel 消息模式是否为空，consumeFromWhere 是否为空等。

③ 当集群消费时，加入当前消费分组对消息进行负载均衡，且进行重试消息的订阅。

④ 获取 client 客户端消费者的唯一标识 ip@ instanceName，instanceName 不设置，使用默认的 instanceName。

⑤ 设置负载均衡消费模式，指定负载均衡的组，指定负载均衡的消息消费模式，一般情况都是集群消费，同时设置负载均衡的消费策略 setAllocateMessageQueueStrategy。

⑥ 拉取 API 封装，生成消费进度处理器，集群模式下消费进度保存在 Broker 上，因为同一组内的消费者要共享进度；广播模式下进度保存在消费者端。

⑦ 根据监听是顺序模式还是并发模式来生成相应的 ConsumerService，消费最终是指定 ConsumerService 类来进行的。

```
public void start() throws MQClientException {
    switch (this.serviceState) {
        case CREATE_JUST:
            log.info("the consumer [{}] start beginning. messageModel = {}, is-
UnitMode = {}", this.defaultMQPushConsumer.getConsumerGroup(),
                this.defaultMQPushConsumer.getMessageModel(), this. defaultMQ-
PushConsumer.isUnitMode());
            this.serviceState = ServiceState.START_FAILED ;

            //检查配置
            this.checkConfig();

            //Rebalance 负载均衡,复制订阅数据
            this.copySubscription();

            //设置 instanceName 为一个字符串化的数字,比如 10072
            if (this.defaultMQPushConsumer.getMessageModel() = = MessageMod-
el.CLUSTERING ) {
                this.defaultMQPushConsumer.changeInstanceNameToPID();
            }

            //获取 MQClient 对象,clientId 为 ip@instanceName,比如 192.168.0.1@10072
                this.mQClientFactory  =  MQClientManager.getInstance ( )
.getAndCreateMQClientInstance(this.defaultMQPushConsumer, this.rpcHook);

            //设置负载均衡器
              this.rebalanceImpl.setConsumerGroup (this. defaultMQPushConsum-
er.getConsumerGroup());
```

```
        //默认消费模式为集群模式,每条消息被同一组的消费者中的一个消费
        //还可以设置为广播模式,每条消息被同一个组的所有消费者都消费一次
        this.rebalanceImpl.setMessageModel(this.defaultMQPushConsumer.
getMessageModel());
        //默认是 AllocateMessageQueueAveragely,均分策略
                this.rebalanceImpl.setAllocateMessageQueueStrategy
(this.defaultMQPushConsumer.getAllocateMessageQueueStrategy());
        this.rebalanceImpl.setmQClientFactory(this.mQClientFactory);

        //拉取 API 封装
        this.pullAPIWrapper = new PullAPIWrapper(mQClientFactory, this.de-
faultMQPushConsumer.getConsumerGroup(), isUnitMode());
        this.pullAPIWrapper.registerFilterMessageHook(filterMessageHookList);

        //生成消费进度处理器,集群模式下消费进度保存在 Broker 上,因为同一组内的消费
者要共享进度;广播模式下进度保存在消费者端
        if (this.defaultMQPushConsumer.getOffsetStore() != null) {
            this.offsetStore = this.defaultMQPushConsumer.getOffsetStore();
        } else {
            switch (this.defaultMQPushConsumer.getMessageModel()) {
                case BROADCASTING:
                            this.offsetStore = new LocalFileOffsetStore
(this.mQClientFactory, this.defaultMQPushConsumer.getConsumerGroup());
                    break;
                case CLUSTERING:
                        this.offsetStore = new RemoteBrokerOffsetStore
(this.mQClientFactory, this.defaultMQPushConsumer.getConsumerGroup());
                    break;
                default:
                    break;
            }
        }
        this.offsetStore.load();//若是广播模式,加载本地的消费进度文件

        //根据监听是顺序模式还是并发模式来生成相应的 ConsumerService
        if (this.getMessageListenerInner() instanceof MessageListenerOrde-
rly) {
            this.consumeOrderly = true;
            this.consumeMessageService = new ConsumeMessageOrderlyService
(this, (MessageListenerOrderly)this.getMessageListenerInner());
        } else if (this.getMessageListenerInner() instanceof MessageLis-
tenerConcurrently) {
```

```
            this.consumeOrderly = false;
//最重要的一句代码,ConsumeMessageConcurrentlyService 就是真正的消息事件处理类
                this.consumeMessageService = new ConsumeMessageConcurrentl-
yService(this, (MessageListenerConcurrently)this.getMessageListenerInner());
        }
        this.consumeMessageService.start();

        //设置 MQClient 对象
                boolean registerOK = mQClientFactory.registerConsumer
(this.defaultMQPushConsumer.getConsumerGroup(), this);
        if (!registerOK) {
            this.serviceState = ServiceState.CREATE_JUST ;
            this.consumeMessageService.shutdown();
                throw new MQClientException ( " The consumer group [ " +
this.defaultMQPushConsumer.getConsumerGroup()
                + "] has been created before, specify another name please." +
FAQUrl.suggestTodo(FAQUrl.GROUP_NAME_DUPLICATE_URL ),
                null);
        }
        mQClientFactory.start();
        log.info("the consumer [{}] start OK.", this.defaultMQPushConsumer.
getConsumerGroup());

        //设置服务状态
        this.serviceState = ServiceState.RUNNING ;
        break;
    case RUNNING:
    case START_FAILED:
    case SHUTDOWN_ALREADY:
        throw new MQClientException("The PushConsumer service state not OK,
maybe started once, " //
            + this.serviceState //
            + FAQUrl.suggestTodo(FAQUrl.CLIENT_SERVICE_NOT_OK ),
            null);
    default:
        break;
}

//从 Namesrv 获取 TopicRouteData,更新 TopicPublishInfo 和 MessageQueue(在 Con-
sumer start 时马上调用,之后每隔一段时间调用一次)
this.updateTopicSubscribeInfoWhenSubscriptionChanged();
```

```
    //向 TopicRouteData 里的所有 Broker 发送心跳,注册 Consumer/Producer 信息到
Broker上 (在 Consumer start 时马上调用,之后每隔一段时间调用一次)
    this.mQClientFactory.sendHeartbeatToAllBrokerWithLock();

    //唤醒 MessageQueue 均衡服务,负载均衡后马上开启第一次拉取消息
    this.mQClientFactory.rebalanceImmediately();
}
```

（4）ConsumeMessageConcurrentlyService 事件对象

消息消费具体是指定 ConsumeMessageConcurrentlyService 来进行消费，根据监听是顺序模式还是并发模式来生成相应的 ConsumerService。

如果消息消费是顺序模式，使用的监听器是 MessageListenerOrderly；如果消息的消费模式是并发模式，使用的监听器是 MessageListenerConcurrently。

MessageListenerOrderly 顺序消息监听器使用 ConsumeMessageOrderlyService 事件对象来进行消息消费。

```
public ConsumeMessageOrderlyService(DefaultMQPushConsumerImpl defaultMQPush-
ConsumerImpl, MessageListenerOrderly messageListener) {
    //指定消息消费者对象
    this.defaultMQPushConsumerImpl = defaultMQPushConsumerImpl;
    //注册监听器对象
    this.messageListener = messageListener;
    //获取消息消费者
    this.defaultMQPushConsumer = this.defaultMQPushConsumerImpl.getDefault-
MQPushConsumer();
    //获取消息消费者所在组
    this.consumerGroup = this.defaultMQPushConsumer.getConsumerGroup();
    //创建消费者队列
    this.consumeRequestQueue = new LinkedBlockingQueue<Runnable>();
    //开启消费者线程池
    this.consumeExecutor = new ThreadPoolExecutor(//
        this.defaultMQPushConsumer.getConsumeThreadMin(), //
        this.defaultMQPushConsumer.getConsumeThreadMax(), //
        1000 * 60, //
        TimeUnit.MILLISECONDS , //
        this.consumeRequestQueue, //
        new ThreadFactoryImpl("ConsumeMessageThread_"));

    this.scheduledExecutorService = Executors.newSingleThreadScheduledExecutor
(new ThreadFactoryImpl("ConsumeMessageScheduledThread_"));
}
```

MessageListenerConcurrently 并发消息监听器使用 ConsumeMessageConcurrentlyService 事件对象进行消息消费。

```
public ConsumeMessageConcurrentlyService(DefaultMQPushConsumerImpl default-
MQPushConsumerImpl,
                    MessageListenerConcurrently messageListener) {
    //指定消费者
    this.defaultMQPushConsumerImpl = defaultMQPushConsumerImpl;
    //指定监听器对象
    this.messageListener = messageListener;
    //获取默认的消费者对象
                                this.defaultMQPushConsumer                =
this.defaultMQPushConsumerImpl.getDefaultMQPushConsumer();
    //获取消费者组
    this.consumerGroup = this.defaultMQPushConsumer.getConsumerGroup();

    //指定顺序消息队列
    this.consumeRequestQueue = new LinkedBlockingQueue<>();

    //指定消费连接池
    this.consumeExecutor = new ThreadPoolExecutor(//
        this.defaultMQPushConsumer.getConsumeThreadMin(), //
        this.defaultMQPushConsumer.getConsumeThreadMax(), //
        1000 * 60, //
        TimeUnit.MILLISECONDS , //
        this.consumeRequestQueue, //
        new ThreadFactoryImpl("ConsumeMessageThread_"));

     this.scheduledExecutorService  = Executors.newSingleThreadScheduledExecutor
(new ThreadFactoryImpl("ConsumeMessageScheduledThread_"));
     this.cleanExpireMsgExecutors  = Executors.newSingleThreadScheduledExecutor
(new ThreadFactoryImpl("CleanExpireMsgScheduledThread_"));
}
```

2. Push 消息

在 RocketMQ 中，消费者有两种模式，一种是 Push 模式，另一种是 Pull 模式。

1）Push 模式：客户端与服务端建立连接后，当服务端有消息时，将消息推送到客户端。

2）Pull 模式：客户端不断轮询请求服务端，来获取新的消息。

但在具体实现时，Push 和 Pull 模式都是采用消费端主动拉取的方式，即 Consumer 轮询从 Broker 拉取消息。其主要区别在于，Push 方式里，Consumer 把轮询过程封装了，并注册 MessageListener 监听器，取到消息后，唤醒 MessageListener 的 consumeMessage( )来消费，对用户而言，感觉消息是被推送过来的。

Pull 方式里，取消息的过程需要用户自己写，首先通过打算消费的 Topic 拿到 MessageQueue 的集合，遍历 MessageQueue 集合，然后针对每个 MessageQueue 批量取消息，一次取完后，记录该队列下一次要取的开始 offset，直到取完了，再换另一个 MessageQueue。

既然是采用 Pull 方式实现，RocketMQ 如何保证消息的实时性呢？

答案就是，RocketMQ 中采用了长轮询的方式实现，长轮询就是在请求的过程中，若是服务器端数据并没有更新，那么则将这个连接挂起，直到服务器推送新的数据再返回，然后进入循环周期。

客户端像传统轮询一样从服务端请求数据，服务端会阻塞请求不会立刻返回，直到有数据或超时才返回给客户端，然后关闭连接，客户端处理完响应信息后再向服务器发送新的请求。消息消费长轮询示意图如图 3-49 所示。

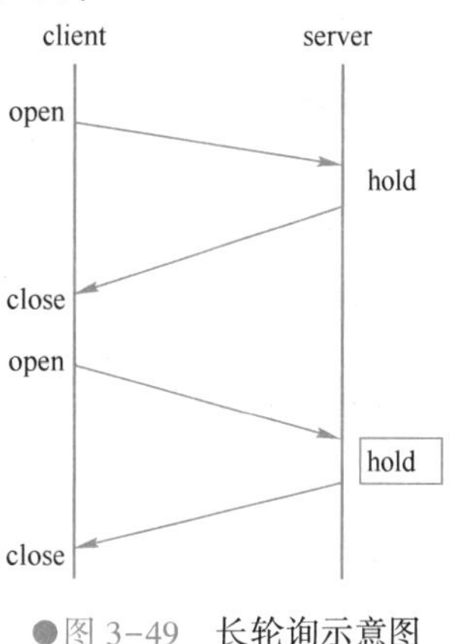

●图 3-49 长轮询示意图

Push 消息使用 DefaultMQPushConsumer 来进行消息的消费。具体的消费方式就是使用监听模式监听消息服务，如果发现有消息，就触发监听器事件，开始消息的消费。

（1）Push 消息消费流程

消息使用 Push 方式进行消费，消费流程如图 3-50 所示。

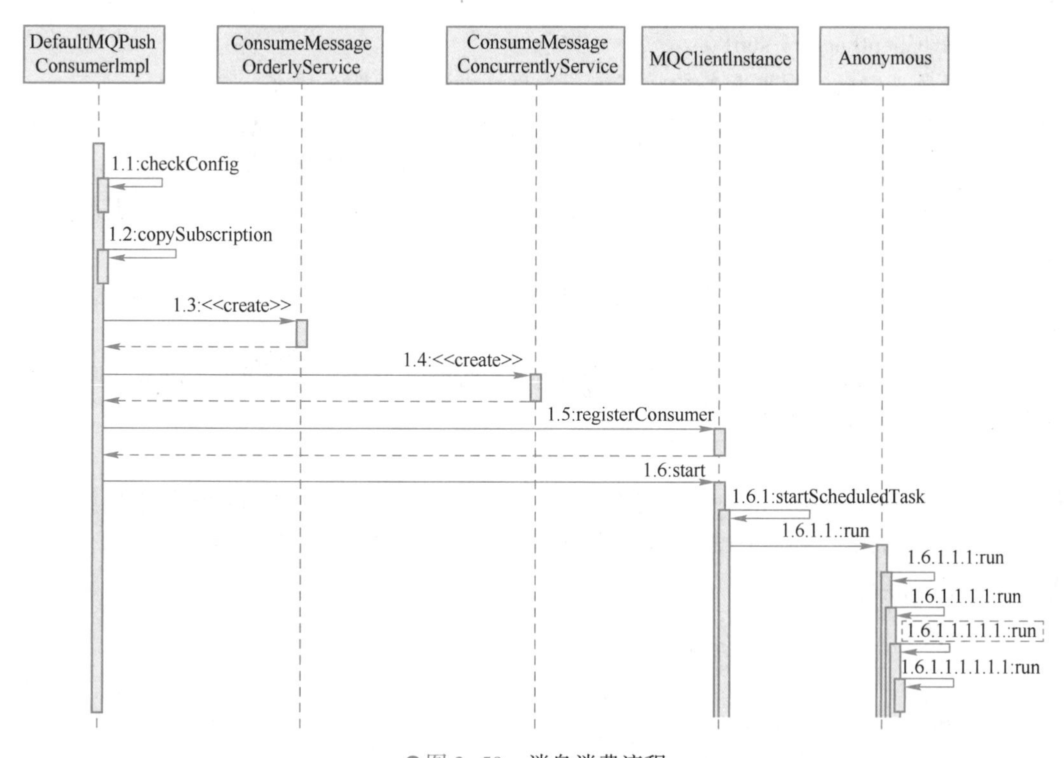

●图 3-50 消息消费流程

（2）MQClient 开启消息消费

DefaultMQPushConsumer 进行一系列的环境准备后，开始进行消息消费。那么它是如何消费的呢？

DefaultMQPushConsumer 注册获取 MQclient 对象，然后使用 MQClientFactory 开启消息的消费。

```
//设置 MQclient
boolean registerOK =mQClientFactory.registerConsumer (this.defaultMQPushConsumer.
getConsumerGroup (), this);
//如果 MQclient 设置失败,标注服务状态为 CTRETE_JUST,关闭消息服务,抛出异常
if (!registerOK) {
    this.serviceState = ServiceState.CREATE_JUST ;
    this.consumeMessageService.shutdown ();
    throw new MQClientException ("The consumer group has been created before,
specify another name please. " + FAQUrl.suggestTodo (FAQUrl.GROUP _ NAME _
DUPLICATE_URL ),
    null);
}
//开启消息消费
mQClientFactory.start ();
```

注册 MQclient 客户端后，开启消费者消费模式，可以看见 mQClientFactory. start（）；这行代码，此处就是消息开启消费的地方。

（3）MQClientFactory. start

开启消息消费后，根据服务的状态进行消息消费的各项服务准备。

1）如果服务的状态为 CREATE_JUST，先把服务的状态置位 START_FAILED，如果出现异常，或者是服务超时等其他的现象，那么服务的状态就会保持不变。(START_FAILED)，如果各项任务执行都没问题，那么将会把服务的状态改为 RUNNING 状态，表示服务运行状态良好。

2）MQClientAPIImpl. start 开启请求响应通道 channel，底层使用 netty 建立远程连接通道。

3）startScheduledTask 启动多个定时任务获取 namesvr，若没有配置 namesvr，将会每隔 2 min 获取一次 namesvr 信息。

4）pullMessageService. start 开始拉取消息。

5）rebalanceService. start 开启消费者负载均衡消费消息，每等待 20 s 执行一次负载均衡。

6）启动内部默认的生产者，用于消费者 SendMessageBack。消息消费失败后，把消息送回消息服务器。

```
public void start () throws MQClientException {

    synchronized (this) {
        switch (this.serviceState) {
            case CREATE_JUST:
                this.serviceState = ServiceState.START_FAILED ;
                //If not specified,looking address from name server
                if (null = = this.clientConfig.getNamesrvAddr ()) {
                    this.mQClientAPIImpl.fetchNameServerAddr (); //TODO 待读:如果
url 未指定,可以通过 Http 请求从其他处获取
```

```
                }
                //Start request-response channel
                this.mQClientAPIImpl.start();
                //启动多个定时任务
                this.startScheduledTask();
                //Start pull service
                this.pullMessageService.start();
                //Start Consumer rebalance service
                this.rebalanceService.start();
                //启动内部默认的生产者,用于消费者 SendMessageBack,但不会执行 MQCli-
entInstance.start(),也就是当前方法不会被执行
                this.defaultMQProducer.getDefaultMQProducerImpl().start(false);
                log.info("the client factory [{}] start OK", this.clientId);
                this.serviceState = ServiceState.RUNNING;
                break;
            case RUNNING:
                break;
            case SHUTDOWN_ALREADY:
                break;
            case START_FAILED:
                throw new MQClientException("The Factory object [" + this.getClientId()
+ "] has been created before, and failed.", null);
            default:
                break;
        }
    }
}
```

（4）接受消息

pullMessageService 对象开启接收消息模式，PullMessageService 继承了 ServiceThread 类，也就是说 PullMessageService 开启了多线程消息消费模式。

当 pullMessageService 调用 start 方法时，会执行多线程的 run 方法，调用 pullMessage 来进行消息的拉取。

PullMessageService 采用 BlockingQueue 阻塞队列来进行消息接收，当提交了消息拉取请求后，马上执行。

```
@Override
public void run() {
    log.info(this.getServiceName() + " service started");
    //判断服务是否停止,如果服务 shutdown isStoped 为 true
    while (!this.isStopped()) {
        try {
            //使用 BlockingQueue 阻塞队列,当提交了消息拉取请求后,马上执行
```

```
            PullRequest pullRequest = this.pullRequestQueue.take();
            if (pullRequest != null) {
                //拉取消息
                this.pullMessage(pullRequest);
            }
        } catch (InterruptedException e) {
        } catch (Exception e) {
            log.error("Pull Message Service Run Method exception", e);
        }
    }
}
```

真正接收消息的方法是 DefaultMQPushConsumerImpl#PullMessage，可以发现 PushConsuer 推送消息最终还是调用拉取消息的方法，因此结论就是无论是 Push 消息，还是 Pull 消息都是从 Broker 服务器中拉取消息。

拉取消息具体的处理步骤如下。

1）判断处理消息队列 ProcessQueue 是否被丢弃，如果被丢弃，直接返回，无法进行消息拉取。

2）设置队列最后拉取消息时间，记录最后拉取消息的时间。

3）判断 Consumer 状态是否运行中。如果不是，则延迟拉取消息。延迟时间为 3000 ms。

4）判断 Consumer 是否暂停中，如果暂停则延迟拉取消息，延迟时间为 1000 ms。

5）判断是否超过最大持有消息数量。默认最大值为 1000，如果持有消息的数量超过默认最大值 1000，则延迟消费消息，延迟时间为 50 ms。如果 Consumer 持有消息量超过 1000，就表示 consumer buffer 已经满了。

6）判断消息 Offset 跨度是否大于 2000，如果大于 2000，延迟消费 50 ms。

7）消息顺序消费，使用分布式锁把消息队列锁定，防止并发消费，记住这是顺序消费，只能一个一个进行消费，因此要是有锁进行控制并发消费。在消费过程中，判断对象是否第一次锁定，如果不是第一次锁定，那么必须从上一次消费的位置开始消费。否则就是第一次锁定。注意，如果 proccessQueue 队列从来没有被锁定，那么就会延迟消费。

8）如果获取的 offset 小于下一个 offset，注意默认消费方式 CONSUME_FROM_LAST_OFFSET，也就是说它是从 Maxoffset 开始消费的，因此如果 offset 小于 nextoffset，说明此时角标已经越界，消息延迟 3000 ms 进行消费。

9）获取 Topic 对应的订阅信息。若不存在，则延迟拉取消息，延迟时间为 3000 ms。

10）前面准备工作完成后，现在即可开始拉取消息，此处使用的是 PullCallback 匿名内部类的方式进行消息消费。在 PullCallback 内部有一个 onSuccess 方法，此方法可以进行消息消费。

```
/**
 * 拉取消息
 * @param pullRequest 拉取消息请求
 */
```

```
public void pullMessage(final PullRequest pullRequest) {
   //设置队列最后拉取消息时间 pullRequest.getProcessQueue().setLastPullTimestamp
(System.currentTimeMillis());
         //判断 Consumer 状态是否运行中,如果不是,则延迟拉取消息
         //顺序消费
         if (processQueue.isLocked()) {
             if (!pullRequest.isLockedFirst()) {
                   final long offset = this.rebalanceImpl.computePullFromWhere
(pullRequest.getMessageQueue());
                pullRequest.setLockedFirst(true);
                pullRequest.setNextOffset(offset);
             }
         } else {
             this.executePullRequestLater(pullRequest, PULL_TIME_DELAY_MILLS_
WHEN_EXCEPTION);
             log.info("pull message later because not locked in broker, {}", pull-
Request);
             return;
         }
   }

   //获取 Topic 对应的订阅信息。若不存在,则延迟拉取消息
   final SubscriptionData subscriptionData = this.rebalanceImpl.getSubscriptionInner
().get(pullRequest.getMessageQueue().getTopic());
   final long beginTimestamp = System.currentTimeMillis();
```

具体的消息消费使用的是 pullCallback 匿名内部类的方式进行消息消费，在 PullCallBack 这个内部类中的 onSuccess 方法进行消息消费。具体的消费流程如下所示。

1）使用 pullAPIWrapper 获取内存 ByteBuffer 中的数据，生成 List<MessageExt>消息封装集合。

2）获取到 List<MessageExt>消息封装集合后，根据消息的拉取状态来判断是否有消息可以拉取，具体的消息状态如下所示。

① FOUND：发现的消息。

② NO_NEW_MSG：没有新的消息被发现可以拉取。

③ NO_MATCHED_MSG：通过过滤消息，发现此消息不匹配。

④ OFFSET_ILLEGAL：非法的 offset，可能是消息太大，或者太小。

以上几种就是消息状态，根据消息的不同状态，在接收消息时，需要做出不同的动作。

如果是 FOUND 状态，表示有消息被发现了，可以继续消费。

1）首先获取消息拉取的 offset 位置，然后再设置下次拉取的 offset，也就是 nextBeginOffset，以便下次拉取，同时统计消息消费响应时间。

2）如果没有拉取到消息，马上进行下一次消息拉取，否则如果拉取到消息，则把消息进树化处理，提高消息的检索效率，以判断消息是否消费完毕。

```
//匿名内部消费消息的具体流程
PullCallback pullCallback = new PullCallback() {
    @Override
    public void onSuccess(PullResult pullResult) {
        if (pullResult != null) {
            //提取 ByteBuffer 生成 List<MessageExt>
                pullResult = DefaultMQPushConsumerImpl.this.pullAPIWrapper. pro-
cessPullResult(pullRequest.getMessageQueue(), pullResult, subscriptionData);
            switch (pullResult.getPullStatus()) {
                case FOUND:
                    //设置下次拉取消息队列位置
                    long prevRequestOffset = pullRequest.getNextOffset();
                    pullRequest.setNextOffset(pullResult.getNextBeginOffset());
                    //如果这次请求没有获取到消息,马上进行另一次拉取
                        if (pullResult.getMsgFoundList ( ) = = null || pullRe-
sult.getMsgFoundList().isEmpty()) {

DefaultMQPushConsumerImpl.this.executePullRequestImmediately(pullRequest);
                } else {
                        firstMsgOffset = pullResult.getMsgFoundList().get(0)
.getQueueOffset();
                        //提交拉取到的消息到 ProcessQueue 的 TreeMap 中
                        //返回 true : 上一批次的消息已经消费完了
                        //返回 false: 上一批次的消息还没消费完
                            boolean dispathToConsume = processQueue.putMessage
(pullResult.getMsgFoundList());
                        //在有序消费模式下,仅当 dispathToConsume=true 时提交消费请
求,也就是上一批次的消息消费完了才提交消费请求
                        //在并发消费模式下,dispathToConsume 不起作用,直接提交消费请求
                    DefaultMQPushConsumerImpl.this.consumeMessageService
                        .submitConsumeRequest(pullResult.getMsgFoundList(),
processQueue, pullRequest.getMessageQueue(), dispathToConsume);
                    //提交下次拉取消息请求
                        if (DefaultMQPushConsumerImpl.this. defaultMQPushConsum-
er.getPullInterval() > 0) {
                    }

    //下次拉取消费队列位置小于上次拉取消息队列位置,或者第一条消息的消费队列位置小
于上次拉取消息队列位置,则判定为 BUG,输出 log
                    if (pullResult.getNextBeginOffset() < prevRequestOffset ||
firstMsgOffset < prevRequestOffset) {
                    case NO_NEW_MSG:
                    //设置下次拉取消息队列位置
```

```
                pullRequest.setNextOffset(pullResult.getNextBeginOffset());

                //持久化消费进度
                DefaultMQPushConsumerImpl.this.correctTagsOffset(pullRequest);

                //立即提交拉取消息请求

DefaultMQPushConsumerImpl.this.executePullRequestImmediately(pullRequest);
                break;
            case NO_MATCHED_MSG:
                //设置下次拉取消息队列位置
                pullRequest.setNextOffset(pullResult.getNextBeginOffset());

                //持久化消费进度
                DefaultMQPushConsumerImpl.this.correctTagsOffset(pullRequest);

                //立即提交拉取消息请求

DefaultMQPushConsumerImpl.this.executePullRequestImmediately(pullRequest);
                break;
            case OFFSET_ILLEGAL:
                log.warn("the pull request offset illegal, {} {}", //
                    pullRequest.toString(), pullResult.toString());
                //设置下次拉取消息队列位置
                pullRequest.setNextOffset(pullResult.getNextBeginOffset());

                //设置消息处理队列为 dropped
                pullRequest.getProcessQueue().setDropped(true);

                //提交延迟任务,进行消费处理队列移除
                DefaultMQPushConsumerImpl.this.executeTaskLater(new Runnable(){

                    @Override
                    public void run() {
                        try {
                            //更新消费进度,同步消费进度到 Broker

DefaultMQPushConsumerImpl.this.offsetStore.updateOffset (pullRequest.getMess-
ageQueue(),
pullRequest.getNextOffset(), false);
DefaultMQPushConsumerImpl.this.offsetStore.persist (pullRequest.getMessage-
Queue());
//移除消费处理队列
```

```
DefaultMQPushConsumerImpl.this.rebalanceImpl.removeProcessQueue  (pullRe-
quest.getMessageQueue()); }
            }, 10000);
              break;
            default:
                break;
            }
        }
    }
        //提交延迟拉取消息请求
                    DefaultMQPushConsumerImpl.this.executePullRequestLater
(pullRequest, PULL_TIME_DELAY_MILLS_WHEN_EXCEPTION );
    }
  }
 }
}
```

3. 消息回发

如果出现消息发送出现异常、服务宕机等异常现象，那么消息消费者将会把消息回发给 Broker 服务器，以便修复消费者后重新进行消费。

this. defaultMQProducer. getDefaultMQProducerImpl(). start(false)：此行代码启动内部默认的生产者，用于消费者 SendMessageBack，但不会执行 MQClientInstance. start()，也就是当前方法不会被执行。

```
public void start() throws MQClientException {
    synchronized (this) {
        switch (this.serviceState) {
            case CREATE_JUST:
                //启动内部默认的生产者,用于消费者 SendMessageBack,但不会执行 MQCli-
entInstance.start(),也就是当前方法不会被执行
                this.defaultMQProducer.getDefaultMQProducerImpl().start(false);
                log.info("the client factory [{}] start OK", this.clientId);
                this.serviceState = ServiceState.RUNNING ;
                break;
            case RUNNING:
                break;
            case SHUTDOWN_ALREADY:
                break;
            case START_FAILED:
                throw new MQClientException("The Factory object [" + this.getClientId()
+ "] has been created before, and failed.", null);
            default:
                break;
```

```
        }
    }
}
```

start 方法如下所示，当消费者出现问题，或者其他原因导致异常，消息将会回发。回发方法是：sendHeartbeatToAllBrokerWithLock。

```
public void start(final boolean startFactory) throws MQClientException {
    switch (this.serviceState) {
        case CREATE_JUST:
            //标记初始化失败,这个技巧不错
            this.serviceState = ServiceState.START_FAILED ;
            //中间代码省略
            this.mQClientFactory.sendHeartbeatToAllBrokerWithLock();
}
```

发送心跳到 Broker，心跳包对象为 HeartbeatData，对象包含：

1）clientID 客户端 ID。

2）producerDataSet 生产者的数据。

3）consumerDataSet 消费者数据。

生产者只需要 groupName，根据 groupName 把消息发送到相应的 Broker 服务器中。向所有 Broker 发送心跳，被 Namesrv 关闭连接的不在其中，生产者只向 Master 发送心跳，因为只有 Master 才能写入数据。

```
/**
 * 发送心跳到 Broker,上传过滤类代码到 Filtersrv
 * 向所有 Broker 发送心跳,被 Namesrv 关闭连接的不在其中
 * 生产者只向 Master 发送心跳,因为只有 Master 才能写入数据
 * 消费者向 Master 和 Slave 都发送心跳
 */
private void sendHeartbeatToAllBroker() {
    //封装 Client 要发送的心跳数据
    final HeartbeatData heartbeatData = this.prepareHeartbeatData();
    final boolean producerEmpty = heartbeatData.getProducerDataSet().isEmpty();
    final boolean consumerEmpty = heartbeatData.getConsumerDataSet().isEmpty();
    if (producerEmpty && consumerEmpty) {
        log.warn("sending heartbeat, but no consumer and no producer");
        return;
    }
}
```

4. Pull 消息

(1) Pull 拉取消息

使用 Pull 的方式拉取消息和 Push 消息的流程基本类似，首先创建 Pull 消息消费者对

象，指定组名，然后开启消费者消费。具体流程如下所示。

1）创建消费者对象，消费模式为 Pull 模式，且指定组名。

2）开启消费。

3）使用方法 fetchSubscribeMessageQueues，根据主题名称查询对应的消息队列，这是主动拉取消息的过程。

4）获取消息队列集合数据后，根据队列数据进行循环，且使用 while(true)驻留在内存，不停地去获取消息数据。

```
public class PullConsumer {
    //队列偏移量数据存储
    private static final Map<MessageQueue, Long> OFFSE_TABLE = new HashMap<Mes-
sageQueue, Long>();

public static void main(String[] args) throws MQClientException {
//创建拉取消息对象,对象名称 please_rename_unique_group_name_5
    DefaultMQPullConsumer consumer = new DefaultMQPullConsumer("please_rename_
unique_group_name_5");
//开启消费
consumer.start();
//根据消息主题名称查询
Set<MessageQueue> mqs = consumer.fetchSubscribeMessageQueues("TopicTest1");
        for (MessageQueue mq : mqs) {
            System.out .printf("Consume from the queue: " + mq + "% n");
            SINGLE_MQ:
            while (true) {
                try {
            PullResult pullResult =
                consumer.pullBlockIfNotFound(mq, null, getMessageQueueOffset(mq), 32);
                System.out .printf("% s% n", pullResult);
                //设置队列 Offset 偏移量
                putMessageQueueOffset(mq, pullResult.getNextBeginOffset());
                //根据消息的状态
                switch (pullResult.getPullStatus()) {
                        case FOUND:
                            break;
                        case NO_MATCHED_MSG:
                            break;
                        case NO_NEW_MSG:
                            break SINGLE_MQ;
                        case OFFSET_ILLEGAL:
                            break;
                        default:
```

```
                        break;
                    }
                } catch (Exception e) {
                    e.printStackTrace();
                }
            }
        }
        consumer.shutdown();
    }
}
```

（2）fetchSubscribeMessageQueues

Pull 消息模式首先使用 fetchSubscribeMessageQueues 方法从 namesvr 中获取路由信息，存储路由信息的对象为 TopicRouteData，对象具体属性如下。

1）orderTopicConf；顺序消息配置，格式为

```
BrokerName1:QueueId1;BrokerName2:QueueId2;...BrokerNameN:QueueIdN
```

2）List<QueueData> queueDatas；队列数组数据。

3）List<BrokerData> brokerDatas；Broker 数组数据。

4）HashMap<String / * brokerAddr * /, List<String> / * Filter Server * /> filterServerTable；Broker 地址 和 FilterSrv Map。

如果路由对象不为空，提取 TopicRouteData 内的 QueueData 生成 MessageQueue，即 Topic 的订阅队列信息，就是根据路由数据对象信息把队列数据变成队列集合数据。如果此队列数据不为空，那么就会返回此集合数据。

```
public Set<MessageQueue> fetchSubscribeMessageQueues(String topic) throws
MQClientException {
    try {
        //从 namesvr 中获取路由信息
        TopicRouteData topicRouteData = this.mQClientFactory.getMQClientAPIImpl()
.getTopicRouteInfoFromNameServer(topic, timeoutMillis);
        //如果路由信息不为空
        if (topicRouteData != null) {
        //获取路由信息的中队列集合
            Set<MessageQueue>mqList =MQClientInstance.topicRouteData2TopicSubscribeInfo
(topic, topicRouteData);
            if (!mqList.isEmpty()) {
                return mqList;
            }
        }
    } catch (Exception e) {
        }
}
```

(3) 拉取消息的核心方法

Pull 消息机制的核心方法是 pullSyncImpl，在此方法中实现了消息的拉取。

```
private PullResult pullSyncImpl (MessageQueue mq, String subExpression, long
offset, int maxNums, boolean block, long timeout)
    throws MQClientException, RemotingException, MQBrokerException, Interrupt-
edException {
    SubscriptionData subscriptionData;
    try {
        //根据 groupName 和 Topic 名称,解析表达式后构造 subscriptionData 订阅数据
         subscriptionData = FilterAPI.buildSubscriptionData (this. defaultMQPullCon-
sumer.getConsumerGroup(), //
            mq.getTopic(), subExpression);
    } catch (Exception e) {
        throw new MQClientException("parse subscription error", e);
    }
    //开启拉取消息
    PullResult pullResult = this.pullAPIWrapper.pullKernelImpl(//
        mq, //1
        subscriptionData.getSubString(), //2
        0L, //3
        offset, //4
        maxNums, //5
        sysFlag, //6
        0, //7
        this.defaultMQPullConsumer.getBrokerSuspendMaxTimeMillis(), //8
        timeoutMillis, //9
        CommunicationMode.SYNC , //10
        null //11
    );
    //对消息数据进行处理
    this.pullAPIWrapper.processPullResult(mq, pullResult, subscriptionData);
    //把消息数据设置到上下文对象 ConsumeMessageContext
    if (!this.consumeMessageHookList.isEmpty()) {
        ConsumeMessageContext consumeMessageContext = null;
        consumeMessageContext = new ConsumeMessageContext();
        consumeMessageContext.setConsumerGroup(this.groupName());
        consumeMessageContext.setMq(mq);
        consumeMessageContext.setMsgList(pullResult.getMsgFoundList());
        consumeMessageContext.setSuccess(false);
        this.executeHookBefore(consumeMessageContext);
         consumeMessageContext.setStatus (ConsumeConcurrentlyStatus.CONSUME_
SUCCESS .toString());
```

```
        consumeMessageContext.setSuccess(true);
        this.executeHookAfter(consumeMessageContext);
    }
    return pullResult;
}
```

3.3.3 消费者 Rebalance

1. 什么是消费端负载均衡?

Rebalance（再均衡）机制指的是：将一个 Topic 下的多个队列（或称之为分区），在同一个消费者组（Consumer Group）下的多个消费者实例（Consumer Instance）之间进行重新分配。

Rebalance 机制本意是为了提升消息的并行处理能力。

例如，一个 Topic 下 5 个队列，在只有 1 个消费者的情况下，那么这个消费者将负责处理这 5 个队列的消息。如果此时增加一个消费者，那么可以给其中一个消费者分配 2 个队列，给另一个分配 3 个队列，从而提升消息的并行处理能力。如图 3-51 所示。

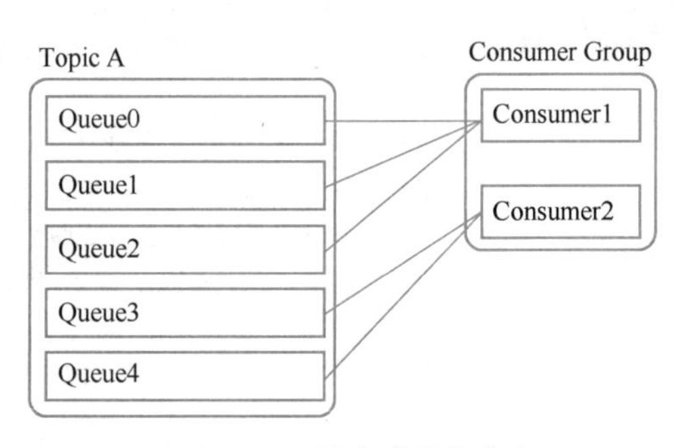

图 3-51　消息者平均分配

但是 Rebalance 机制也存在明显的限制与危害。

Rebalance 限制：由于一个队列最多分配给一个消费者，因此当某个消费者组下的消费者实例数量大于队列的数量时，多余的消费者实例将分配不到任何队列。

Rebalance 危害：除了以上限制，更加严重的是，在发生 Rebalance 时，存在着一些危害，如下所述。

1）消费暂停：考虑在只有 Consumer 1 的情况下，其负责消费所有 5 个队列；在新增 Consumer 2，触发 Rebalance 时，需要分配 2 个队列给其消费。那么 Consumer 1 就需要停止这 2 个队列的消费，等到这两个队列分配给 Consumer 2 后，才能继续被消费。

2）重复消费：Consumer 2 在消费分配给自己的 2 个队列时，必须接着从 Consumer 1 之前已经消费到的 offset 继续开始消费。然而默认情况下，offset 是异步提交的，如 consumer 1 当前消费到 offset 为 10，但是异步提交给 Broker 的 offset 为 8；那么如果 consumer 2 从 8 的 offset 开始消费，就会有 2 条消息重复。也就是说，Consumer 2 并不会等待 Consumer1 提交完 offset 后，再进行 Rebalance，因此提交间隔越长，可能造成的重复消费就越多。

3）消费突刺：由于 Rebalance 可能导致重复消费，如果需要重复消费的消息过多；或者因为 Rebalance 暂停时间过长，导致积压了部分消息。就有可能导致在 Rebalance 结束之后瞬间需要消费很多消息。

基于 Rebalance 可能会给业务造成的负面影响，有必要对其内部原理进行深入剖析，以便于问题排查。下面将从 Broker 端和 Consumer 端两个角度来进行说明。Broker 端主要负责 Rebalance 元数据维护，以及通知机制，在整个消费者组 Rebalance 过程中扮演协调者的角色；而 Consumer 端分析，主要聚焦于单个 Consumer 的 Rebalance 流程。

2. Rebalance 的原因

从本质上来说，触发 Rebalance 的根本原因无非是两个：

1）订阅 Topic 的队列数量变化。

2）消费者组信息变化。

导致二者发生变化的典型场景见表 3-4。

表 3-4　负载均衡场景

队列信息变化	典型场景： 1）Broker 宕机 2）Broker 升级等运维操作 3）队列扩容/缩容
消费者组信息变化	典型场景： 1）日常发布过程中的停止与启动 2）消费者异常宕机 3）网络异常导致消费者与 Broker 断开连接 4）主动进行消费者数量扩容/缩容 5）Topic 订阅信息发生变化

不论哪个信息发生变化，Broker 都会主动通知这个消费者组下的所有实例进行 Rebalance。在 ConsumerManager 的 registerConsumer 方法中，可以看到这个通知机制如以下代码片段中的第 4 步所示。

```
ConsumerManager#registerConsumer
/**
 * 注册 Consumer
 *
 * @param group
 * @param clientChannelInfo
 * @param consumeType
 * @param messageModel
 * @param consumeFromWhere
 * @param subList
 * @param isNotifyConsumerIdsChangedEnable
 * @return
 */
```

```
public boolean registerConsumer(final String group,
                            final ClientChannelInfo clientChannelInfo,
                            ConsumeType consumeType,
                            MessageModel messageModel,
                            ConsumeFromWhere consumeFromWhere,
                            final Set<SubscriptionData> subList,
                            boolean isNotifyConsumerIdsChangedEnable) {
    //1 查找 consumer group 信息,如果没有,创建一个新的
    ConsumerGroupInfo consumerGroupInfo = this.consumerTable.get(group);
    if (null == consumerGroupInfo) {
        ConsumerGroupInfo tmp = new ConsumerGroupInfo(group, consumeType, mes-
sageModel, consumeFromWhere);
        ConsumerGroupInfo prev = this.consumerTable.putIfAbsent(group, tmp);
        consumerGroupInfo = prev != null ? prev : tmp;
    }

    //2 消费者组下实例信息是否发生变化
    boolean r1 = consumerGroupInfo.updateChannel(clientChannelInfo, consume-
Type, messageModel, consumeFromWhere);
    //3 消费者订阅信息是否发生变化
    boolean r2 = consumerGroupInfo.updateSubscription(subList);

    //4 如果 r1 或者 r2 任意一个为 true,则通知这个消费者组下的所有实例进行 Rebalance
    if (r1 || r2) {
        if (isNotifyConsumerIdsChangedEnable) {
            this.consumerIdsChangeListener.consumerIdsChanged(group, consum-
erGroupInfo.getAllChannel());
        }
    }

    return r1 || r2;
}
```

3. 负载策略使用方法

消费者使用不同的消费策略只需要非常简单地使用 set 方法即可。也可以使用策略接口对象，直接对策略方法进行重写。一般情况不需要重写，直接使用 consumer. setAllocateMessageQueueStrategy（不同策略对象）即可。

```
public static void main(String[] args) throws InterruptedException, MQClientEx-
ception {
        DefaultMQPushConsumer consumer = new DefaultMQPushConsumer("CID_JODIE_1");
        consumer.subscribe("Jodie_topic_1023", "*");
        consumer.setConsumeFromWhere(ConsumeFromWhere.CONSUME_FROM_FIRST_OFFSET);
```

```
        //设置负载策略
        consumer.setAllocateMessageQueueStrategy(new AllocateMessageQueueAv-
eragely());

        consumer.registerMessageListener(new MessageListenerConcurrently() {
            @Override
            public ConsumeConcurrentlyStatus consumeMessage(List<MessageExt>
msgs, ConsumeConcurrentlyContext context) {
                System.out.printf(Thread.currentThread().getName() + " Receive
New Messages: " + msgs + "%n");
                return ConsumeConcurrentlyStatus.CONSUME_SUCCESS;
            }
        });
        //开启,开始消费消息
        consumer.start();
        System.out.printf("Consumer Started.%n");
    }
}
```

4. 消息消费默认策略

如果没有设置负载均衡策略算法，那么 RocketMQ 内部使用默认策略，DefaultMQPushConsumer 通过构造函数设置一个 AllocateMessageQueueAveragely 默认策略。

在消费者消费消息的时候，使用 Reblance 类对消息进行负载均衡消费，因此在此处把构建函数中的对象设置到 Rebalance 中，以便于消费消息的负载均衡处理。

```
//默认策略 AllocateMessageQueueAveragely
public DefaultMQPushConsumer(final String consumerGroup) {
    this(consumerGroup, null, new AllocateMessageQueueAveragely());
}

//设置负载均衡器
this.rebalanceImpl.setConsumerGroup
(this.defaultMQPushConsumer.getConsumerGroup());
//默认这是消费模式为集群模式,每条消息被同一组的消费者中的一个消费
//还可以设置为广播模式,每条消息被同一个组的所有消费者都消费一次
this.rebalanceImpl.setMessageModel
(this.defaultMQPushConsumer.getMessageModel());
//默认是 AllocateMessageQueueAveragely,均分策略
this.rebalanceImpl.setAllocateMessageQueueStrategy
(this.defaultMQPushConsumer.getAllocateMessageQueueStrategy());
this.rebalanceImpl.setmQClientFactory(this.mQClientFactory);
```

5. 算法使用一些问题

消息队列 RocketMQ 版包含 Broker 和 Name Server 等节点，其中 Broker 节点负责将

Topic 的路由信息上报至 Name Server 节点。

消息发送者 Producer 把消息发送至消息队列 RocketMQ 版的 Topic，默认会将这些 Topic 下的消息均衡负载至 8 个 Queue（逻辑概念）。消息队列 RocketMQ 版 Broker 会将这些 Queue 再平均分配至属于同一个 Group ID 的订阅方集群。

因此，每台订阅方机器处理的 Queue 的数量有以下几种可能。

1）若订阅方机器数量大于 Queue 的数量，则超出 Queue 数量的机器会处理 0 个 Queue 上的消息，如图 3-52 所示。

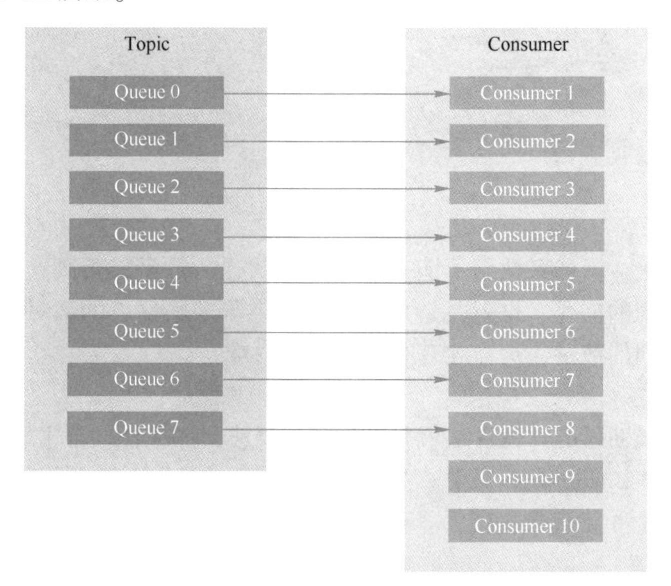

●图 3-52　消费者多于队列

2）若订阅方机器数量等于 Queue 的数量，则每台机器会处理 1 个 Queue 上的消息，如图 3-53 所示。

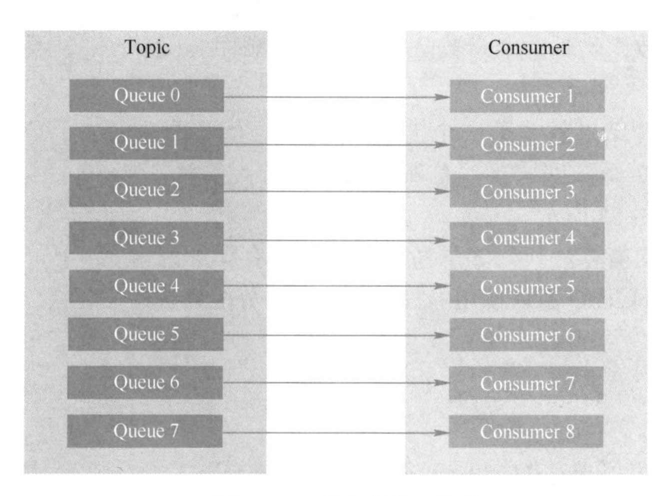

●图 3-53　消费者等于队列

3）若订阅方机器数量小于 Queue 的数量，则每台机器会处理多个 Queue 上的消息，如图 3-54 所示。

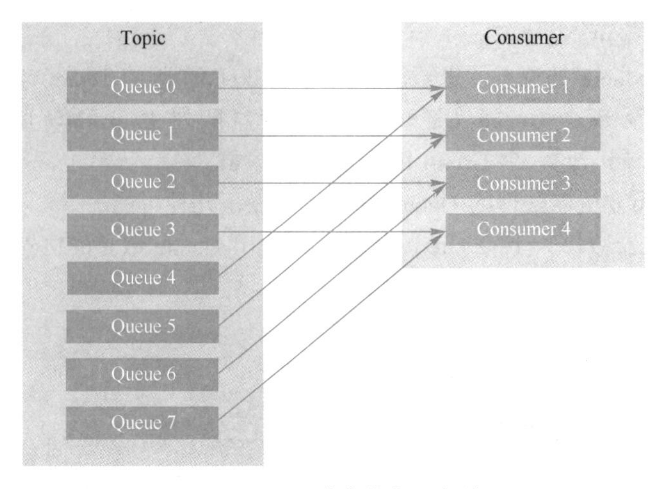

●图 3-54　消费者小于队列

根据消费者算法，消费者数量不能多于 Queue 队列的数量，否则这样会造成多余的消费者没有分配到队列的情况，也就是造成了消费者空闲。消费者的数量最多和队列的数量一样，或者少于队列的数量，这样才有利于消息的消费。

6. 平均分配算法

消息消费的时候使用的默认算法就是平均分配算法，那么什么是平均分配算法呢？

举个例子：此时 Broker 服务器中一个 Topic 主题下有 5 个队列，同时一个消费者组中有 2 个消费者，那么这两个消费者就会采用平均分配算法平均消费这 5 个队列。

具体平均方法如下所示。

1）先计算队列数是否能够进行均分：5/2=2 余 1，说明队列无法均分。

2）根据上面计算发现，每一个消费者可以分得 2 个队列，但是有一个余数，此时这个余数队列将会按照顺序分配消费者。

因此最终的分片结果就是第一个消费者分得 3 个队列，第二个消费者分得 2 个队列。这就是所谓的平均分配算法。具体分配方法如图 3-55 所示。

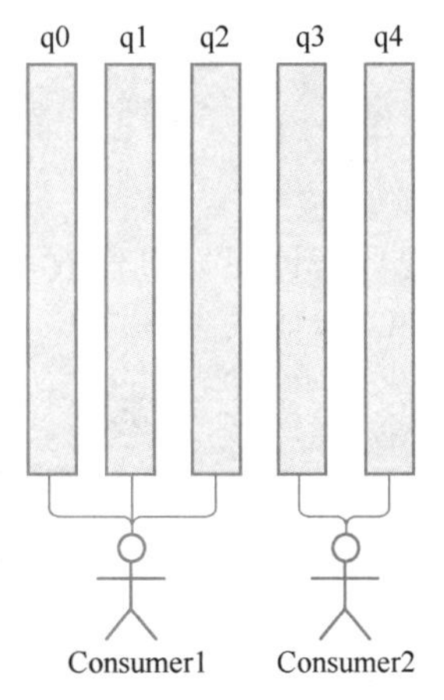

● 图 3-55　消费者平均分配

消息消费负载均衡算法代码如下所示，此代码有详细的注释，此算法为 RocketMQ 默认使用的算法——平均分配算法。

```
/**
 * Average Hashing queue algorithm
 * 队列分配策略 - 平均分配
 * 如果 队列数 和 消费者数量 相除有余数时,余数按照顺序"1"个"1"个分配消费者.
 * 例如,5 个队列,3 个消费者时,分配如下:
 * - 消费者 0:[0, 1] 2 个队列
 * - 消费者 1:[2, 3] 2 个队列
```

```
 * - 消费者 2:[4, 4] 1 个队列
 * 代码块 (mod > 0 && index < mod) 判断,即在处理相除有余数的情况
 */
public class AllocateMessageQueueAveragely implements AllocateMessageQueueS-
trategy {
    private final Logger log = ClientLogger.getLog();

    @Override
     public List < MessageQueue > allocate (String consumerGroup, String
currentCID, List<MessageQueue> mqAll, List<String> cidAll) {
        //平均分配
        //第几个 Consumer
        int index = cidAll.indexOf(currentCID);
        //余数,即多少消息队列无法平均分配
        int mod = mqAll.size() % cidAll.size();

        //队列总数 <= 消费者总数时,分配当前消费者 1 个队列
        //不能均分 &&  当前消费者序号(从 0 开始) < 余下的队列数 ,分配当前消费者 mqAll /
cidAll +1 个队列
        //不能均分 &&  当前消费者序号(从 0 开始) >= 余下的队列数 ,分配当前消费者 mqAll /
cidAll 个队列
        int averageSize = mqAll.size() <= cidAll.size() ? 1 : (mod > 0 && index <
mod ? mqAll.size() / cidAll.size() + 1 : mqAll.size() / cidAll.size());

        //有余数的情况下,[0, mod) 平分余数,即每 Consumer 多分配一个节点;第 index 开始,
跳过前 mod 余数
        int startIndex = (mod > 0 && index < mod) ? index * averageSize
            : index * averageSize + mod;
        //分配队列数量 之所以要 Math.min()的原因是,mqAll.size() <= cidAll.size(),部
分 Consumer 分配不到消费队列
        int range = Math.min(averageSize, mqAll.size() - startIndex);
        for (int i = 0; i < range; i++) {
            result.add(mqAll.get((startIndex + i) % mqAll.size()));
        }
        return result;
    }

    @Override
    public String getName() {
        return "AVG";
    }
}
```

7. 环形平均分配算法

消息消费的时候也可以指定消费算法，RocketMQ 本身提供多种负载消费的算法，那么如何设置不同的算法呢？设置方法如下所示，使用消费者设置负载均衡对象即可。

```
//设置负载策略
consumer.
    setAllocateMessageQueueStrategy(new AllocateMessageQueueAveragelyByCircle());
```

如果要使用一些其他的非默认负载消费策略，必须手动进行设置，甚至也可以使用接口定义内部类方法进行自定义消费策略。

```
consumer.setAllocateMessageQueueStrategy(new AllocateMessageQueueStrategy(){
    @Override
      public List < MessageQueue > allocate (String consumerGroup, String
currentCID, List<MessageQueue> mqAll, List<String> cidAll) {
        //实现自定义负载策略
        return null;
    }
    @Override
    public String getName() {
        return null;
    }
});
```

本节主要使用的环形平均分配算法，那么什么是环形平均分配算法呢？根据图 3-56 所示可以很清楚理解环形平均分配算法的原理。

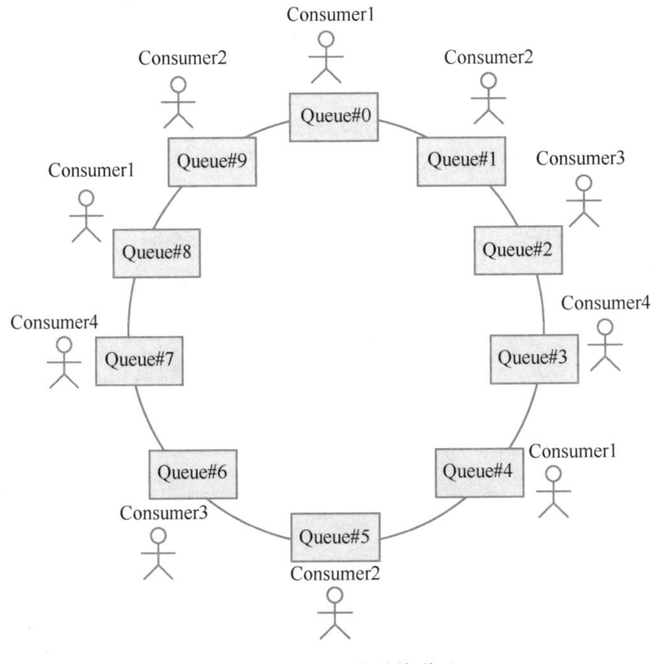

●图 3-56　环形平均分配

从图 3-56 可以看出，所谓的环形平均分配算法，就是把队列继续环形排列，然后把消费者进行顺序匹配，直到队列分配完毕为止。

举个例子：此时 Broker 服务器中一个 Topic 主题下有 10 个队列，同时一个消费者组中有 4 个消费者，具体平均方法如下所示。

1）首先对队列进行排序，然后对消费组中的消费者排序。

2）照顺序让消费者和队列进行顺序匹配。例如，第一轮分配：Consumer1@ Queue#0，Consumer2@ Queue#1，Consumer3@ Queue#2，Consumer4@ Queue#3；第二轮分配：Consumer1 @ Queue#4，Consumer2@ Queue#5，Consumer3@ Queue#6，Consumer4@ Queue#7；第三轮分配：Consumer1@ Queue#8，Consumer2@ Queue#9。

经过 3 轮分配，队列完全分配完毕。

因此最终的分片结果就是第一个消费者分得 3 个队列，第二个消费者分得 3 个队列，其他消费者都分配得到 2 个队列。这就是所谓的环形平均分配算法。

环形平均分配算法更详细的解析如以下代码所示，通过代码可以更深入地认识环形分配算法是如何实现的。

```
/**
 * Cycle average Hashing queue algorithm
 * 队列分配策略 - 环状分配
 */
public class AllocateMessageQueueAveragelyByCircle implements AllocateMes-
sageQueueStrategy {
    private final Logger log = ClientLogger.getLog();

    @Override
     public List < MessageQueue > allocate (String consumerGroup, String
currentCID, List<MessageQueue> mqAll,
        List<String> cidAll) {
         //创建队列集合,用于存放队列对象
        List<MessageQueue> result = new ArrayList<MessageQueue>();
        //判断当前消费者是否存在本组中,如果不存在直接返回
        if (!cidAll.contains(currentCID)) {
            return result;
        }

        //环状分配开始
        //获取当前消费在消费者集合的位置
        int index = cidAll.indexOf(currentCID);
         //以消费者在集合中的位置为起始,以队列的长度开始进行循环
        for (int i = index; i < mqAll.size(); i++) {
                //对消费者数量进行取模运行,如何让结果和当前角标位置相当,返回这些队列
            if (i % cidAll.size() == index) {
                result.add(mqAll.get(i));
            }
```

```
        }
        return result;
    }

    @Override
    public String getName() {
        return "AVG_BY_CIRCLE";
    }
}
```

以上代码理解并不困难，根据当前消费者 cid，计算出当前的消费应该分配得到哪些队列，然后把这些队列集合在一起分配给这个消费者。

8. 配置模式的负载均衡

配置模式的负载均衡即通过手动配置负载均衡的相关参数，例如：消费的队列、消费的 Topic、消费的机器等。配置模式的负载均衡算法比较简单，在客户端直接配置可消费的 messageQueueList，指定规定的消息队列即可，指定方式如下所示。

```
//设置消费策略
consumer.setAllocateMessageQueueStrategy(new AllocateMessageQueueByConfig(){
    {
        this.setMessageQueueList(Collections.singletonList(new MessageQueue(){{
            this.setQueueId(0);
            this.setTopic("jackhu");
            this.setBrokerName("jackhu-a");
        }}));
    }
});
```

在此算法中，可以手动指定消费的队列标号、主题名称、Broker 服务器的名称，设置完毕后，消费者将会在指定的主题，及 Broker 服务器中进行消费。

配置代码如下所示，可以看见配置代码只是提供了一个队列集合，此队列集合就是开发者自己定义配置的，配置完毕后就可以进行负载均衡以及消费。

```
/**
 * 队列分配策略 - 根据配置
 * TODO 疑问:使用场景
 */
public class AllocateMessageQueueByConfig implements AllocateMessageQueueS-
trategy {
    private List<MessageQueue> messageQueueList;

    @Override
    public List<MessageQueue> allocate(String consumerGroup, String currentCID,
List<MessageQueue> mqAll,
```

```
        List<String> cidAll) {
        return this.messageQueueList;
    }

    @Override
    public String getName() {
        return "CONFIG";
    }

    public List<MessageQueue> getMessageQueueList() {
        return messageQueueList;
    }

    public void setMessageQueueList(List<MessageQueue> messageQueueList) {
        this.messageQueueList = messageQueueList;
    }
}
```

9. 一致性哈希负载均衡算法

此算法是这几种算法中最复杂的一个。一致性哈希负载均衡的目的是要保证相同的请求尽可能落在同一个服务器上。

为什么是说尽可能？因为服务器会发生上下线，在少数服务器变化的时候不应该影响大多数的请求。再讲此算法前，先简单介绍一下一致性哈希算法。

普通 hash 算法可以简单理解为对 key 值进行 hash 之后对服务器取模，也就是 hash(key) % n。这个时候如果一台服务器宕机了，或者需要新增一台服务器，那么 n 值就会变更，这样就会导致所有的请求都会变更。

举个简单的例子，有个 redis 集群部署了 4 台服务器，如果将 key1 使用随机存储，那么找 key1 的时候可能就需要遍历 4 台服务器，效率差。换种方式，对 key1 哈希操作后取模，将它定位到一台服务器上，这样在查找 key1 的时候就可以很快定位到一台服务器上。可是这样还有一个问题，就是之前所说的如果 redis 集群增加了一台服务器，或者有一台服务器宕机了要从集群中去除。这样再通过 hash 算出的值就发生了变化。短时间发生缓存雪崩。

一致性 hash 算法的要点如下。

1）哈希环：例子中的 hash 算法是对服务器取模，一致性哈希算法使用的是对 2^{32} 取模，就是一致性哈希将整个 hash 空间组织成了一个圆环——$0\sim2^{32}-1$。

2）物理节点：将服务器（IP+端口）进行 hash，映射成环上的一个节点。当请求到来时，根据请求的 key，hash 映射到环上，顺时针选取最近的一个服务器进行请求。

3）虚拟节点：当环上的服务器较少时，会出现分配不均匀的情况，即大量的请求落在同一台服务器上。为了避免这种情况，就引入了虚拟节点，比如通过添加后缀的方式给物理节点克隆出三个虚拟节点，如果两台物理节点都克隆三个虚拟节点，那么环上就一共有 8 个节点。只是被克隆的虚拟节点最后还是会定位到实际物理节点上，但是可以有效地分摊请求。

一致性 hash 相对于普通 hash，优点在于映射到环上的其请求，是发送到环上离他最近的一个服务器，如果一台服务器宕机或者新增一台服务器，那么影响的请求只有这台服务器和前一个服务器节点之间的请求，其他的并不会影响。

使用这种算法，会将 Consumer 作为节点构造成一个 hash 环，然后 Queue 通过这个 hash 环来决定被分配给哪个 Consumer。其基本模式如图 3-57 所示。

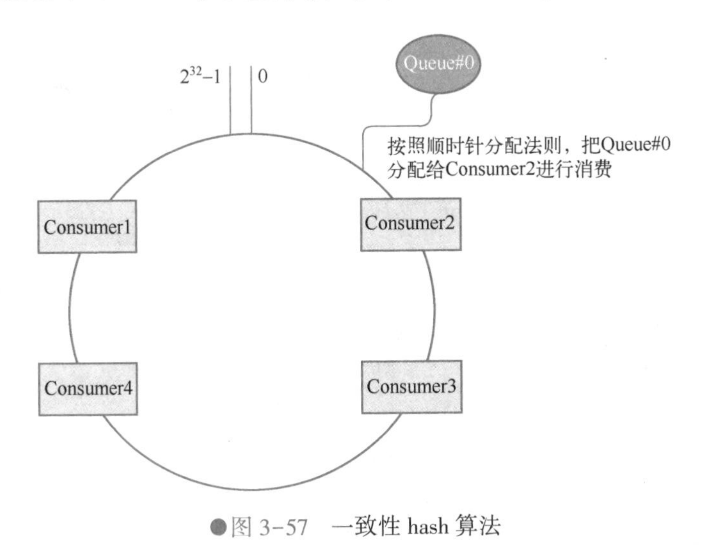

●图 3-57　一致性 hash 算法

接下来，再来看看 RocketMQ 是如何实现一致性哈希负载均衡算法的。

```
public class AllocateMessageQueueConsistentHash implements AllocateMessage-
QueueStrategy {
    private final InternalLogger log = ClientLogger.getLog();

    private final int virtualNodeCnt;
    //md5 hash 算法
private final HashFunction customHashFunction;

    public AllocateMessageQueueConsistentHash() {
        this (10);
    }

    public AllocateMessageQueueConsistentHash(int virtualNodeCnt) {
        this (virtualNodeCnt, null);
    }
    //构造设置虚拟节点数量
    public AllocateMessageQueueConsistentHash(int virtualNodeCnt, HashFunction
customHashFunction) {
        if (virtualNodeCnt < 0) {
            throw new IllegalArgumentException("illegal virtualNodeCnt :" + virtual-
NodeCnt);
```

```
        }
        this.virtualNodeCnt = virtualNodeCnt;
        this.customHashFunction = customHashFunction;
    }

    //实现具体的负载均衡算法
    @Override
    public List < MessageQueue > allocate (String consumerGroup, String
currentCID, List<MessageQueue> mqAll,
        List<String> cidAll) {

        List<MessageQueue> result = new ArrayList<MessageQueue>();
        if (!cidAll.contains(currentCID)) {
            log.info("[BUG] ConsumerGroup: {} The consumerId: {} not in cidAll: {}",
                consumerGroup,
                currentCID,
                cidAll);
            return result;
        }
        //根据客户端节点,把所有的消费者都放入一个集合
        Collection<ClientNode> cidNodes = new ArrayList<ClientNode>();
        for (String cid : cidAll) {
            cidNodes.add(new ClientNode(cid));
        }
        //构造 hash 环
        final ConsistentHashRouter<ClientNode> router;
        if (customHashFunction != null) {
            router = new ConsistentHashRouter<ClientNode>(cidNodes, virtualNodeCnt,
customHashFunction);
        } else {
            router = new ConsistentHashRouter<ClientNode>(cidNodes, virtualNodeCnt);
        }
        List<MessageQueue> results = new ArrayList<MessageQueue>();
        for (MessageQueue mq : mqAll) {
            ClientNode clientNode = router.routeNode(mq.toString());
            if (clientNode != null && currentCID.equals(clientNode.getKey())) {
                results.add(mq);
            }
        }
        return results;
    }
    @Override
    public String getName() {
```

```
        return "CONSISTENT_HASH";
    }

    private static class ClientNode implements Node {
        private final String clientID;

        public ClientNode(String clientID) {
            this.clientID = clientID;
        }

        @Override
        public String getKey() {
            return clientID;
        }
    }
}
```

上面代码在 ConsistentHashRouter 这个类中构建了哈希环，算法的主要实现都是在这个类中实现的。构造方法中 pNodes 表示物理节点；vNodeCount 表示虚拟节点个数，默认 10 个；HashFunction 表示哈希算法接口，可以自己实现，默认使用 MD5 实现哈希算法。addNode 方法将物理节点和虚拟节点映射到哈希环上。哈希环的构建是通过 TreeMap 来实现的，将物理节点、虚拟节点放入 treeMap 里，通过 treeMap 的 tailMap、firstKey()等方法来获取请求映射对应的节点。

10. 指定机房负载均衡算法

只消费特定 Broker 中的消息，如图 3-58 所示。图 3-57 是消费者小于队列数情况，图 3-58 是消费者多余队列数情况。假设有三个机房，配置机房三不在消费者的服务范围内，则实际消费对应关系如图 3-58 所示。

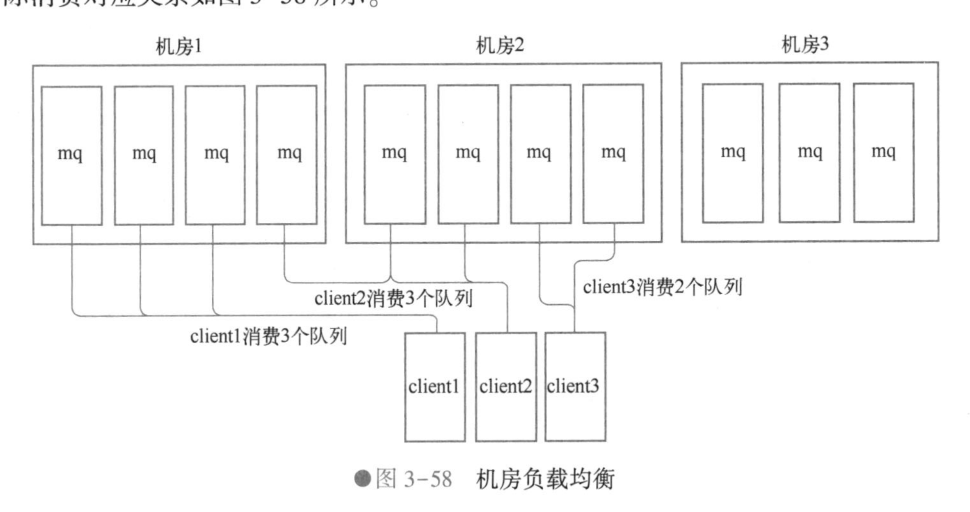

●图 3-58　机房负载均衡

指定机房分配现根据 mq 中的 brokerName 找出有效的机房信息（也就是消息队列）。然后再平分，这个算法的逻辑是先算出平均值和余数，它和 AllocateMessageQueueAveragely 平均算法的不同在于，它是先给每个消费者分配 mod（平均值个数）个消息队列，然后余数再从头开始一个个分配，假设 mq 有 8 个，消费者 3 个，那么平均值 mod=2，余数 2，分配方式就是每个消费者先分配两个 mq，{0,1}，{2,3}，{4,5}，然后 2 个余数再从头开始分配，最后就是{0,1,6}，{2,3,7}，{4,5}。具体代码解析如下所示。

```
/**
 * Computer room Hashing queue algorithm, such as Alipay logic room
 */
public class AllocateMessageQueueByMachineRoom implements AllocateMessage-
QueueStrategy {
    private Set<String> consumeridcs;

    @Override
     public List < MessageQueue > allocate (String consumerGroup, String
currentCID, List<MessageQueue> mqAll,
        List<String> cidAll) {
        List<MessageQueue> result = new ArrayList<MessageQueue>();
        //计算出当前消费者 ID 在消费者集合中的具体位置
        int currentIndex = cidAll.indexOf(currentCID);
        if (currentIndex < 0) {
            return result;
        }
        List<MessageQueue> premqAll = new ArrayList<MessageQueue>();
        for (MessageQueue mq : mqAll) {
            String[] temp = mq.getBrokerName().split("@ ");
            if (temp.length == 2 && consumeridcs.contains(temp[0])) {
                premqAll.add(mq);
            }
        }
        //队列长度除以客户端长度
        int mod = premqAll.size() /cidAll.size();
         //队列长度 mod 客户端长度,求余数
        int rem = premqAll.size() % cidAll.size();
        int startIndex = mod * currentIndex;
        int endIndex = startIndex + mod;
        for (int i = startIndex; i < endIndex; i++) {
            result.add(mqAll.get(i));
        }
        if (rem > currentIndex) {
            result.add(premqAll.get(currentIndex + mod * cidAll.size()));
        }
        return result;
```

```
    }

    @Override
    public String getName() {
        return "MACHINE_ROOM";
    }

    public Set<String> getConsumeridcs() {
        return consumeridcs;
    }

    public void setConsumeridcs(Set<String> consumeridcs) {
        this.consumeridcs = consumeridcs;
    }
}
```

11. 就近机房分配算法

就近机房分配策略是一种基于机房近端优先级的分配策略代理。实际的分配策略可以是指定的，如果任何消费者在机房中是存活状态，则部署在同一个机房的消息队列应该优先分配给同一个机房的消费者。否则这些队列可以与所有的消费者共享。

实际上，就近机房分配策略，也称为“同机房分配策略”，其分配方法就是首先会统计消费者与 Broker 所在机房，保证 Broker 中的消息优先被同机房的消费者消费，如果机房中没有消费者，则由其他机房的消费者消费。就近机房分配如图 3-59 所示。

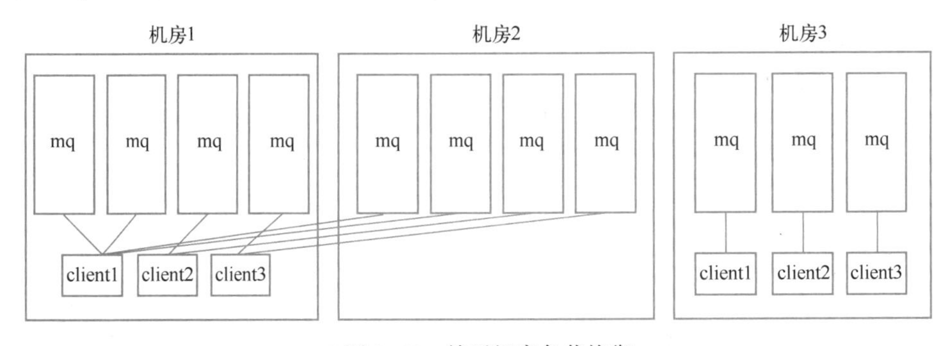

●图 3-59　就近机房负载均衡

实际的队列分配（同机房或跨机房）可以是指定其他算法。假设有三个机房，实际负载策略使用算法 1，机房 1 和机房 3 中存在消费者，机房 2 没有消费者。机房 1、机房 3 中的队列会分配给各自机房中的消费者，机房 2 的队列会被消费者平均分配。

```
public classAllocateMachineRoomNearby implements AllocateMessageQueueStrategy {
    private final InternalLogger log = ClientLogger.getLog();

    private final AllocateMessageQueueStrategy allocateMessageQueueStrategy;//
actual allocate strategy
```

```
    private final MachineRoomResolver machineRoomResolver;
}
```

3.3.4 消息失败重试

1. 消息异常处理

在 Consumer 使用的时候需要注册 MessageListener，对于 PushConsumer 来说需要注册 MessageListenerConcurrently，其中消费消息的接口会返回处理状态，分别如下。

1）ConsumeConcurrentlyStatus. CONSUME_SUCCESS，消费成功。

2）ConsumeConcurrentlyStatus. RECONSUME_LATER，推迟消费。

消息异常处理过程如图 3-60 所示。

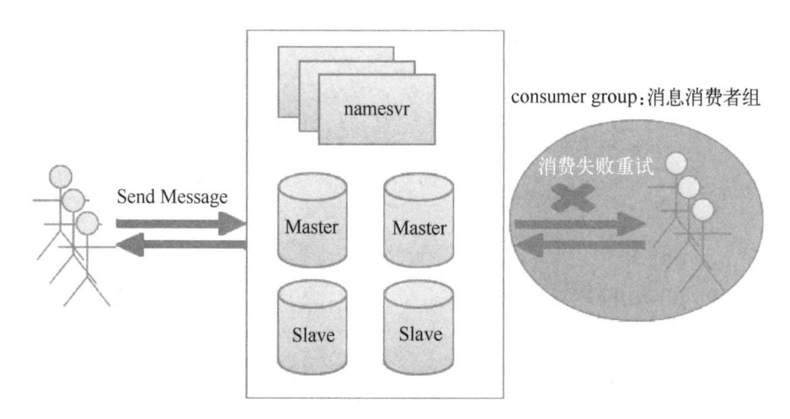

●图 3-60 消息异常处理

MessageListener 是在 ConsumeMessageConcurrentlyService 中被调用的，可以看到上述两个状态会分别映射到 CMResult 定义的枚举值，CMResult 的枚举值如下。

1）CMResult. CR_SUCCESS，消费成功。

2）CMResult. CR_LATER，推迟消费。

3）CMResult. CR_ROLLBACK，事务消息回滚。

4）CMResult. CR_COMMIT，事务消息投递。

5）CMResult. CR_THROW_EXCEPTION，消费过程异常。

6）CMResult. CR_RETURN_NULL，消费结果状态为 null。

消息消费的结果会在 ConsumeMessageConcurrentlyService. processConsumeResult 中进行处理。

从代码看返回 ConsumeConcurrentlyStatus. RECONSUME_LATER 状态之后的处理策略是将该组消息发送回 Broker，等待后续消息。发送回的消息会设置重试 Topic，重试 Topic 命名为："%RETRY%"+Consumer 组名。原先实际的 Topic 会暂存到消息属性当中，然后设置 delayLevel 以及 reconsumeTimes。

```
/**
 * 处理消费结果
```

```
 *
 * @param status              消费结果
 * @param context             消费 Context
 * @param consumeRequest      提交请求
 */
public void processConsumeResult(
    final ConsumeConcurrentlyStatus status,
    final ConsumeConcurrentlyContext context,
    final ConsumeRequest consumeRequest
) {
    int ackIndex = context.getAckIndex();

    //消息为空,直接返回
    if (consumeRequest.getMsgs().isEmpty()) {
        return;
    }

    //计算从 consumeRequest.msgs[0]到 consumeRequest.msgs[ackIndex]的消息消费成
功的数量
    switch (status) {
        case CONSUME_SUCCESS:
            if (ackIndex >= consumeRequest.getMsgs().size()) {
                ackIndex = consumeRequest.getMsgs().size() - 1;
            }
            //统计成功/失败数量
            int ok = ackIndex + 1;
            int failed = consumeRequest.getMsgs().size() - ok;
            this.getConsumerStatsManager().incConsumeOKTPS(consumerGroup, con-
sumeRequest.getMessageQueue().getTopic(), ok);
            this.getConsumerStatsManager().incConsumeFailedTPS(consumerGroup,
consumeRequest.getMessageQueue().getTopic(), failed);
            break;
        case RECONSUME_LATER:
            ackIndex = -1;
            //统计失败数量
            this.getConsumerStatsManager().incConsumeFailedTPS(consumerGroup,
consumeRequest.getMessageQueue().getTopic(),
                consumeRequest.getMsgs().size());
            break;
        default:
            break;
    }
```

```
    //处理消费失败的消息
    switch (this.defaultMQPushConsumer.getMessageModel()) {
        case BROADCASTING: //广播模式,无论是否消费失败,不发回消息到 Broker,只打
印 Log
            for (int i = ackIndex + 1; i < consumeRequest.getMsgs().size(); i++) {
                MessageExt msg = consumeRequest.getMsgs().get(i);
            }
            break;
        case CLUSTERING:
            //发回失败消息到 Broker,将失败线程内所有消息发回
            List<MessageExt> msgBackFailed = new
ArrayList<>(consumeRequest.getMsgs().size());
            for (int i = ackIndex + 1; i < consumeRequest.getMsgs().size(); i++) {
                MessageExt msg = consumeRequest.getMsgs().get(i);
                //把发送失败的消息发回 Broker 服务器
                booleanresult = this.sendMessageBack(msg, context);
                if (!result) {
                //重消费次数+1
                msg.setReconsumeTimes(msg.getReconsumeTimes() + 1);
                msgBackFailed.add(msg);
                }
            }

    //将消费重新发回 Broker,若发送失败,则提交延迟消费请求,也就是稍后会在客户端重新
消费
            if (!msgBackFailed.isEmpty()) {
                consumeRequest.getMsgs().removeAll(msgBackFailed);
                    this.submitConsumeRequestLater (msgBackFailed, consumeRe-
quest.getProcessQueue(), consumeRequest.getMessageQueue());
            }
            break;
        default:
            break;
    }

    //移除消费成功消息,并返回消费的最新进度
    //当 TreeMap 内消费消费完时,返回 putMessage 时的 maxOffset(最新一批消息的最大
offset);
    //当 TreeMap 内还存在消息时,返回 firstKey,也就是第一条消息的 offset,因为不能确定
里面的 TreeMap 内消息的消费情况
    long offset = consumeRequest.getProcessQueue().removeMessage(consumeRe-
quest.getMsgs());
```

```
    //更新最新消费进度,进度更新只能增长,不能降低
    if (offset >= 0 && !consumeRequest.getProcessQueue().isDropped()) {
this.defaultMQPushConsumerImpl.getOffsetStore ( ) .updateOffset  (consumeRe-
quest.getMessageQueue(), offset, true);
    }
}
```

Consumer 消费的时候可以设置 consumeMessageBatchMaxSize 来控制传入 MessageLisenter 的消息数量，这里的失败处理策略是，其中只要有一条消息消费失败就认为全部失败，这一批消息都会发送回 Broker。因此 consumeMessageBatchMaxSize 这个值的设置需要注意，否则容易出现消息重复消费问题。

2. Broker 处理流程

Broker 端对应的处理位于 SendMessageProcessor. consumerSendMsgBack 方法中。对于 Consumer 发送失败返回的消息，Broker 会将其放入重试 Topic 中。

```
/**
 * 消费者将消息发回给 Broker,可以指定多久后重新消费该消息
 *
 * @param ctx     ctx
 * @param request 请求
 * @return 响应
 * @throws RemotingCommandException 当远程调用异常
 */
private RemotingCommand consumerSendMsgBack(final ChannelHandlerContext ctx,
final RemotingCommand request)
    throws RemotingCommandException {

    //初始化响应
     final RemotingCommand response = RemotingCommand.createResponseCommand
(null);
     final ConsumerSendMsgBackRequestHeader requestHeader = (ConsumerSendMsg-
BackRequestHeader) request.decodeCommandCustomHeader (ConsumerSendMsgBackRe-
questHeader.class);
    //检查 Broker 是否有写入权限
      if  (! PermName.isWriteable  (this. brokerController.getBrokerConfig  ( )
.getBrokerPermission())) {
        response.setCode(ResponseCode.NO_PERMISSION);
            response. setRemark  ( " the  broker  [ "  +  this. brokerController.
getBrokerConfig().getBrokerIP1() + "] sending message is forbidden");
        return response;
    }
```

```
    //检查重试队列数是否大于0(独有)
    if (subscriptionGroupConfig.getRetryQueueNums() <= 0) {
        response.setCode(ResponseCode.SUCCESS);
        response.setRemark(null);
        return response;
    }

    //计算 retry Topic   "%RETRY%+consumeGroup"
    String newTopic = MixAll.getRetryTopic(requestHeader.getGroup());

    //计算队列编号(独有)  queueIdInt = 0
    int queueIdInt = Math.abs(this.random.nextInt() % 99999999) % subscrip-
tionGroupConfig.getRetryQueueNums();

    //计算 sysFlag(独有)
    int topicSysFlag = 0;
    if (requestHeader.isUnitMode()) {
        topicSysFlag = TopicSysFlag.buildSysFlag(false, true);
    }

    //获取 topicConfig,如果获取不到,则进行创建
    TopicConfig topicConfig = this.brokerController.getTopicConfigManager()
.createTopicInSendMessageBackMethod(
        newTopic,
        subscriptionGroupConfig.getRetryQueueNums(),
        PermName.PERM_WRITE | PermName.PERM_READ, topicSysFlag);
    if (null == topicConfig) { //没有配置
        response.setCode(ResponseCode.SYSTEM_ERROR);
        response.setRemark("topic[" + newTopic + "] not exist");
        return response;
    }
    if (!PermName.isWriteable(topicConfig.getPerm())) { //不允许写入
        response.setCode(ResponseCode.NO_PERMISSION);
        response.setRemark(String.format("the topic[%s] sending message is
forbidden", newTopic));
        return response;
    }

    //根据消息的 commitLog Offset 查询实际的 MessageExt,消费失败的实际消息
        MessageExt msgExt = this.brokerController.getMessageStore()
.lookMessageByOffset(requestHeader.getOffset());
    if (null == msgExt) {
```

```
        response.setCode(ResponseCode.SYSTEM_ERROR);
        response.setRemark("look message by offset failed, " + requestHeader.getOffset());
        return response;
    }

    //设置 PROPERTY_RETRY_TOPIC = 原始 Topic，非 %RETRY% consumeGroup,msgInner通过 setProperties()方法将原始消息的 Properties 拷贝过去
    final String retryTopic = msgExt.getProperty(MessageConst.PROPERTY_RETRY_TOPIC);
    if (null == retryTopic) {
        MessageAccessor.putProperty(msgExt, MessageConst.PROPERTY_RETRY_TOPIC, msgExt.getTopic());
    }

    //设置消息不等待存储完成(独有)
    msgExt.setWaitStoreMsgOK(false);

    //处理 delayLevel(独有)
    int delayLevel = requestHeader.getDelayLevel();
    int maxReconsumeTimes = subscriptionGroupConfig.getRetryMaxTimes();
    //V3_4_9 之后的版本,可以支持自定义消息的最大消费次数,若未指定,默认为 16
    if (request.getVersion() >= MQVersion.Version.V3_4_9.ordinal()) {
        maxReconsumeTimes = requestHeader.getMaxReconsumeTimes();
    }
    //如果超过最大消费次数或者 delayLevel < 0,则 Topic 修改成"%DLQ%" + 分组名,即加入死信队列(Dead Letter Queue)
    if (msgExt.getReconsumeTimes() >= maxReconsumeTimes || delayLevel < 0) {
        newTopic = MixAll.getDLQTopic(requestHeader.getGroup());
        queueIdInt = Math.abs(this.random.nextInt() % 99999999) % DLQ_NUMS_PER_GROUP;
        //DLQ 队列只能写,不能读
        topicConfig = this.brokerController.getTopicConfigManager().createTopicInSendMessageBackMethod(newTopic, //
            DLQ_NUMS_PER_GROUP,
            PermName.PERM_WRITE, 0
        );
        if (null == topicConfig) {
            response.setCode(ResponseCode.SYSTEM_ERROR);
            response.setRemark("topic[" + newTopic + "] not exist");
            return response;
        }
```

```
    } else {
        if (0 == delayLevel) {
            delayLevel = 3 + msgExt.getReconsumeTimes();  //延迟级别为 0,设置默认延迟级别为重消费次数 + 3,也就是一条消息被重试的次数越多,重投递的间隔越长
        }
        msgExt.setDelayTimeLevel(delayLevel);
    }

    //创建 MessageExtBrokerInner,这次存储的消息相比原始的消息仅仅 Topic,QueueId 有明显不同,其他的都拷贝原始消息的数据
    MessageExtBrokerInner msgInner = new MessageExtBrokerInner();
    //"% RETRY% +consumeGroup"
    msgInner.setTopic(newTopic);
    msgInner.setBody(msgExt.getBody());
    msgInner.setFlag(msgExt.getFlag());
    MessageAccessor.setProperties(msgInner,
        msgExt.getProperties());
//拷贝原始消息的 Properties,包括 PROPERTY_RETRY_TOPIC,PROPERTY_DELAY_TIME_LEVEL 等
msgInner.setPropertiesString (MessageDecoder.messageProperties2String (msgExt.getProperties()));
    msgInner.setTagsCode(MessageExtBrokerInner.tagsString2tagsCode(null, msgExt.getTags()));
    msgInner.setQueueId(queueIdInt);  //0
    msgInner.setSysFlag(msgExt.getSysFlag());
    msgInner.setBornTimestamp(msgExt.getBornTimestamp());
    msgInner.setBornHost(msgExt.getBornHost());
    msgInner.setStoreHost(this.getStoreHost());
    msgInner.setReconsumeTimes(msgExt.getReconsumeTimes() + 1);  //设置重试次数 + 1
    … ………
    response.setCode(ResponseCode.SYSTEM_ERROR);
    response.setRemark("putMessageResult is null");
    return response;
}
```

重试消息的重新投递逻辑与延迟消息一致，等待 DelayLevel 对应的延时一到，Broker 会尝试重新进行投递处理。DelayLevel 对应的延时级别是固定的。

RocketMQ 对应的配置为 MessageStoreConfig. messageDelayLevel，默认的级别为：

```
1s 5s 10s 30s 1m 2m 3m 4m 5m 6m 7m 8m 9m 10m 20m 30m 1h 2h 3h 4h 5h 6h 7h 8h 9h
```

鉴于 RocketMQ 的实现机制，可以去调整每一个级别对应的时间，但也存在一定缺陷：一是时间精度不够细，二是级别为固定级别。

3. 死信队列

RocketMQ 中的消息无法无限次重新消费，当然，手动修改重试次数是可以的。当重试次数超过所有延迟级别之后，消息会进入死信，死信 Topic 的命名为：%DLQ% + Consumer 组名。

```
//如果超过最大消费次数或者 delayLevel < 0,则 Topic 修改成"% DLQ% " + 分组名,即加入死信队列(Dead Letter Queue)
    if (msgExt.getReconsumeTimes() >= maxReconsumeTimes ||delayLevel < 0) {
        newTopic = MixAll.getDLQTopic(requestHeader.getGroup());
        queueIdInt = Math.abs(this.random.nextInt() % 99999999) % DLQ_NUMS_PER_GROUP;
        //DLQ 队列只能写,不能读
        topicConfig = this.brokerController.getTopicConfigManager().createTopicInSendMessageBackMethod(newTopic, //
            DLQ_NUMS_PER_GROUP,
            PermName.PERM_WRITE, 0
        );
```

进入死信之后的消息肯定不会再投递了，不过可以通过接口去查询当前 RocketMQ 中死信队列的消息。如果在上层实现自有命令，那么可以将消息从死信中移出并重新投递。

3.3.5 消息重新投递

1. 死信队列重新投递

当一条消息初次消费失败，消息队列 RocketMQ 会自动进行消息重试；达到最大重试次数后，若消费依然失败，则表明消费者在正常情况下无法正确地消费该消息，此时，消息队列 RocketMQ 不会立刻将消息丢弃，而是将其发送到该消费者对应的特殊队列中。

在消息队列 RocketMQ 中，这种正常情况下无法被消费的消息称为死信消息（Dead-Letter Message），存储死信消息的特殊队列称为死信队列（Dead-Letter Queue）。死信队列在控制台中的存储如图 3-61 所示。

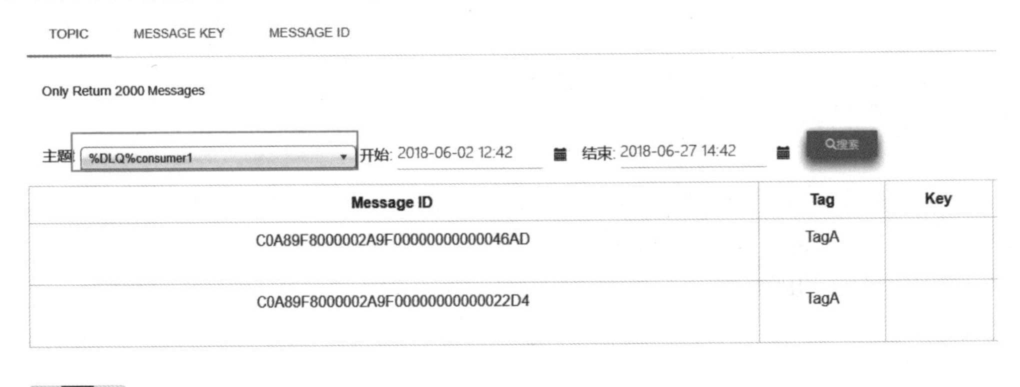

●图 3-61　死信队列在控制台中的存储

（1）死信消息的特性

1）不会再被消费者正常消费。

2）有效期与正常消息相同，均为 3 天，3 天后会被自动删除。因此，请在死信消息产生后的 3 天内及时处理。

3）一个死信队列对应一个 Group ID，而不是对应单个消费者实例。

4）如果一个 Group ID 未产生死信消息，消息队列 RocketMQ 版不会为其创建相应的死信队列。

5）一个死信队列包含了对应 Group ID 产生的所有死信消息，不论该消息属于哪个 Topic。

6）消息队列 RocketMQ 控制台提供对死信消息的查询、导出和重发功能。

（2）查询死信消息的方式

消息队列 RocketMQ 提供的查询死信消息的方式对比见表 3-5。

表 3-5 死信消息查询方式对比

查询方式	查询条件	查询类别	说明
按 Group ID 查询	Group ID+时间段	范围查询	根据 Group ID 和时间范围，批量获取符合条件的所有消息；查询量大，不易匹配
按 Message ID 查询	Group ID+Message ID	精确查询	根据 Group ID 和 Message ID 可以精确定位任意一条消息

按 Group ID 查询死信消息

用户可以根据 Group ID 和死信消息产生的时间范围，批量查询该 Group ID 在某段时间内产生的所有死信消息。

提醒：

死信消息产生的时间是指一条消息在投递重试达到最大次数后被发送到死信队列的时间。

（3）导出死信消息

若用户暂时无法处理死信消息，可以在消息队列 RocketMQ 控制台上将其导出，以免超过有效期。消息队列 RocketMQ 控制台提供对死信消息的单条导出和批量导出功能，导出的死信消息内容见表 3-6。

表 3-6 导出的死信消息内容

消息字段	字段含义
topic	消息所属的 Topic
msgId	消息的 ID
bornHost	消息产生的地址
bornTimestamp	消息产生的时间
storeTimestamp	死信消息产生的时间
reconsumeTimes	消费失败的次数
properties	消息属性；JSON 格式
body	消息体；base64 编码格式
bodyCRC	消息体 CRC

（4）重新发送死信消息

一条消息进入死信队列，意味着某些因素导致消费者无法正常消费该消息，因此，通常需要用户对其进行特殊处理。排查可疑因素并解决问题后，用户可以在消息队列RocketMQ控制台重新发送该消息，让消费者重新消费一次。死信队列重新投递如图3-62所示。

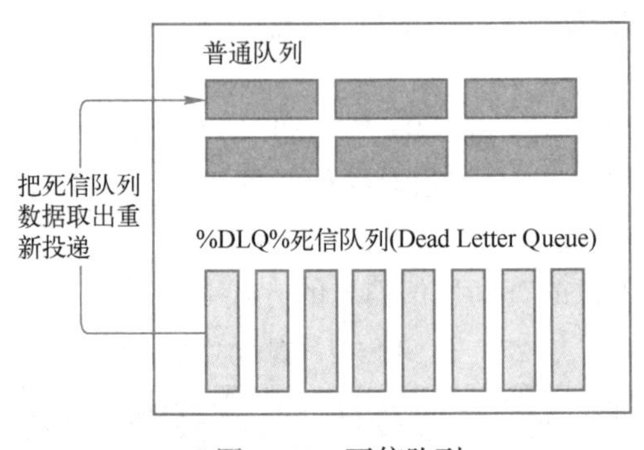

●图3-62 死信队列

也可采用人工方式，把消息导出，重新投递到Broker消息服务器，让消费者重新进行消费即可。

2. 定时重新投递

为了防止消息丢失，可以采用本地消息表的方式对失败消息进行重新投递，消费完毕的消息定时清空，防止消息表数据堆积。

在项目业务开发中，消息在发送阶段由于网络抖动、Broker服务宕机等原因，发送失败，造成消息丢失。同时在消费端由于消费者消费消息失败，消息进入死信队列，这还不是最严重的，最严重的是消费者消费消息的时候，此时恰好Broker服务器宕机，在极限时间差情况下，此时消息还没有落盘，或者不可抗力的因素导致消息丢失。对于一些核心业务来说，消息丢失是非常危险的，因此为了保证消息100%不丢失，可以采用本地消息表的方式进行失败消息的重新投递。

保证消息100%可靠性，具体实现方式如图3-63所示。

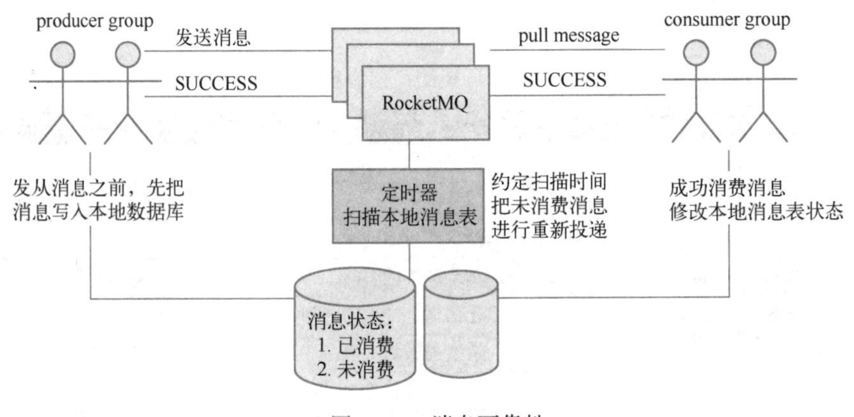

●图3-63 消息可靠性

3.4 Broker 服务注册与发现

RokcetMQ 是一个分布式的消息中间件，在架构设计上充分参考了 kafka 的架构的设计，kafka 的服务注册与发现采用的是 ZooKeeper 来进行的。那么 RocketMQ 采用什么样的方式呢？

RocketMQ 消息中间件在这里设计非常巧妙，自己开发了一个服务的注册中心 namesvr，而且这个 namesvr 是无状态服务，对服务的高可用性有了很大的提升。也就是说 RocketMQ 服务的注册与发现使用的 RocketMQ 自己开发的服务 namesvr 服务。

3.4.1 NameServer 介绍

Name Server 是专为 RocketMQ 设计的轻量级名称服务，具有简单、可集群横吐扩展、无状态，节点之间互不通信等特点。整个 RocketMQ 集群的工作原理如图 3-64 所示。

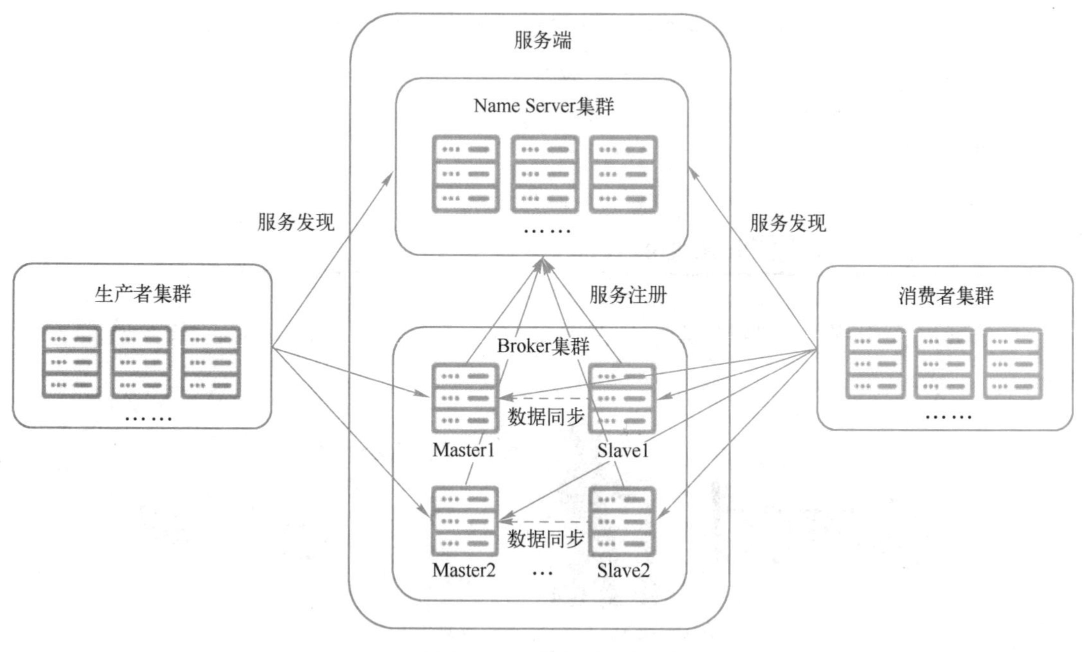

●图 3-64 服务注册发现

RocketMQ 架构上主要分为四部分，如图 3-64 所示。

1）Producer：消息发布的角色，支持分布式集群方式部署。Producer 通过 MQ 的负载均衡模块选择相应的 Broker 集群队列进行消息投递，投递的过程允许由于一些故障导致的快速失败，以及消息的低延迟。

2）Consumer：消息消费的角色，支持分布式集群方式部署。支持以 Push 推，Pull 拉两种模式对消息进行消费。同时也支持集群方式和广播方式的消费，它提供实时消息订阅机制，可以满足大多数用户的需求。

3）NameServer：NameServer 是一个非常简单的 Topic 路由注册中心，其角色类似 Dubbo 中的 ZooKeeper，支持 Broker 的动态注册与发现。主要包括两个功能：Broker 管理和路由信息管理。对于 Broker 管理，NameServer 接收 Broker 集群的注册信息并且保存下来作为路由信息的基本数据，然后提供心跳检测机制，检查 Broker 是否还存活。对于路由信息管理，每个 NameServer 将保存关于 Broker 集群的整个路由信息和用于客户端查询的队列信息。然后 Producer 和 Conumser 通过 NameServer 就可以知道整个 Broker 集群的路由信息，从而进行消息的投递和消费。NameServer 通常也是集群的方式部署，各实例间相互不进行信息通信。Broker 向每一台 NameServer 注册自己的路由信息，所以每一个 NameServer 实例上面都保存一份完整的路由信息。当某个 NameServer 因某种原因下线了，Broker 仍然可以向其他 NameServer 同步其路由信息，Producer 和 Consumer 仍然可以动态感知 Broker 的路由信息。

4）BrokerServer：Broker 主要负责消息的存储、投递和查询以及服务高可用保证，为了实现这些功能，Broker 包含了以下几个重要子模块。

① moting Module：整个 Broker 的实体，负责处理来自 clients 端的请求。

② ient Manager：负责管理客户端（Producer/Consumer）和维护 Consumer 的 Topic 订阅信息。

③ ore Service：提供方便简单的 API 接口处理消息存储到物理硬盘和查询功能。

④ Service：高可用服务，提供 Master Broker 和 Slave Broker 之间的数据同步功能。

⑤ dex Service：根据特定的 Message key 对投递到 Broker 的消息进行索引服务，以提供消息的快速查询。

3.4.2 为什么要使用 NameServer

目前可以作为服务发现的组件有很多，如 etcd、Consul、ZooKeeper 等，如图 3-65 所示。

●图 3-65　可作为服务发现的组件

那么为什么 RocketMQ 选择自己开发一个 NameServer，而不是使用这些开源组件呢？

RocketMQ 设计之初时参考的另一款消息中间件 Kafka 就使用了 ZooKeeper，ZooKeeper 为其提供了 Master 选举、分布式锁、数据的发布和订阅等诸多功能。事实上，在 RocketMQ 的早期版本，即 MetaQ 1. x 和 MetaQ 2. x 阶段，也是依赖 ZooKeeper 的。但 MetaQ 3. x（即 RocketMQ）却去掉了 ZooKeeper 依赖，转而采用自己的 NameServer。

RocketMQ 的架构设计决定了只需要一个轻量级的元数据服务器就足够了，只需要保持最终一致，而不需要 ZooKeeper 这样的强一致性解决方案，不需要再依赖另一个中间件，从而减少整体维护成本。敏锐的同学肯定已经意识到了，根据 CAP 理论，RocketMQ 在名称服务这个模块的设计上选择了 AP 而不是 CP，CAP 理论模型如图 3-66 所示。

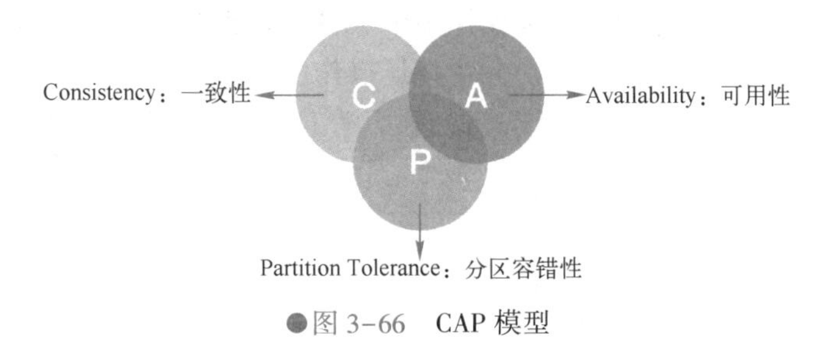

●图 3-66　CAP 模型

1）一致性（Consistency）：NameServer 集群中的多个实例，彼此之间是不通信的，这意味着在某一时刻，不同实例上维护的元数据可能是不同的，客户端获取到的数据也可能是不一致的。

2）可用性（Availability）：只要不是所有 NameServer 节点都挂掉，且某个节点可以在指定时间内响应客户端即可。

3）分区容错（Partiton Tolerance）：对于分布式架构，网络条件不可控，出现网络分区是不可避免的，只要保证部分 NameServer 节点网络可达，就可以获取到数据，具体看公司如何实施。例如：为了实现跨机房的容灾，可以将 NameServer 部署的不同机房，某个机房出现网络故障，其他机房依然可用，当然 Broker 集群、Producer 集群、Consumer 集群也要跨机房部署。

事实上，除了 RocketMQ 开发了自己的 NameServer，Kafka 社区也在 Wiki 空间上提交了一项新的改进提案“KIP-500：Replace ZooKeeper with a Self-Managed Metadata Quorum”，其目的是为了消除 Kafka 对 ZooKeeper 的依赖，该提案建议用自管理的元数据仲裁机制替换原来的 ZooKeeper 组件。

3.4.3　如何保证数据的最终一致

NameServer 作为一个名称服务，需要提供服务注册、服务剔除、服务发现这些基本功能，但是 NameServer 节点之间并不通信，在某个时刻各个节点数据可能不一致的情况下，要如何保证客户端可以最终拿到正确的数据？下面分别从路由注册、路由剔除、路由发现三个角度进行介绍。

1. 路由注册

对于 ZooKeeper、etcd 这样的强一致性组件，数据只要写到主节点，内部会通过状态机将数据复制到其他节点，ZooKeeper 使用的是 Zab 协议，etcd 使用的是 raft 协议。

但是 NameServer 节点之间是互不通信的，无法进行数据复制。RocketMQ 采取的策略是，在 Broker 节点启动的时候，轮训 NameServer 列表，与每个 NameServer 节点建立长连接，发起注册请求。NameServer 内部会维护一个 Broker 表，用来动态存储 Broker 的信息。

同时，Broker 节点为了证明自己是存活的，会将最新的信息上报给 NameServer，然后每隔 30 s 向 NameServer 发送心跳包，心跳包中包含 BrokerId、Broker 地址、Broker 名称、

Broker 所属集群名称等，然后 NameServer 接收到心跳包后，会更新时间戳，记录这个 Broker 的最新存活时间。

NameServer 在处理心跳包的时候，存在多个 Broker 同时操作一张 Broker 表的情况，为了防止并发修改 Broker 表导致不安全，路由注册操作引入了 ReadWriteLock 读写锁，这个设计亮点允许多个消息生产者并发读，保证了消息发送时的高并发，但是同一时刻 NameServer 只能处理一个 Broker 心跳包，多个心跳包串行处理。这也是读写锁的经典使用场景，即读多写少。

2. 路由剔除

正常情况下，如果 Broker 关闭，则会与 NameServer 断开长连接，Netty 的通道关闭监听器会监听到连接断开事件，然后会将这个 Broker 信息剔除掉。

异常情况下，NameServer 中有一个定时任务，每隔 10 s 扫描一下 Broker 表，如果某个 Broker 的心跳包最新时间戳距离当前时间超过 120 s，也会判定 Broker 失效并将其移除。

特别地，对于一些日常运维工作，如 Broker 升级，RocketMQ 提供了一种优雅剔除路由信息的方式。如在升级一个 Master 节点之前，可以先通过命令行工具禁止这个 Broker 的写权限，发送消息到这个 Broker 的请求，都会收到一个 NO_PERMISSION 响应，客户端会自动重试其他 Broker。

当观察到这个 Broker 没有流量后，再将这个 Broker 移除。

3. 路由发现

路由发现是客户端的行为，这里的客户端主要说的是生产者和消费者。

1）对于生产者，可以发送消息到多个 Topic，因此一般是在发送第一条消息时，才会根据 Topic 从 NameServer 获取路由信息。

2）对于消费者，订阅的 Topic 一般是固定的，所在在启动时就会拉取。

那么生产者/消费者在工作的过程中，如果路由信息发生了变化怎么处理呢？如：Broker 集群新增了节点，节点宕机或者 Queue 的数量发生了变化。细心的读者注意到，前面讲解 NameServer 在路由注册或者路由剔除过程中，并不会主动推送客户端的，这意味着，需要由客户端拉取主题的最新路由信息。

事实上，RocketMQ 客户端提供了定时拉取 Topic 最新路由信息的机制，这里直接结合代码来讲解。

DefaultMQProducer 和 DefaultMQConsumer 有一个 pollNameServerInterval 配置项，用于定时从 NameServer 获取最新的路由表，默认间隔时间是 30 s，它们底层都依赖一个 MQClientInstance 类。

MQClientInstance 类中有一个 updateTopicRouteInfoFromNameServer 方法，用于根据指定的拉取时间间隔，周期性地从 NameServer 拉取路由信息。在拉取时，会把当前启动的 Producer 和 Consumer 需要使用到的 Topic 列表放到一个集合中，逐个从 NameServer 进行更新，以下代码展示了这个过程。

```
/**
     * 更新单个 Topic 路由信息
     *
     * @param topic Topic
```

```
     * @return 是否更新成功
     */
    public booleanupdateTopicRouteInfoFromNameServer(final String topic) {
        return updateTopicRouteInfoFromNameServer(topic, false, null);
    }


    /**
     * 更新单个 Topic 路由信息
     * 若 isDefault=true && defaultMQProducer!=null 时,使用{createTopicKey}
     * @param topic              Topic
     * @param isDefault           是否默认
     * @param defaultMQProducer producer
     * @return 是否更新成功
     */
    public booleanupdateTopicRouteInfoFromNameServer(final String topic, boolean
isDefault,
        DefaultMQProducer defaultMQProducer) {
        try {
            if (this.lockNamesrv.tryLock(LOCK_TIMEOUT_MILLIS, TimeUnit.MILLISEC-
ONDS)) {
                try {
                    TopicRouteData topicRouteData;


if (isDefault && defaultMQProducer != null)
    //使用默认 TopicKey 获取 TopicRouteData
    //当 Broker 开启自动创建 topic 开关时,会使用 MixAll.DEFAULT_TOPIC 进行创建
    //DEFAULT_TOPIC = "TBW102";
    //当 Producer 的 createTopic 为 MixAll.DEFAULT_TOPIC 时,则可以获得 TopicRoute-
Data.
    //目的:用于新的 Topic,发送消息时,未创建路由信息,先使用 createTopic 的路由信息,等
到发送到 Broker 时,进行自动创建
            topicRouteData = this.mQClientAPIImpl.
            getDefaultTopicRouteInfoFromNameServer(defaultMQProducer
                                                .getCreateTopicKey(),1000 * 3);
                if (topicRouteData != null) {
                    for (QueueData data : topicRouteData.getQueueDatas()) {
                        int queueNums =
                        Math.min(defaultMQProducer.getDefaultTopicQueueNums(),
```

```
                    data.getReadQueueNums());
                    data.setReadQueueNums(queueNums);
                    data.setWriteQueueNums(queueNums);
                }
            }
        } else {
                topicRouteData = this.mQClientAPIImpl.getTopicRouteInfo-
FromNameServer(topic, 1000 * 3);
        }
        if (topicRouteData != null) {
            TopicRouteData old = this.topicRouteTable.get(topic);
            boolean changed = topicRouteDataIsChange(old, topicRouteData);
            if (!changed) {
                changed = this.isNeedUpdateTopicRouteInfo(topic);
            } else {
            }
            if (changed) {
  //克隆对象的原因:topicRouteData会被设置到下面的publishInfo/subscribeInfo
  TopicRouteData cloneTopicRouteData = topicRouteData.cloneTopicRouteData();

  //更新 Broker 地址相关信息,当某个 Broker 心跳超时后,会被从 BrokerData 的 bro-
kerAddrs中移除(由namesrv定时操作)
  //namesrv存在Slave的BrokerData,所以brokerAddrTable含有Slave的brokerAddr
      for (BrokerData bd : topicRouteData.getBrokerDatas()) {
                this.brokerAddrTable.put  ( bd.getBrokerName  (  ),
bd.getBrokerAddrs());
      }
                //Update Pub info
                {
                        TopicPublishInfo publishInfo = topicRouteDa-
ta2TopicPublishInfo(topic, topicRouteData);
                    publishInfo.setHaveTopicRouterInfo(true);
                      Iterator<Entry<String, MQProducerInner>> it =
this.producerTable.entrySet().iterator();
                    while (it.hasNext()) {
                        Entry<String, MQProducerInner> entry = it.next();
                        MQProducerInner impl = entry.getValue();
                        if (impl != null) {
                            impl.updateTopicPublishInfo(topic, publishInfo);
                        }
                    }
```

```
                }
            }
        return false;
    }
```

然而，定时拉取还不能解决所有的问题。因为客户端默认是每隔 30 s 会定时请求 NameServer 并获取最新的路由表，意味着客户端获取路由信息会有 30s 的延时。这就带来一个严重的问题，客户端无法实时感知 Broker 服务器的宕机。如果生产者和消费者在这 30 s 内，依然会向这个宕机的 Broker 发送或消费消息呢？这个问题的解决方案是，可以通过客户端重试机制来解决。

3.4.4 NameServer 选择策略

前面讲解了客户端在获取路由信息时，每次都会尝试先从缓存的路由表中查找 Topic 路由信息，如果找不到，那么就去 NameServer 更新尝试。下面介绍客户端 NameServer 节点的选择策略。

RocketMQ 会将用户设置的 NameServer 列表设置到 NettyRemotingClient 类的 namesrvAddrList 字段中，NettyRemotingClient 是 RocketMQ 对 Netty 进行了封装，如下：

```
private finalAtomicReference<List<String>> namesrvAddrList = new AtomicRefer-
ence<List<String>>();
```

具体选择哪个 NameServer，也是使用 round-robin 的策略。需要注意的是，尽管已使用 round-robin 策略，但是在选择了一个 NameServer 节点之后，后面总是会优先选择 NameServer，除非与这个 NameServer 节点通信出现异常，才会选择其他节点。

为什么客户端不与所有 NameServer 节点建立连接，而只选择其中一个？笔者认为，通常 NameServer 节点是固定的几个，但是客户端的数量可能是成百上千，为了减少每个 NameServer 节点的压力，每个客户端节点只随机与其中一个 NameServer 节点建立连接。

为了尽可能保证 NameServer 集群每个节点的负载均衡，在 round-robin 策略选择时，每个客户端的初始随机位置都不同，如下：

```
        private finalAtomicInteger namesrvIndex = new AtomicInteger(initVal-
ueIndex());
```

其中 initValueIndex()就是计算一个随机值，之后每次选择 NameServer 时，namesrvIndex+1 之后，对 namesrvAddrList 取模，计算在数据下标的位置，尝试创建连接，一旦创建成功，会将当前选择的 NameServer 地址记录到 namesrvAddrChoosed 字段中。

```
        private finalAtomicReference<String> namesrvAddrChoosed = new Atomi-
cReference<String>();
```

如果某个 NameServer 节点创建连接失败，会自动重试其他节点。

3.5 消息存储原理

消息存储是影响消息存取效率的关键因素，为什么 RocketMQ 消息中间件单机吞吐量能达到 10w 级别呢？为什么 RocketMQ 的主题数量增大，性能不会明显下降呢？这都和 RocketMQ 的存储设计有关。本节将会详细分析 RocketMQ 存储的原理，对以上的问题进行深入的探索。

3.5.1 RocketMQ 存储整体架构

RocketMQ 之所以能单机支持上万的持久化队列与其独特的存储结构是密不可分的，如图 3-67 所示。

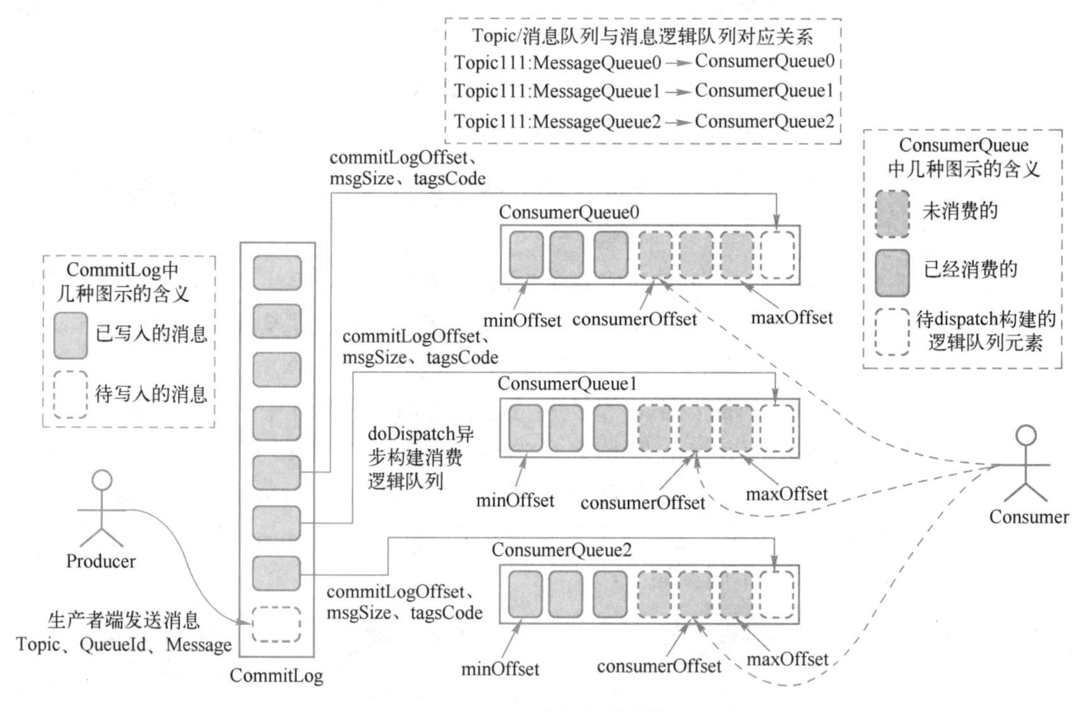

●图 3-67　消息存储原理

图 3-67 中假设 Consumer 端默认设置的是同一个 ConsumerGroup，因而 Consumer 端线程采用的是负载订阅的方式进行消费。从架构图 3-67 中可以总结出如下几个关键点。

（1）消息生产与消息消费相互分离

Producer 端发送消息最终写入的是 CommitLog（消息存储的日志数据文件），Consumer 端先从 ConsumeQueue（消息逻辑队列）读取持久化消息的起始物理位置偏移量 offset、大小和消息 Tag 的 HashCode 值，随后再从 CommitLog 中读取待拉取消费消息的真正实体内容部分。

（2）RocketMQ 的 CommitLog 文件采用混合型存储

所有 Topic 下的消息队列共用同一个 CommitLog 的日志数据文件，并通过建立相似索引文件——ConsumeQueue 的方式来区分不同 Topic 下的不同 MessageQueue 消息，同时为消费消息起到肯定的缓冲作用（只有 ReputMessageService 异步服务线程通过 doDispatch 异步生成了 ConsumeQueue 队列的元素后，Consumer 端才能进行消费）。这样，只要消息写入并刷盘至 CommitLog 文件后，消息就不会丢失，即便 ConsumeQueue 中的数据丢失，也可以通过 CommitLog 来恢复。

（3）RocketMQ 完全顺序读写文件

发送消息时，生产者端的消息的确是顺序写入 CommitLog 的；订阅消息时，消费者端也是顺序读取 ConsumeQueue 的，但是从 CommitLog 文件中读取数据时是随机读取，根据消息在 CommitLog 文件中的起始 offset 读取消息的内容。在 RocketMQ 集群整体的吞吐量、并发量非常高的情况下，随机读取文件带来的性能开销影响还是比较大的，那么应该如何去优化和避免这个问题呢？后面的章节将会逐渐来解答这个问题。

同样也可以总结下 RocketMQ 存储架构的优缺点。

1）优点：①ConsumeQueue 消息逻辑队列较为轻量；②对磁盘的访问串行化，避免了磁盘竞争，不会由于队列添加导致 IOWAIT 增高。

2）缺点：①对于 CommitLog 来说写入消息尽管是顺序写，但是读却变成了完全的随机读；②Consumer 端订阅消费一条消息，需要先读 ConsumeQueue，再读 Commit Log，肯定程度上添加了开销。

3.5.2 Mmap 与 PageCache

Mmap 和 write/read 一样需要从 PageCache 中进行刷盘，但是 Mmap 的好处就是减少了一次数据复制，直接将 PageCache 刷到硬盘上而不需要经过内核态。Linux 对文件的读写必须先走 PageCache，PageCache 是内存中的一块区域，这样做的好处是，在写入的时候不直接写入硬盘，而是写入内存，可以加速读写。后续操作系统会自动把其内容刷到硬盘上。

1. Mmap 内存映射技术

Mmap 内存映射技术——MappedByteBuffer

（1）Mmap 内存映射技术的特点

Mmap 内存映射和普通标准 IO 操作的本质区别在于它并不需要将文件中的数据先拷贝至操作系统的内核 IO 缓冲区，而是可以直接将客户进程私有地址空间中的一块区域与文件对象建立映射关系，这样程序就如同可以直接从内存中完成对文件的读/写操作一样。

当缺页中断发生时，直接将文件从磁盘拷贝至客户端的进程空间内，只进行了一次数据拷贝。对于容量较大的文件来说（文件大小一般需要限制在 1.5~2G 以下），采用 Mmap 的方式其读/写的效率和性能都非常高。Mmap 内存映射技术如图 3-68 所示。

（2）JDK NIO 的 MappedByteBuffer 简要分析

从 JDK 的代码来看（JDK 代码略…），MappedByteBuffer 继承自 ByteBuffer，其内部维护了一个逻辑地址变量——address。在建立映射关系时，MappedByteBuffer 利用了 JDK NIO 的 FileChannel 类提供的 map( ) 方法把文件对象映射到虚拟内存。

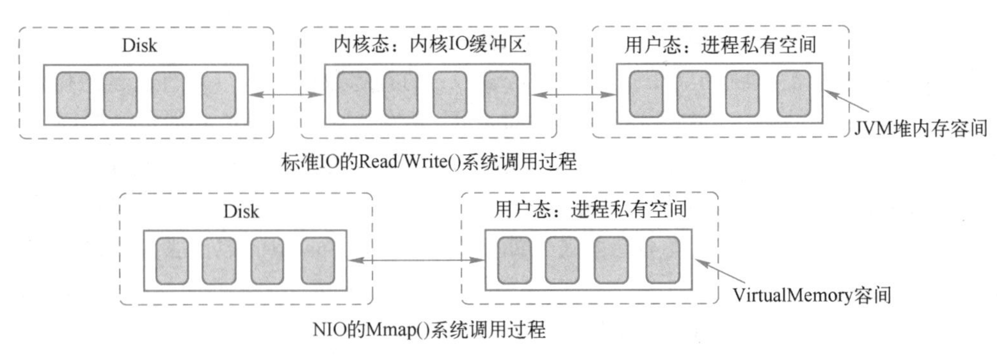

●图 3-68　Mmap 内存映射

仔细看 JDK 代码中 map( )方法的实现，可以发现最终其通过调用 native 方法 map0( )完成文件对象的映射工作，同时使用 Util. newMappedByteBuffer( )方法初始化 MappedByteBuffer 实例，但最终返回的是 DirectByteBuffer 的实例。在 Java 程序中使用 MappedByteBuffer 的 get( )方法来获取内存数据是最终通过 DirectByteBuffer. get( )方法实现（底层通过 unsafe. getByte( )方法，以“地址 + 偏移量”的方式获取指定映射至内存中的数据）。

（3）使用 Mmap 的限制

1）Mmap 映射的内存空间释放的问题：因为映射的内存空间本身就不属于 JVM 的堆内存区（Java Heap），因而其不受 JVM GC 的控制，卸载这部分内存空间需要通过系统调用 unmap( )方法来实现。然而 unmap( )方法是 FileChannelImpl 类里实现的私有方法，无法直接显示调用。RocketMQ 中的做法是，通过 Java 反射的方式调用“sun. misc”包下的 Cleaner 类的 clean( )方法来释放映射占用的内存空间。

2）MappedByteBuffer 内存映射大小限制：由于其占用的是虚拟内存（非 JVM 的堆内存），大小不受 JVM 的-Xmx 参数限制，但其大小也受到 OS 虚拟内存大小的限制。一般来说，一次只能映射 1. 5~2G 的文件至客户态的虚拟内存空间，这也是为何 RocketMQ 默认设置单个 CommitLog 日志数据文件为 1G 的原因了。

3）使用 MappedByteBuffe 的其余问题：会存在内存占用率较高和文件关闭不确定性的问题。

2. 操作系统的 PageCache 机制

PageCache 是操作系统对文件的缓存，用于加速对文件的读写。一般来说，程序对文件进行顺序读写的速度几乎接近于内存的读写访问，这里的主要原因就是在于操作系统使用 PageCache 机制对读写访问操作进行了性能优化，将一部分的内存用作 PageCache。

（1）对于数据文件的读取

假如一次读取文件时出现未命中 PageCache 的情况，操作系统从物理磁盘上访问读取文件的同时，会顺序对其余相邻块的数据文件（顺序读入紧随其后的少数几个页面）进行预读取。这样，只需下次访问的文件已经被加载至 PageCache 时，读取操作的速度基本等于访问内存。

（2）对于数据文件的写入

操作系统会先写入至 Cache 内，随后通过异步的方式由 pdflush 内核线程将 Cache 内的数据刷盘至物理磁盘上。

对于文件的顺序读写操作来说，读和写的区域都在操作系统的 PageCache 内，此时读写性能接近于内存。RocketMQ 的大致做法是，将数据文件映射到操作系统的虚拟内存中（通过 JDK NIO 的 MappedByteBuffer），写消息的时候首先写入 PageCache，并通过异步刷盘的方式将消息批量地做持久化（同时也支持同步刷盘）；订阅消费消息时（对 CommitLog 操作是随机读取），因为 PageCache 的局部性热点原理且整体情况下还是从旧到新的有序读，因而大部分情况下消息还是可以直接从 Page Cache 中读取，不会产生太多的缺页（Page Fault）中断而从磁盘读取。PageCahe 刷盘如图 3-69 所示。

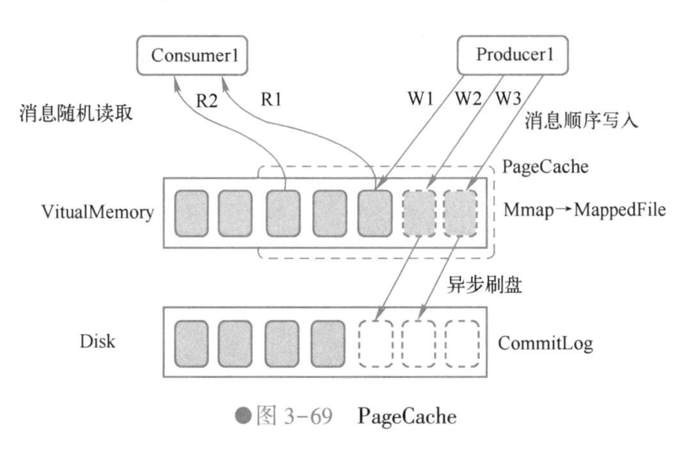

●图 3-69 PageCache

PageCache 机制也不是完全无缺点的，当遇到操作系统脏页回写、内存回收、内存 swap 等情况时，就会引起较大的消息读写推迟。

对于这些情况，RocketMQ 采用了多种优化技术，如内存预分配、文件预热、mlock 系统调用等，来保证在最大可能地发挥 PageCache 机制优点的同时，尽可能地减少其缺点带来的消息读写推迟。

3.5.3 RocketMQ 存储优化技术

这一节将主要详情 RocketMQ 存储层采用的几项优化技术方案在肯定程度上可以减少 PageCache 的缺点带来的影响，主要包括内存预分配、文件预热和 mlock 系统调用。

1. 预先分配 MappedFile

在消息写入过程中（调用 CommitLog putMessage( )方法），CommitLog 会先从 MappedFileQueue 队列中获取一个 MappedFile，假如没有就新建一个。MappedFile 对象预先分配主要过程如图 3-70 所示。

这里，MappedFile 的创立过程是将构建好的一个 AllocateRequest 请求（具体做法是，将下一个文件的路径、下下个文件的路径、文件大小作为参数封装成 AllocateRequest 对象）增加至队列中，后端运行的 AllocateMappedFileService 服务线程（在 Broker 启动时，该线程就会创立并运行），会不停地运行，只需请求队列里存在的请求，就会去执行 MappedFile 映射文件的创立和预分配工作，分配时有两种策略，一种是使用 Mmap 的方式来构建 MappedFile 实例，另外一种是从 TransientStorePool 堆外内存池中获取相应的 DirectByteBuffer 来构建

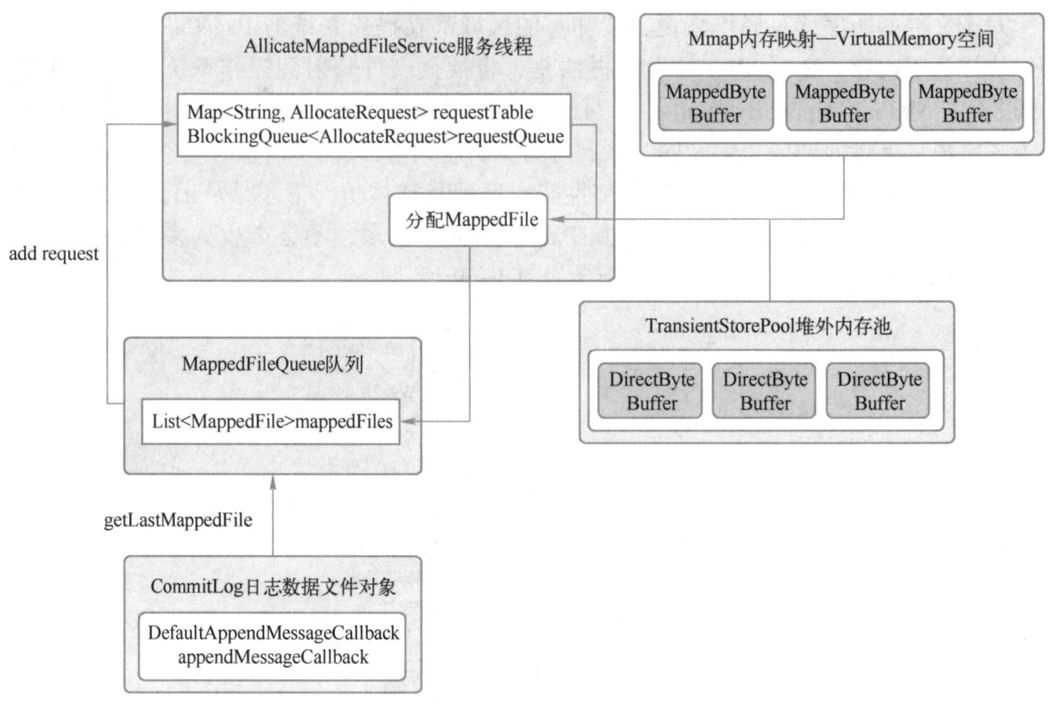

●图 3-70　预分配 MappedFile

MappedFile（具体采用哪种策略，也与刷盘的方式有关）。

并且，在创立分配完下个 MappedFile 后，还会将下下个 MappedFile 预先创立并保存至请求队列中，等待下次获取时直接返回。RocketMQ 中预分配 MappedFile 的设计非常巧妙，下次获取时直接返回即可不用等待 MappedFile 创立分配所产生的时间推迟。

2. 文件预热和 mlock 系统调用

（1） mlock 系统调用

该调用可以将进程使用的部分或者所有的地址空间锁定在物理内存中，防止其被交换到 swap 空间。对于 RocketMQ 这种的高吞吐量的分布式消息队列来说，追求的是消息读写低推迟，那么一定希望尽可能地多使用物理内存，提高数据读写访问的操作效率。

（2） 文件预热

预热的目的主要有两点：

第一，因为仅分配内存并进行 mlock 系统调用后并不会为程序完全锁定这些内存，所以其中的分页可能是写时复制的。因而，就有必要对每个内存页面中写入一个假的值。其中，RocketMQ 是在创立并分配 MappedFile 的过程中，预先写入少量随机值至 Mmap 映射出的内存空间里。

第二，调用 Mmap 进行内存映射后，操作系统只是建立虚拟内存地址至物理地址的映射表，而实际并没有加载任何文件至内存中。程序要访问数据时操作系统会检查该部分的分页能否已经在内存中，假如不在，则发出一次缺页中断。这里，可以想象下 1G 的 CommitLog 需要发生多少次缺页中断，才能使得对应的数据完全加载至物理内存中（ps：X86 的 Linux 中一个标准页面大小是 4 KB）？RocketMQ 的做法是，在做 Mmap 内存映射的同时进行 madvise 系统调用，目的是使操作系统做一次内存映射后对应的文件数据尽可能多地预加载至内存中，从而达到内存预热的效果。

3.5.4 存储模型与封装类

本节将会详细讲解消息底层的存储结构及消息的封装模型。

1）CommitLog：消息主体以及元数据的存储主体，存储 Producer 端写入的消息主体内容。单个文件大小默认 1 GB，文件名长度为 20 位，左边补零，剩余为起始偏移量，例如，00000000000000000000 代表了第一个文件，起始偏移量为 0，文件大小为 1 GB = 1073741824；当第一个文件写满了，第二个文件为 00000000001073741824，起始偏移量为 1073741824，以此类推。消息主要是顺序写入日志文件，当文件满了，写入下一个文件。

2）ConsumeQueue：消息消费的逻辑队列，其中包含了这个 MessageQueue 在 CommitLog 中的起始物理位置偏移量 offset、消息实体内容的大小和 Message Tag 的哈希值。从实际物理存储来说，ConsumeQueue 对应每个 Topic 和 QueuId 下面的文件。单个文件大小约 5.72 MB，每个文件由 30 W 条数据组成，每个文件默认大小为 6 MB，当一个 ConsumeQueue 类型的文件写满了，则写入下一个文件。

3）IndexFile：用于为生成的索引文件提供访问服务，通过消息 Key 值查询消息真正的实体内容。在实际的物理存储上，文件名则是以创立时的时间戳命名的，固定的单个 IndexFile 文件大小约为 400 MB，一个 IndexFile 可以保存 2000 W 个索引。

4）MapedFileQueue：对连续物理存储的笼统封装类，代码中可以通过消息存储的物理偏移量位置快速定位该 offset 所在 MappedFile（具体物理存储位置的笼统）、创立、删除 MappedFile 等操作。

5）MappedFile：文件存储的直接内存映射业务笼统封装类，代码中通过操作该类，可以把消息字节写入 PageCache 缓存区（commit），或者原子性地将消息持久化地刷盘（flush）。

3.5.5 刷盘的主要过程

在 RocketMQ 中消息刷盘主要可以分为同步刷盘和异步刷盘两种，主要刷盘的流程如图 3-71所示。

（1）同步刷盘

如图 3-71 所示，只有在消息真正持久化至磁盘后，RocketMQ 的 Broker 端才会真正地返回给 Producer 端一个成功的 ACK 响应。同步刷盘对 MQ 消息的可靠性来说是一种不错的保障，但是性能上会有较大影响，一般适用于金融业务应用领域。RocketMQ 同步刷盘的大致做法是，基于生产者消费者模型，主线程创立刷盘请求实例——GroupCommitRequest，并在放入刷盘写队列后唤醒同步刷盘线程——GroupCommitService，来执行刷盘动作（其中用了 CAS 变量和 CountDownLatch 来保证线程间的同步）。这里，RocketMQ 代码中用读写双缓存队列（requestsWrite/requestsRead）来实现读写分离，其带来的好处在于内部消费生成的同步刷盘请求可以不用加锁，提高并发量。

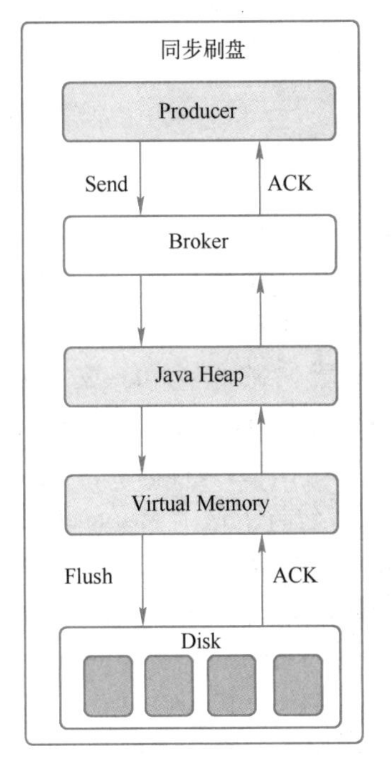

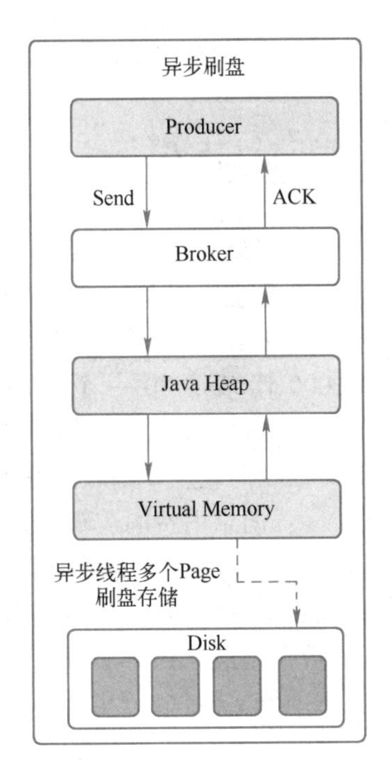

●图 3-71　刷盘流程

（2）异步刷盘

能够充分利用操作系统的 PageCache 的优势，只需消息写入 PageCache 就可成功地将 ACK 返回给 Producer 端。消息刷盘采用后端异步线程提交的方式进行，降低了读写推迟，提高了 MQ 的性能和吞吐量。异步和同步刷盘的区别在于，异步刷盘时，主线程并不会阻塞，在将刷盘线程 wakeup 后，就会继续执行。

3.5.6　Broker 消息处理

1. 接受消息处理流程

SendMessageProcessor 处理类接收到的消息后，通过 DefaultMessageStore 把消息变成 IndexFile、ConsumeQueue、CommitLog 三个对象。然后把这些对象变成内存映射对象再进行落盘。消息处理主要流程如图 3-72 所示。

2. 消息磁盘存储结构

RocketMQ 文件存储在 rocketmq 文件夹下的 store 文件夹内，里面包含 commitlog、config、consumerqueue、index 这四个文件夹和 abort、checkpoint 两个文件。其中，commitlog 内存储的是消息内容，config 内存储的是一些配置信息，consumerqueue 存储的是 topic 信息，index 存储的是消息队列的索引文件。abort 主要标记 mq 是正常退出还是异常退出，checkpoint 文件存储的是 commitlog、consumerqueue、index 文件的刷盘时间，store 目录包含的具体内容如下所示。

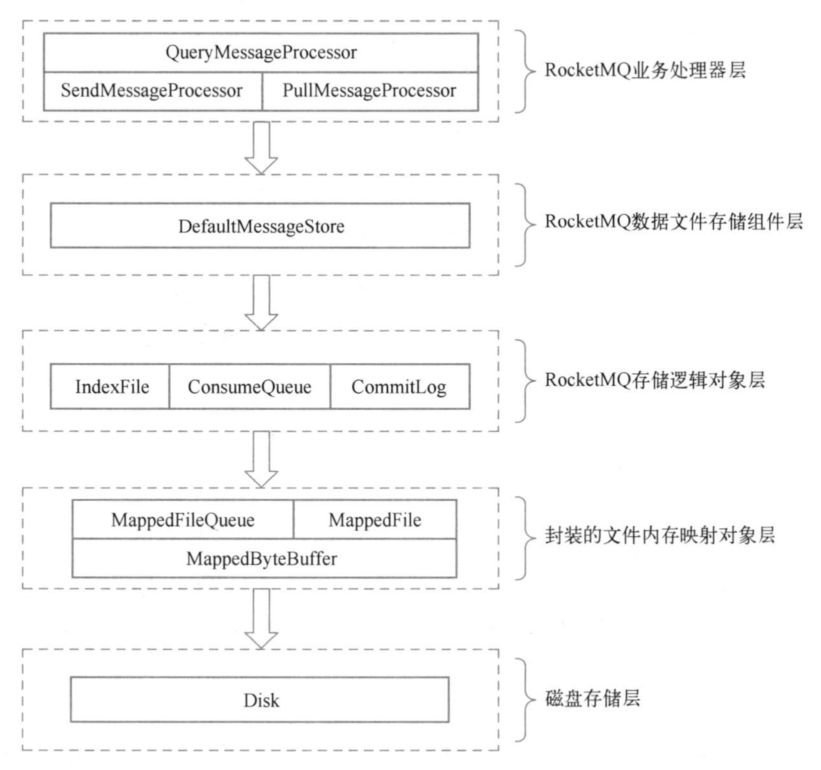

●图 3-72　消息处理流程

```
rocketmq
      |--store
            |-commitlog
            |      |-00000000000000000000
            |      |-00000000001073741824
            |-config
            |      |-consumerFilter.json
            |      |-consumerOffset.json
            |      |-delayOffset.json
            |      |-subscriptionGroup.json
            |      |-topics.json
            |-consumequeue
            |      |-SCHEDULE_TOPIX_XXX
            |      |-topicA
            |      |-topicB
            |            |-0
            |            |-1
            |            |-2
            |            |-3
            |                  |-00000000000000000000
```

```
|                     |-00000000001073741824
|-index
|       |-00000000000000000000
|       |-00000000001073741824
|-abort
|-checkpoint
```

对于磁盘上的存储对象，在程序内都有对应的封装对象。实际操作过程中，启动时，加载磁盘内容到封装对象；处理时，处理的是封装的对象，最后再刷盘到磁盘中。

1）CommitLog：对应 commitlog 文件。

2）ConsumeQueue：对应 consumerqueue 文件。

3）IndexFile：对应 index 文件。

4）MappedFile：文件存储的直接内存映射业务抽象封装类，代码中通过操作该类，可以把消息字节写入内存映射缓存区（commit），或者原子性地将消息持久化刷盘（flush）。

5）MapedFileQueue：对连续物理存储的抽象封装类，代码可以通过消息存储的物理偏移量位置快速定位该 offset 所在 MappedFile（具体物理存储位置的抽象）、创建、删除 MappedFile 等操作。

6）MappedFileBuff：堆外内存。

本节将会对 RocketMQ 数据存储主要封装对象进行详细的分析，主要包括 CommitLog、ConsumeQueue、IndexFile、MappedFile 等对象。

CommitLog ：MappedFileQueue ：MappedFile 关系对应如图 3-73 所示。

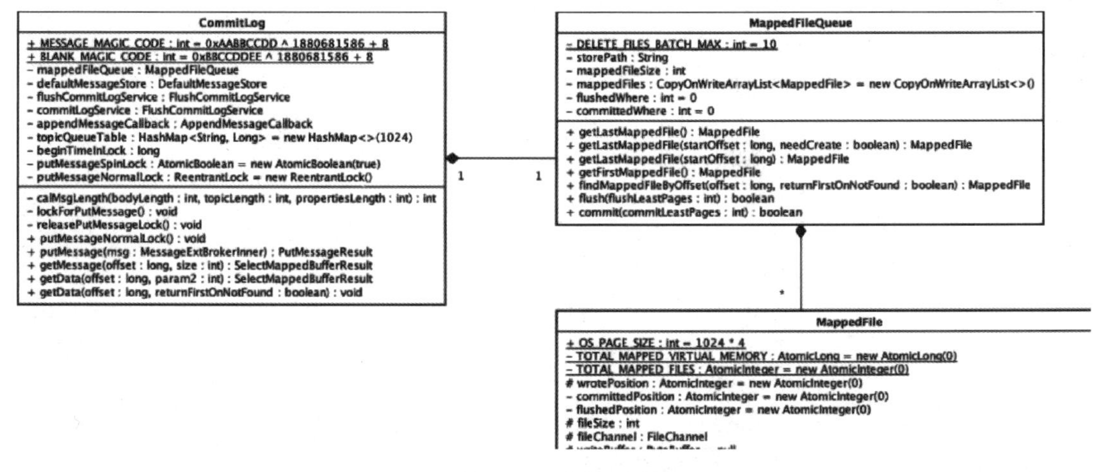

●图 3-73　对应关系图

3. SendMessage

sendMessageProcessor 是接收消息的一个钩子函数，叫作发送消息处理器，这个类将会处理发送到 Broker 服务的消息。

（1）processRequest

先解析发送消息的请求 SendMessageRequestHeader，然后调用 sendMessage，处理发送消息的业务逻辑。SendMessageProcessor 是 Broker 服务提供的发送消息和接收消息的钩子函数，如果是发送消息就调用 sendMessage，否则就使用 pullMessage 方法，表示从 Broker 服务中拉取消息。

```
//发送消息处理器
public classSendMessageProcessor extends AbstractSendMessageProcessor imple-
ments NettyRequestProcessor {
    private List<ConsumeMessageHook> consumeMessageHookList;

    public SendMessageProcessor(final BrokerController brokerController) {
        super(brokerController);
    }
    public RemotingCommand processRequest(ChannelHandlerContext ctx, Remoting-
Command request) throws RemotingCommandException {
        SendMessageContext mqtraceContext;
        switch (request.getCode()) {
            case RequestCode.CONSUMER_SEND_MSG_BACK:
                return this.consumerSendMsgBack(ctx, request);
            default:
                //解析请求
                  SendMessageRequestHeader requestHeader = parseRequestHeader
(request);
                if (requestHeader == null) {
                    return null;
                }
                //建立消息上下文
                mqtraceContext = buildMsgContext(ctx, requestHeader);
                //hook:处理发送消息前逻辑
                  this.executeSendMessageHookBefore(ctx, request, mqtraceCon-
text);
                //处理发送消息逻辑
                final RemotingCommand response = this.sendMessage(ctx, request,
mqtraceContext, requestHeader);
                //hook:处理发送消息后逻辑
                this.executeSendMessageHookAfter(response, mqtraceContext);
                return response;
        }
    }
```

（2）sendMessage

本节探讨的是消息存储，因此从消息发送到 Broker 服务器时候，使用的是 sendMessage 方法来接受消息，然后再进行消息存储。

```
/**
 * 发送消息
```

```
 *
 * @param ctx                        channel ctx
 * @param request                    请求
 * @param sendMessageContext         发送消息 ctx
 * @param requestHeader              发送消息请求
 * @return 响应
 * @throws RemotingCommandException 当远程调用异常
 */
private RemotingCommand sendMessage(final ChannelHandlerContext ctx,
                                    final RemotingCommand request,
                                    final SendMessageContext sendMessageContext,
                                    final SendMessageRequestHeader requestHeader)
throws RemotingCommandException {
    //初始化响应
     final RemotingCommand response = RemotingCommand.createResponseCommand
(SendMessageResponseHeader.class);
//构建请求对象
     final SendMessageResponseHeader responseHeader = (SendMessageResponse-
Header)response.readCustomHeader();
//设置相应头数据
    response.setOpaque(request.getOpaque());
     response.addExtField(MessageConst.PROPERTY_MSG_REGION, this.brokerCon-
troller.getBrokerConfig().getRegionId());
    response.addExtField(MessageConst.PROPERTY_TRACE_SWITCH, String.valueOf
(this.brokerController.getBrokerConfig().isTraceOn()));

    if (log.isDebugEnabled()) {
        log.debug("receive SendMessage request command, {}", request);
    }
    return response;
}
```

4. DefaultStoreMessage

sendMessageProcessor 接收到消息指令后，把消息变成存储对象 DefaultStoreMessage，其中消息存储对象类图关系如图 3-74 所示。

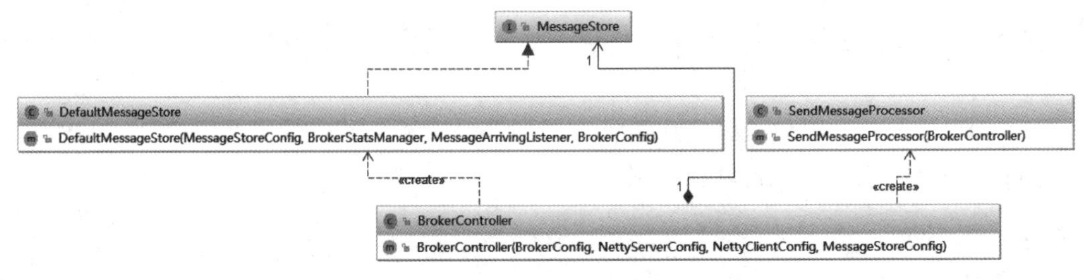

●图 3-74　存储对象关系

DefaultStoreMessage 的 PutMessage 默认消息存储封装对象代码如下所示。

```
@Override
public PutMessageResult putMessage(MessageExtBrokerInner msg) {
    //添加消息到 commitLog
    PutMessageResult result = this.commitLog.putMessage(msg);
    return result;
}
```

从上面的代码可以看出整个存储流程还是非常清晰的，首先指定 Broker 从节点不允许写入，然后是一些限制条件，比如：消息附加属性是否过长，store 是否允许存储等，如果以上都没问题的话，那么就把消息存储在 CommitLog 对象，这与上面的消息处理流程图（图 3-72）所描述的一致。

```
    //添加消息到 commitLog
    PutMessageResult result = this.commitLog.putMessage(msg);
```

5. CommitLog

CommitLog 的 putMessage 这是 CommitLog 对象中 putMessage 方法，Broker 服务收到消息后，最终消息存储在 Commitlog 对象中。Commitlog 是一个文件，消息在 Commitlog 文件中是顺序存储。

```
publicPutMessageResult putMessage(final MessageExtBrokerInner msg) {

    //延时消息处理,事务的 TRANSACTION_PREPARED_TYPE 和 TRANSACTION_ROLLBACK_TYPE
消息不支持延时投递
    final int tranType = MessageSysFlag.getTransactionValue(msg.getSysFlag());
    if (tranType == MessageSysFlag.TRANSACTION_NOT_TYPE || tranType == Messag-
eSysFlag.TRANSACTION_COMMIT_TYPE) {
        //Delay Delivery
        if (msg.getDelayTimeLevel() > 0) {
                                        if ( msg.getDelayTimeLevel ( ) >
this.defaultMessageStore.getScheduleMessageService().getMaxDelayLevel()) {
                                                        msg.setDelayTimeLevel
(this.defaultMessageStore.getScheduleMessageService().getMaxDelayLevel());
            }

            //存储消息时,延时消息进入 Topic`为 SCHEDULE_TOPIC_XXXX`.
            topic = ScheduleMessageService.SCHEDULE_TOPIC;

            // 消息队列编号与延迟级别做固定映射 queueId = delayLevel - 1
                    queueId = ScheduleMessageService.delayLevel2QueueId
(msg.getDelayTimeLevel());
    //获取写入映射文件
    MappedFile unlockMappedFile = null;
```

```
    MappedFile mappedFile = this.mappedFileQueue.getLastMappedFile();

    //获取追加锁,限制同一时间只能有一个线程进行数据的 Put 工作
    lockForPutMessage(); //spin...
    try {
        long beginLockTimestamp = this.defaultMessageStore.getSystemClock()
.now();
        this.beginTimeInLock = beginLockTimestamp;

        //当不存在映射文件或者文件空间已满,进行创建
        if (null == mappedFile || mappedFile.isFull()) {
            mappedFile = this.mappedFileQueue.getLastMappedFile(0); //Mark: Ne-
wFile may be cause noise
        }
        if (null == mappedFile) {
            log.error("create maped file1 error, topic: " + msg.getTopic() + " cli-
entAddr: " + msg.getBornHostString());
            beginTimeInLock = 0;
            return new PutMessageResult(PutMessageStatus.CREATE_MAPEDFILE_
FAILED, null);
        }

        //将消息追加到 MappedFile 的 MappedByteBuffer/writeBuffer 中,更新其写入位
置 wrotePosition,但还没 Commit 及 Flush
        result = mappedFile.appendMessage(msg, this.appendMessageCallback);
        switch (result.getStatus()) {
            case PUT_OK:
                break;
            case END_OF_FILE: //当文件剩余空间不足以插入当前消息时,创建新的 Mapper-
File,进行插入
//略…
            }

        eclipseTimeInLock = this.defaultMessageStore.getSystemClock().now() -
beginLockTimestamp;
        beginTimeInLock = 0;
    } finally {
        //释放锁
        releasePutMessageLock();
    }

    PutMessageResult putMessageResult = new PutMessageResult(PutMessageSta-
tus.PUT_OK, result);
```

```
    //进行同步||异步 flush||commit
    GroupCommitRequest request = null;
    //Synchronization flush
    if (FlushDiskType.SYNC_FLUSH == this.defaultMessageStore.getMessageStore-
Config().getFlushDiskType()) {
            final GroupCommitService service = (GroupCommitService)
this.flushCommitLogService;
        if (msg.isWaitStoreMsgOK()) {
            request = new GroupCommitRequest(result.getWroteOffset() + re-
sult.getWroteBytes());
            service.putRequest(request);
            boolean flushOK = request.waitForFlush(this.defaultMessageStore.
getMessageStoreConfig().getSyncFlushTimeout());
        }
    //Asynchronous flush
    else {
            if (!this.defaultMessageStore.getMessageStoreConfig()
.isTransientStorePoolEnable()) {
            //异步刷盘,使用 MappedByteBuffer,默认策略
            flushCommitLogService.wakeup();
        } else {
//异步刷盘,使用字节缓冲区+FileChannel
        commitLogService.wakeup();
        }
    }

    //Synchronous write double 如果是 SYNC_MASTER,马上将信息同步至 SLAVE;若 ASYNC_
MASTER,则每隔 1s 唤醒 SLAVE 同步请求
    if (BrokerRole.SYNC_MASTER == this.defaultMessageStore.getMessageStore-
Config().getBrokerRole()) {
        HAService service = this.defaultMessageStore.getHaService();
        if (msg.isWaitStoreMsgOK()) {
            //推送到 Slave 的 Offset 是否小于这条消息的 Offset,且 Slave 落后 Master 的
进度在允许范围内(256MB)
                if (service.isSlaveOK(result.getWroteOffset() +
result.getWroteBytes())) {
                //如果是 ASYNC_FLUSH
                if (null == request) {
                    request = new GroupCommitRequest(result.getWroteOffset() +
result.getWroteBytes());
                }
                service.putRequest(request);
```

```
                //唤醒 WriteSocketService
                service.getWaitNotifyObject().wakeupAll();
                }
        }
    }

    return putMessageResult;
}
```

RokcetMQ 消息存储在 CommitLog 文件中，最终消息落盘，采用 MappedFile 对象对文件进行封装，在 CommitLog 对象中从 MappedFileQueue 中获取 MappedFile 对象，若此对象不存在，那么就会创建此对象。

```
/**
 * 映射文件队列
 */
private final MappedFileQueue mappedFileQueue;
//获取写入映射文件
MappedFile unlockMappedFile = null;
MappedFile mappedFile = this.mappedFileQueue.getLastMappedFile();
//当不存在映射文件或者文件已经空间已满,进行创建
if (null == mappedFile || mappedFile.isFull()) {
    mappedFile = this.mappedFileQueue.getLastMappedFile(0); //Mark: NewFile
may be cause noise
}
```

然后把消息插入到 MappedFile. 如果 MappedFile 文件已满，那么重新创建一个 mappedFile 继续写入。接下来就是刷盘操作了，所谓的刷盘操作就是通过写文件的方式把消息持久化到磁盘，刷盘操作源码详情请看 flushCommitLogService 对象解析。

6. MappedFileQueue

Commlog 文件对象数据封装，首先从 MappedFileQueue 映射队列中获取 MappedFile 文件对象，获取方式是从队列的最末尾开始获取 MappedFile. 如果映射文件数组不为空，那么就从文件数组的末尾获取一个 MappedFile 用于封装消息数据。

```
/**
 * 获取最后一个 MappedFile
 * IndexOutOfBoundsException 的容错处理
 *
 * @return 最后一个映射文件
 */
public MappedFile getLastMappedFile() {
    MappedFile mappedFileLast = null;
```

```
    while (!this.mappedFiles.isEmpty()) {
        try {
            mappedFileLast = this.mappedFiles.get(this.mappedFiles.size() - 1);
            break;
        } catch (IndexOutOfBoundsException e) {
            //continue;
        } catch (Exception e) {
            log.error("getLastMappedFile has exception.", e);
            break;
        }
    }
    return mappedFileLast;
}
```

当 MappedFile 对象为空时，表示 MappedFile 对象不存在，那么就需要重新创建一个 MappedFile 对象，此对象的创建工作还是交给映射队列。

```
/**
 * 映射文件队列
 */
public class MappedFileQueue {
/**
 * 批量删除文件上限
 */
private static final int DELETE_FILES_BATCH_MAX = 10;
/**
 * 目录
 */
private final String storePath;
/**
 * 每个映射文件大小
 */
private final int mappedFileSize;
/**
 * 映射文件数组
 */
private final CopyOnWriteArrayList<MappedFile> mappedFiles = new CopyOnWrite-
ArrayList<>();
/**
 * TODO
 */
private final AllocateMappedFileService allocateMappedFileService;
/**
```

```
  * 最后 flush 到的位置 offset
  */
private long flushedWhere = 0;
/**
  * 最后 commit 到的位置 offset,这个变量是针对所有 MappedFile 的,committedWhere/
mappedFileSize = 写入文件的序号,从 0 开始
  */
private long committedWhere = 0;
/**
  * 最后 store 时间戳
  */
private volatile long storeTimestamp = 0;

public MappedFile getLastMappedFile(final long startOffset) {
    return getLastMappedFile(startOffset, true);
}

/**
  * 获取最后一个可写入的映射文件
  * 当最后一个文件已经满的时候,创建一个新的文件
  *
  * @param startOffset 开始 offset,用于一个映射文件都不存在时,创建的起始位置
  * @param needCreate  是否需要创建
  * @return 映射文件
  */
public MappedFile getLastMappedFile (final long startOffset, boolean
needCreate) {
    long createOffset = -1; //创建文件开始 offset.-1 时,不创建
    MappedFile mappedFileLast = getLastMappedFile();

    if (mappedFileLast == null) { //一个映射文件都不存在
        createOffset = startOffset - (startOffset % this.mappedFileSize); //计
算 startOffset 对应从哪个 offset 开始
    }

    if (mappedFileLast != null && mappedFileLast.isFull()) { //最后一个文件已满
            createOffset = mappedFileLast.getFileFromOffset() +
this.mappedFileSize; //文件名称是上个文件名+mappedFileSize 字节,(每个文件名称=文
件个数-1) * mappedFileSize
    }

    if (createOffset != -1 && needCreate) { //创建文件
```

```
        String nextFilePath = this.storePath + File.separator + UtilAll.off-
set2FileName(createOffset);
        String nextNextFilePath = this.storePath + File.separator + UtilAll.
offset2FileName(createOffset + this mappedFileSize);
        MappedFile mappedFile = null;

        if (this.allocateMappedFileService != null) {
            mappedFile = this.allocateMappedFileService.putRequestAndReturn-
MappedFile(nextFilePath, nextNextFilePath, this mappedFileSize);
        } else {
            try {
                mappedFile = new MappedFile(nextFilePath, this.mappedFileSize);
            } catch (IOException e) {
                log.error("create mappedFile exception", e);
            }
        }

        if (mappedFile != null) {
            if (this.mappedFiles.isEmpty()) {
                mappedFile.setFirstCreateInQueue(true);
            }
            this.mappedFiles.add(mappedFile);
        }
        return mappedFile;
    }
    return mappedFileLast;
}
```

7. MappedFile

在 ComitLog 对象代码中，可以看见最终把消息追加到 MappedFile 文件的 MappedByte-Buffer/writeBuffer 中，同时更新其写入位置 writePosition，但还没有刷盘。

```
//将消息追加到 MappedFile 的 MappedByteBuffer/writeBuffer 中,更新其写入位置
wrotePosition,但还没 Commit 及 Flush
result = mappedFile.appendMessage(msg, this.appendMessageCallback);
```

MappedFile 的 appendMessage，附加消息到消息映射文件，通过以下代码可以发现，实际上是把消息放入 ByteBuffer，同时更新写入的位置，更新写入位置的偏移量。

```
/**
 * 附加消息到文件
 * 实际是插入映射文件 buffer
 *
 * @param msg 消息
```

```
  * @param cb 逻辑
  * @return 附加消息结果
  */
public AppendMessageResult appendMessage(final MessageExtBrokerInner msg, fi-
nal AppendMessageCallback cb) {
    assert msg != null;
    assert cb != null;

    int currentPos = this.wrotePosition.get();

    if (currentPos < this.fileSize) {
         ByteBuffer byteBuffer = writeBuffer != null ? writeBuffer.slice() :
this.mappedByteBuffer.slice();
        byteBuffer.position(currentPos);
         AppendMessageResult result = cb.doAppend(this.getFileFromOffset(),
byteBuffer, this.fileSize - currentPos, msg);
        this.wrotePosition.addAndGet(result.getWroteBytes());
        this.storeTimestamp = result.getStoreTimestamp();
        return result;
    }

    log.error("MappedFile.appendMessage return null, wrotePosition: " + cur-
rentPos + " fileSize: "
        + this.fileSize);
    return new AppendMessageResult(AppendMessageStatus.UNKNOWN_ERROR);
}
```

说明：获取最后一个 MappedFile，若不存在或文件已满，则进行创建。计算当文件不存在或已满时，新创建文件的 createOffset。MappedFile 在进行持久层化存储时需要计算文件名，从此处可以得知，MappedFile 的文件命名规则如下。

```
fileName[n] = fileName[n - 1] + n * mappedFileSize fileName[0] = startOffset -
(startOffset % this.mappedFileSize)
```

目前 CommitLog 的 startOffset 为 0。fileName[0] = startOffset -（startOffset % this.mappedFileSize）计算出来的是：以 this.mappedFileSize 为每个文件大小时，startOffset 所在文件的开始偏移量，offset 具体对应的关系见表 3-7。

表 3-7 offset 对应关系

startOffset（开始偏移量）	mappedFileSize（文件长度）	createOffset（偏移长度）
5	1	5
5	2	4
5	3	3

（续）

startOffset（开始偏移量）	mappedFileSize（文件长度）	createOffset（偏移长度）
5	4	4
5	> 5	0

8. FlushCommitLogService

CommitLog 文件刷盘由 FlushCommitLogService 刷盘服务负责具体实施，首先必须知道是异步刷盘，还是同步刷盘。

1）FlushDiskType. SYNC_FLUSH 同步刷盘。

2）FlushDiskType. ASYNC_FLUSH 异步刷盘。

以上刷盘策略可以在 broker. conf 配置文件中进行配置。如果是同步刷盘，那么这个操作是同步阻塞操作，数据存储必须等到数据刷盘成功后，才会返回消息发送成功。

如果是异步刷盘，那么就不需要考虑等到刷盘成功后才返回，异步刷盘只需要把消息放入内存就可返回消息发送成功，此时不关心消息是否落盘成功，消息发送和消息落盘是异步的关系。

```
//✓ 进行同步||异步 flush||commit
GroupCommitRequest request = null;
//Synchronization flush
if (FlushDiskType.SYNC_FLUSH == this.defaultMessageStore.getMessageStoreConfig
().getFlushDiskType()) {
    final GroupCommitService service = (GroupCommitService) this.flushCom-
mitLogService;
    if (msg.isWaitStoreMsgOK()) {
        request = new GroupCommitRequest(result.getWroteOffset() + result.get-
WroteBytes());
        service.putRequest(request);
        boolean flushOK = request.waitForFlush(this.defaultMessageStore.get-
MessageStoreConfig().getSyncFlushTimeout());
        if (!flushOK) {
                log.error("do groupcommit, wait for flush failed, topic: " +
msg.getTopic() + " tags: " + msg.getTags()
                    + " client address: " + msg.getBornHostString());

            putMessageResult.setPutMessageStatus(PutMessageStatus.FLUSH_DISK_
TIMEOUT);
        }
    } else {
        service.wakeup();
    }
}
```

```
//Asynchronous flush
else {
    if (!this.defaultMessageStore.getMessageStoreConfig().
isTransientStorePoolEnable()) {
        flushCommitLogService.wakeup(); //异步刷盘,使用MappedByteBuffer,默认策略
    } else {
        commitLogService.wakeup();  //异步刷盘,使用字节缓冲区+FileChannel
    }
}
```

3.6 事务消息原理

在互联网行业，可以说在有分布式服务的地方，MQ 都往往不会缺席。由阿里自研的 RocketMQ 更是经历了多年的双十一高并发挑战，其 4.3.0 版本推出了事务消息的新特性，在分布式环境下对分布式服务或多数据源情况下数据一致性的处理方面，有非常好的应用。本节对 RocketMQ 版本事务消息相关的代码跟踪介绍，详细分析 RocketMQ 事务消息是如何实现的。

3.6.1 RocketMQ 事务消息

1. 什么是事务消息?

RocketMQ 在其消息定义的基础上，对事务消息扩展了两个相关的概念。

（1）Half(Prepare) Message——半消息（预处理消息）

半消息是一种特殊的消息类型，该状态的消息暂时不能被 Consumer 消费。当一条事务消息被成功投递到 Broker 上，但是 Broker 并没有接收到 Producer 发出的二次确认时，该事务消息就处于“暂时不可被消费”状态，该状态的事务消息被称为半消息。

（2）Message Status Check——消息状态回查

由于网络抖动、Producer 重启等原因，可能导致 Producer 向 Broker 发送的二次确认消息没有成功送达。如果 Broker 检测到某条事务消息长时间处于半消息状态，则会主动向 Producer 端发起回查操作，查询该事务消息在 Producer 端的事务状态（Commit 或 Rollback）。可以看出，Message Status Check 主要用来解决分布式事务中的超时问题。

图 3-75 是官网提供的事务消息执行流程图，下面对具体流程进行分析。

1）Producer 向 Broker 端发送 Half Message。

2）Broker ACK 确认，Half Message 发送成功。

3）Producer 执行本地事务。

4）本地事务完毕，根据事务的状态，Producer 向 Broker 发送二次确认消息，确认该 Half Message 的 Commit 或者 Rollback 状态。Broker 收到二次确认消息后，对于 Commit 状态，则直接发送到 Consumer 端执行消费逻辑，而对于 Rollback 则直接标记为失败，一段时间后

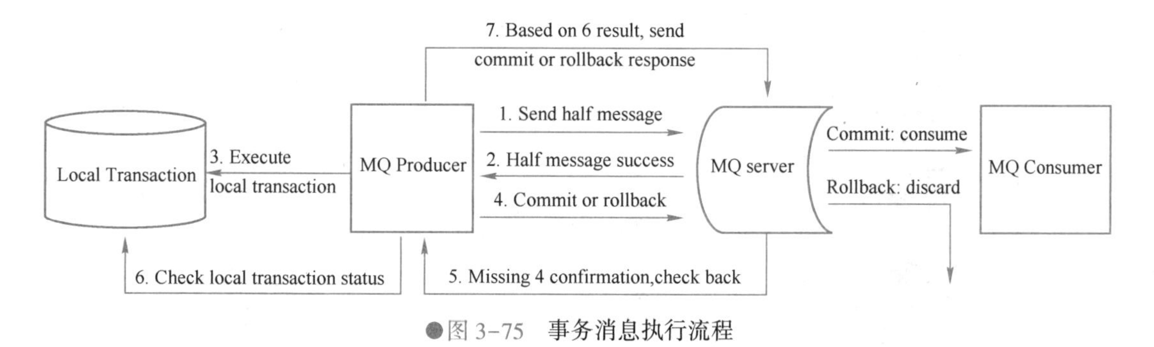

图 3-75　事务消息执行流程

清除，并不会发给 Consumer。正常情况下，到此分布式事务已经完成，剩下要处理的就是超时问题，即一段时间后 Broker 仍没有收到 Producer 的二次确认消息。

5）针对超时状态，Broker 主动向 Producer 发起消息回查。

6）Producer 处理回查消息，返回对应的本地事务的执行结果。

7）Broker 针对回查消息的结果，执行 Commit 或 Rollback 操作，同步骤 4）。

2. 解决什么问题

为了更清晰地说明 RocketMQ 的事务消息解决了什么问题，这里以一个转账场景为例来说明这个问题：Bob 向 Smith 转账 100 块。

执行本地事务（Bob 账户扣款）和发送异步消息的操作应该保持同时成功或者同时失败，也就是扣款成功了，发送消息一定要成功，如果扣款失败了，就不能再发送消息。那问题是：是先扣款还是先发送消息呢？

跨银行系统进行转账，先发送消息，如图 3-76 所示。

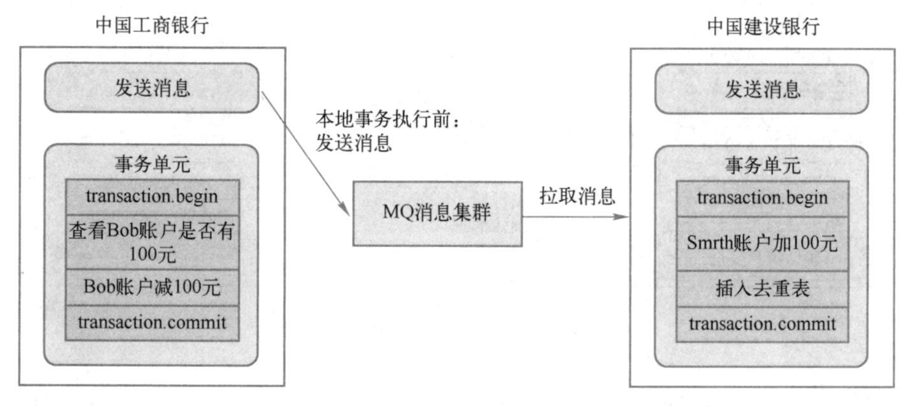

图 3-76　先发消息事务

先发送消息存在的问题是：如果消息发送成功，但是扣款失败，消费端就会消费此消息，进而向 Smith 账户加钱。那么不同银行系统间的数据就不一致了，这是一件很危险的事情。

既然先发送消息不行，那么是否可以等到本地事务执行完毕后再发送消息呢？后发消息流转如图 3-77 所示。

先扣款存在的问题跟上面类似：如果扣款成功，发送消息失败，就会出现 Bob 扣钱了，但是 Smith 账户未加钱。

因此等本地事务执行完毕后发送消息，因为本地事务和发送消息本身不是一个操作，

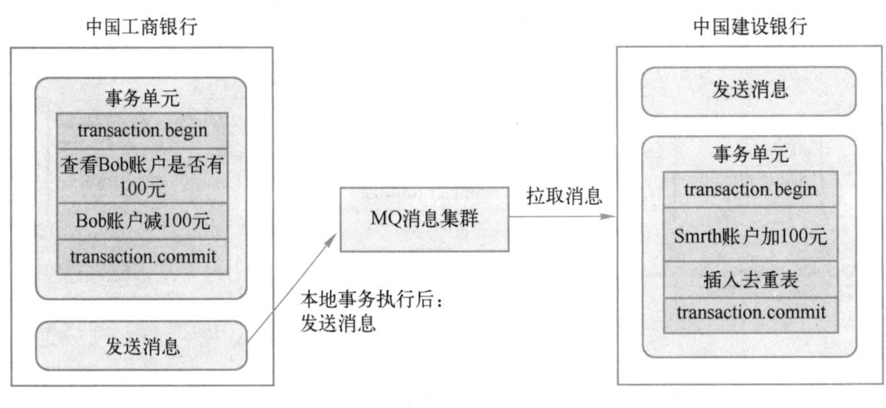

●图 3-77　后发消息事务

不能做到都失败或都成功。因此也就无法实现两个系统之间的数据一致性。

后发送消息也无法解决这个问题，那么应该如何保证分布式系统之间链式调用数据一致性呢？答案是使用 RocketMQ 半消息机制，RocketMQ 半消息的二次确认方式即可解决这个问题。

比如直接将发消息放到 Bob 扣款的事务中去，如果发送失败，则抛出异常事务回滚。这样的处理方式也符合“恰好”不需要解决的原则。RocketMQ 支持事务消息，下面来看看 RocketMQ 是怎样来实现的，如图 3-78 所示。

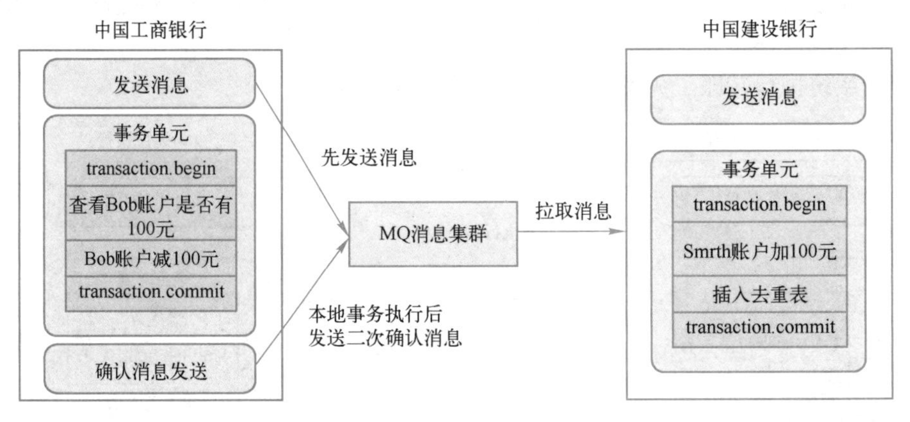

●图 3-78　半消息机制解决事务问题

执行本地事务之前先发送一个 half message，half message 此时不能被消费者消费，只有当本地事务完毕后，发送二次确认消息后，half message 才能被消费者消费。这样就确保了多个系统的数据一致性。这样的场景其实在分布式系统中非常常见，使用消息中间件来实现数据一致性是一个非常好的选择，前提是不需要追求强一致性。

3.6.2　如何使用事务消息

1. 事务消息发送

RocketMQ 事务的消息发送和普通消息发送有些不一样，事务消息涉及消息发送、消息回查、消息二次确认等过程，因此事务消息发送稍显复杂。

事务消息发送使用的是 TransactionMQProducer 事务消息生产者，而普通消息发送使用的是 DefaultMQProducer。

```
public classTransactionProducer {
    public static void main(String[] args) throws MQClientException,
InterruptedException {
        //事务回查监听器
         TransactionCheckListener transactionCheckListener = new Transaction-
CheckListenerImpl();
        //创建事务消费者
        TransactionMQProducer producer =new TransactionMQProducer("please_re-
name_unique_group_name");
        //事务回查最小并发数
        producer.setCheckThreadPoolMinSize(2);
        //事务回查最大并发数
        producer.setCheckThreadPoolMaxSize(2);
        //队列数
        producer.setCheckRequestHoldMax(2000);
        //服务器回调 Producer,检查本地事务分支成功还是失败
        producer.setTransactionCheckListener(transactionCheckListener);
        producer.start();

        String[] tags = new String[] {"TagA", "TagB", "TagC", "TagD", "TagE"};
        TransactionExecuterImpl tranExecuter = new TransactionExecuterImpl();
        for (int i = 0; i < 100; i++) {
            try {
                //构建消息封装对象
                Message msg =
                    new Message("TopicTest", tags[i % tags.length], "KEY" + i,
                        ("Hello RocketMQ " + i).getBytes(RemotingHelper.DEFAULT_
CHARSET));
                //发送事务消息
                SendResult sendResult = producer.sendMessageInTransaction(msg,
tranExecuter, null);
                System.out.printf("% s% n", sendResult);

                Thread.sleep(10);
            } catch (MQClientException | UnsupportedEncodingException e) {
                e.printStackTrace();
            }
        }
```

```
        for (int i = 0; i < 100000; i++) {
            Thread.sleep(1000);
        }
        producer.shutdown();
    }
}
```

2. 事务回查

TransactionCheckListenerImpl 是事务消息回查监听器，获取本地事务状态，根据事务的状态来确定是否发生二次确认消息，或者事务回滚操作。

消息回查事务的状态有如下几种结果。

1）LocalTransactionState. ROLLBACK_MESSAGE；回滚事务。

2）LocalTransactionState. COMMIT_MESSAGE；提交事务。

3）LocalTransactionState. UNKNOW；未知状态，Broker 会定时回查 Producer 消息状态，直到彻底成功或失败。

```
public classTransactionCheckListenerImpl implements TransactionCheckListener {
    private AtomicInteger transactionIndex = new AtomicInteger(0);

    @Override
    public LocalTransactionState checkLocalTransactionState(MessageExt msg) {
        System.out.printf("server checking TrMsg " + msg.toString() + "% n");

        int value = transactionIndex.getAndIncrement();
        if ((value % 6) == = 0) {
            throw new RuntimeException("Could not find db");
        } else if ((value % 5) == = 0) {
            return LocalTransactionState.ROLLBACK_MESSAGE;
        } else if ((value % 4) == = 0) {
            return LocalTransactionState.COMMIT_MESSAGE;
        }

        return LocalTransactionState.UNKNOW;
    }
}
```

3. 事务执行

TransactionExecuterImpl 这个类用来执行本地事务，如果本地事务执行成功就可以进行事务提交，否则进行事务回滚。或者是 Broker 会定时回查 Producer 消息状态，直到彻底成功或失败。

```
public classTransactionExecuterImpl implements LocalTransactionExecuter {
    private AtomicInteger transactionIndex = new AtomicInteger(1);
```

```java
    @Override
    public LocalTransactionState executeLocalTransactionBranch(final Message
msg, final Object arg) {
        int value = transactionIndex.getAndIncrement();

        if (value == 0) {
            throw new RuntimeException("Could not find db");
        } else if ((value % 5) == 0) {
            return LocalTransactionState.ROLLBACK_MESSAGE;
        } else if ((value % 4) == 0) {
            return LocalTransactionState.COMMIT_MESSAGE;
        }

        return LocalTransactionState.UNKNOW;
    }
}
```

3.6.3 事务消息发送详情

1. 事务消息发送流程

消息生产者发送 half 事务半消息机制实现流程如图 3-79 所示，RocketMQ 的半消息方式实现了分布式环境下数据一致性的处理。那么在 RocketMQ 分布式事务中，需要搞清楚以下几个事情。

1）为什么 prepare 消息在发送后不会被消费？

2）事务消息是如何提交和回滚的？

3）定时回查本地事务状态的机制怎么样？

2. sendMessageInTransaction

事务消息的发送过程和普通消息发送过程是不一样的，发送消息的方法是 TransactionMQProducer 的 sendMessageInTransaction。入参有一个 LocalTransactionExecuter，需要用户实现一个本地事务的 executor，用户可以在 executor 中执行事务操作以保证本地事务和消息发送成功的原子性，Producer 会先发送一个 half 消息到 Broker 中。

1）只有 half 消息发送成功了，事务才会被执行。

2）如果 half 消息发送失败了，事务不会被执行。

half 消息和普通的消息也不一样，half 消息发送到 Broker 后并不会被 Consumer 消费掉。之所以不会被消费掉的原因如下。

1）Broker 在将消息写入 CommitLog 的时候会判断消息类型，如果是 prepare 或者 rollback 消息，ConsumeQueue 的 offset（每个消息对应 ConsumeQueue 中的一个数据结构（包含 topic、tag 的 hashCode、消息对应 CommitLog 的物理 offset），offset 表示数据结构是第几个）不会增加。

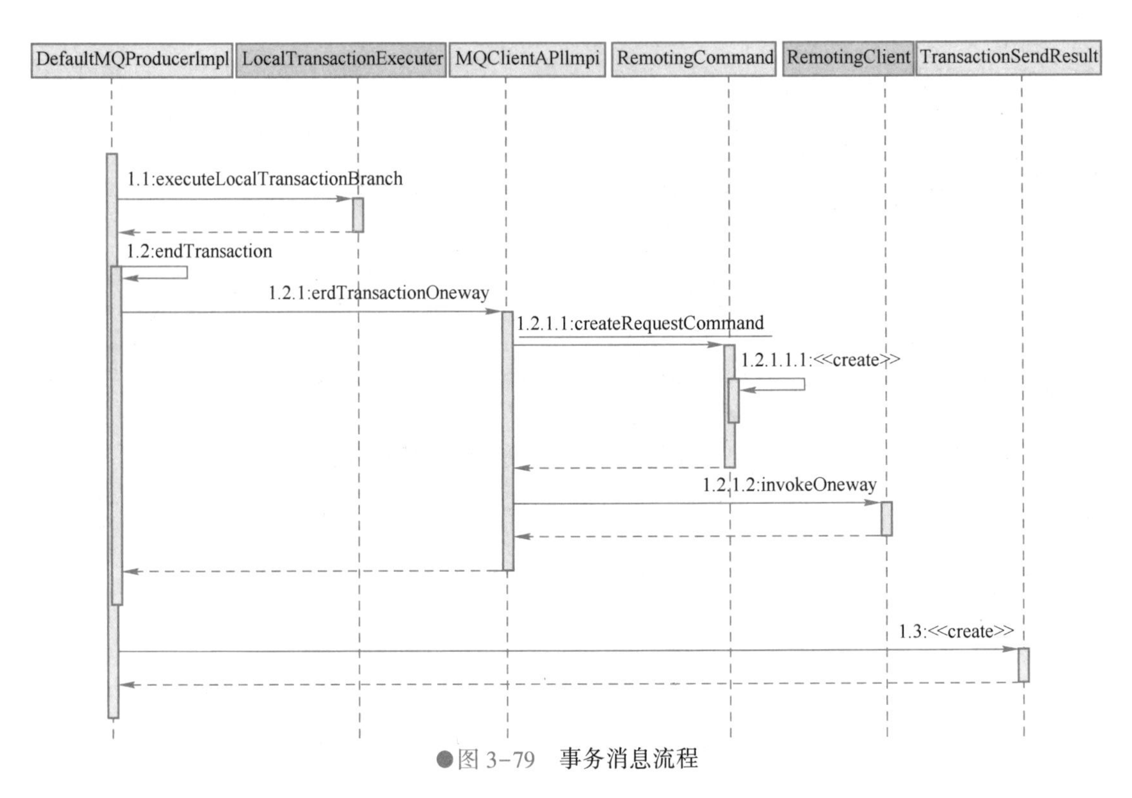

●图 3-79　事务消息流程

2）Broker 在构造 ConsumeQueue 的时候会判断是否是 prepare 或者 rollback 消息，如果是这两种中的一种则不会将该消息放入 ConsumeQueue，Cnosumer 在拉取消息的时候也就不会拉取到 prepare 和 rollback 的消息。

```
/**
 * 发送事务消息
 *
 * @param msg                    消息
 * @param tranExecuter           【本地事务】执行器
 * @param arg                    【本地事务】执行器参数
 * @return 事务发送结果
 * @throws MQClientException 当 Client 发生异常时
 */
public TransactionSendResult sendMessageInTransaction (final Message msg,
final LocalTransactionExecuter tranExecuter, final Object arg)
    throws MQClientException {
    if (null == tranExecuter) {
        throw new MQClientException("tranExecutor is null", null);
    }
    Validators.checkMessage(msg, this.defaultMQProducer);

    //发送【Half 消息】
    SendResult sendResult;
```

```
    MessageAccessor.putProperty(msg, MessageConst.PROPERTY_TRANSACTION_PRE-
PARED, "true");
    MessageAccessor.putProperty(msg, MessageConst.PROPERTY_PRODUCER_GROUP,
this.defaultMQProducer.getProducerGroup());
    try {
        sendResult = this.send(msg);
    } catch (Exception e) {
        throw new MQClientException("send message Exception", e);
    }

    //处理发送【Half 消息】结果
        LocalTransactionState localTransactionState = LocalTransactionState.
UNKNOW;
    Throwable localException = null;
    switch (sendResult.getSendStatus()) {
        //发送【Half 消息】成功,执行【本地事务】逻辑
        case SEND_OK: {
            try {
                if (sendResult.getTransactionId() != null) { //事务编号.目前开源版
本暂时没用到,猜想 ONS 在使用
                        msg.putUserProperty("__transactionId__", sendRe-
sult.getTransactionId());
                }

                //执行【本地事务】逻辑
                  localTransactionState = tranExecuter.executeLocalTransaction-
Branch(msg, arg);
                if (null == localTransactionState) {
                    localTransactionState = LocalTransactionState.UNKNOW;
                }

                if (localTransactionState != LocalTransactionState.COMMIT_MES-
SAGE) {
                     log.info("executeLocalTransactionBranch return {}", local-
TransactionState);
                    log.info(msg.toString());
                }
            } catch (Throwable e) {
                log.info("executeLocalTransactionBranch exception", e);
                log.info(msg.toString());
                localException = e;
            }
```

```
            }
            break;
            //发送【Half 消息】失败,标记【本地事务】状态为回滚
            case FLUSH_DISK_TIMEOUT:
            case FLUSH_SLAVE_TIMEOUT:
            case SLAVE_NOT_AVAILABLE:
                localTransactionState = LocalTransactionState.ROLLBACK_MESSAGE;
                break;
            default:
                break;
        }

        //结束事务:提交消息 COMMIT /ROLLBACK
        try {
            this.endTransaction (sendResult, localTransactionState, localExcep-
tion);
        } catch (Exception e) {
            log.warn ("local transaction execute " + localTransactionState + ", but
end broker transaction failed", e);
        }

        //返回【事务发送结果】
        TransactionSendResult transactionSendResult = new TransactionSendResult();
        transactionSendResult.setSendStatus(sendResult.getSendStatus());
        transactionSendResult.setMessageQueue(sendResult.getMessageQueue());
        //提取 Prepared 消息的 uniqID
        transactionSendResult.setMsgId(sendResult.getMsgId());
        transactionSendResult.setQueueOffset(sendResult.getQueueOffset());
        transactionSendResult.setTransactionId(sendResult.getTransactionId());
        transactionSendResult.setLocalTransactionState(localTransactionState);
        return transactionSendResult;
}
```

Producer 根据 half 消息发送结果和事务执行结果来处理事务——commit 或者 rollback。从上面发送消息的代码可以看到最后调用了 endTransaction 来处理事务执行结果，这个方法就是将事务执行的结果通过消息发送给 Broker，由 Broker 决定消息是否投递。

Broker 决定消息是否可以投递，Broker 处理事务结果的消息的类是 EndTransactionProcessor。

1）收到消息之后先检查是否是事务类型的消息，不是事务消息直接返回。

2）根据 header 中的 offset 查询 half 消息，查不到直接返回，不做处理。

3）根据 half 消息构造新的消息，新构造的这个消息会被重新写入 CommitLog，如果是 rollback 消息则 body 为空。

4）如果是 rollback 消息的话，该消息不会被投递（原因和 half 不会被投递的原因一

样），只有 commit 消息 Broker 才会投递给 consumer。

也就是说 rmq 对于 commit 和 rollback 都会新写一个消息到 CommitLog，只是 rollback 的消息的 body 是空的，而且该消息和 half 消息一样不会被投递，直到 CommitLog 删除过期消息之后才会从磁盘中被删除；但是 commit 的时候，rmq 会重新封装 half 消息并“投递”给 Consumer 消费。

```
/**
 * 结束事务:提交消息 COMMIT / ROLLBACK
 *
 * @param sendResult                    发送【Half 消息】结果
 * @param localTransactionState        【本地事务】状态
 * @param localException               执行【本地事务】逻辑产生的异常
 * @throws RemotingException 当远程调用发生异常时
 * @throws MQBrokerException 当 Broker 发生异常时
 * @throws InterruptedException 当线程中断时
 * @throws UnknownHostException 当解码消息编号失败时
 */
public void endTransaction(final SendResult sendResult,
                           final LocalTransactionState localTransactionState,
                           final Throwable localException) throws RemotingExcep-
tion, MQBrokerException, InterruptedException, UnknownHostException {
    //解码消息编号
    final MessageId id;
    if (sendResult.getOffsetMsgId() != null) {
        id = MessageDecoder.decodeMessageId(sendResult.getOffsetMsgId());
    } else {
        id = MessageDecoder.decodeMessageId(sendResult.getMsgId());
    }

    //创建请求
    String transactionId = sendResult.getTransactionId();
    final String brokerAddr = this.mQClientFactory.findBrokerAddressInPublish
(sendResult.getMessageQueue().getBrokerName());
     EndTransactionRequestHeader requestHeader = new EndTransactionRequest-
Header();
    requestHeader.setTransactionId(transactionId);
    requestHeader.setCommitLogOffset(id.getOffset());
    switch (localTransactionState) {
        case COMMIT_MESSAGE:

            requestHeader.setCommitOrRollback(MessageSysFlag.TRANSACTION_COM-
MIT_TYPE);
            break;
```

```
        case ROLLBACK_MESSAGE:
                requestHeader.setCommitOrRollback(MessageSysFlag.TRANSACTION_
ROLLBACK_TYPE);
            break;
        case UNKNOW:
              requestHeader.setCommitOrRollback(MessageSysFlag.TRANSACTION_NOT
_TYPE);
            break;
        default:
            break;
    }
     requestHeader.setProducerGroup(this.defaultMQProducer.getProducerGroup
());
    requestHeader.setTranStateTableOffset(sendResult.getQueueOffset());
    requestHeader.setMsgId(sendResult.getMsgId());
    String remark = localException != null ? ("executeLocalTransactionBranch
exception:" + localException.toString()) : null;

    //提交消息 COMMIT /ROLLBACK.!!!通信方式为:Oneway!!!
    this.mQClientFactory.getMQClientAPIImpl().endTransactionOneway(brokerAd-
dr, requestHeader, remark, this.defaultMQProducer.getSendMsgTimeout());
}

public SendResult send(Message msg, long timeout) throws MQClientException, Re-
motingException, MQBrokerException, InterruptedException {
    return this.sendDefaultImpl(msg, CommunicationMode.SYNC, null, timeout);
}
```

3.6.4 事务消息回查

事务消息回查功能曾经开源过，但当前版本暂未完全开源，表 3-8 是该功能的开源情况。

表 3-8 RocketMQ 版本

版　本	【事务消息回查】	开源状态
官方 V3.0.4 ~ V3.1.4	基于文件系统实现	已开源
官方 V3.1.5 ~ V4.0.0	基于数据库实现	未完全开源

1. Broker 发起【事务消息回查】

相较于普通消息，【事务消息】多依赖如下三个组件。

1）TransactionStateService：事务状态服务，负责对【事务消息】进行管理，包括存储与更新事务消息状态、回查事务消息状态等。

2）TranStateTable：【事务消息】状态存储。基于 MappedFileQueue 实现，默认存储路径为~/store/transaction/statetable，每条【事务消息】状态存储状态见表 3-9。

表 3-9　事务消息存储状态

第几位	字　段	说　明	数据类型	字节数
1	offset	CommitLog 物理存储位置	Long	8
2	size	消息长度	Int	4
3	timestamp	消息存储时间，单位：秒	Int	4
4	producerGroupHash	producerGroup 求 HashCode	Int	4
5	state	事务状态	Int	4

3）TranRedoLog：TranStateTable 重放日志，每次写操作 TranStateTable 记录重放日志。当 Broker 异常关闭时，使用 TranRedoLog 恢复 TranStateTable。基于 ConsumeQueue 实现，Topic 为 TRANSACTION_REDOLOG_TOPIC_XXXX，默认存储路径为~/store/transaction/redolog。

2. 事务消息 CommitLog

存储【half 消息】到 CommitLog 时，消息队列位置（queueOffset）使用 TranStateTable 最大物理位置（可写入物理位置）。这样，消息可以索引到自己对应的 TranStateTable 的位置和记录，核心代码如下。

```
//DefaultAppendMessageCallback
class DefaultAppendMessageCallback implements AppendMessageCallback {
    public AppendMessageResult doAppend(final long fileFromOffset, final
ByteBuffer byteBuffer,  final int maxBlank, final Object msg) {
        //... 省略代码

        //事务消息需要特殊处理
        final int tranType = MessageSysFlag.getTransactionValue(msgIn-
ner.getSysFlag());
        switch (tranType) {
        case MessageSysFlag.TransactionPreparedType: //消息队列位置(queueOffset)
使用 TranStateTable 最大物理位置(可写入物理位置)
            queueOffset = CommitLog.this.defaultMessageStore.getTransaction-
StateService().getTranStateTableOffset().get();
            break;
        case MessageSysFlag.TransactionRollbackType:
            queueOffset = msgInner.getQueueOffset();
            break;
        case MessageSysFlag.TransactionNotType:
        case MessageSysFlag.TransactionCommitType:
        default:
            break;
```

```
    }

    //... 省略代码

    switch (tranType) {
    case MessageSysFlag.TransactionPreparedType:
        //更新 TranStateTable 最大物理位置(可写入物理位置)

            CommitLog.this.defaultMessageStore.getTransactionStateService().
getTranStateTableOffset().incrementAndGet();
            break;
      case MessageSysFlag.TransactionRollbackType:
            break;
      case MessageSysFlag.TransactionNotType:
    case MessageSysFlag.TransactionCommitType:
        //更新下一次的 ConsumeQueue 信息
        CommitLog.this.topicQueueTable.put(key, ++queueOffset);
        break;
      default:
        break;
    }

      //返回结果
      return result;
  }
}
```

3. TranStateTable

处理【Half 消息】时，新增【事务消息】状态存储（TranStateTable）。处理【Commit/Rollback 消息】时，更新【事务消息】状态存储（TranStateTable）COMMIT/ROLLBACK。每次把事务消息的状态存写入 TranStateTable，记录重放日志（TranRedoLog）核心代码如下。

```
//【DispatchMessageService】
private void doDispatch() {
   if (!this.requestsRead.isEmpty()) {
       for (DispatchRequest req : this.requestsRead) {

       //... 省略代码

           //写【事务消息】状态存储(TranStateTable)
           if (req.getProducerGroup() != null) {
             switch (tranType) {
```

```
            case MessageSysFlag.TransactionNotType:
               break;
            case MessageSysFlag.TransactionPreparedType:
               //新增【事务消息】状态存储(TranStateTable)

                  DefaultMessageStore.this.getTransactionStateService().ap-
pendPreparedTransaction(
                        req.getCommitLogOffset(), req.getMsgSize(), (int)
(req.getStoreTimestamp() /1000), req.getProducerGroup().hashCode());
               break;
            case MessageSysFlag.TransactionCommitType:
            case MessageSysFlag.TransactionRollbackType:
               //更新【事务消息】状态存储(TranStateTable) COMMIT /ROLLBACK
                  DefaultMessageStore.this.getTransactionStateService()
.updateTransactionState(
                     req.getTranStateTableOffset(), req.getPreparedTransac-
tionOffset(), req.getProducerGroup().hashCode(), tranType);
                  break;
               }
         }
         //记录 TranRedoLog
         switch (tranType) {
         case MessageSysFlag.TransactionNotType:
            break;
         case MessageSysFlag.TransactionPreparedType:
            //记录 TranRedoLog

               DefaultMessageStore.this.getTransactionStateService ( )
.getTranRedoLog().putMessagePostionInfoWrapper(
                  req.getCommitLogOffset(), req.getMsgSize(), Transaction-
StateService.PreparedMessageTagsCode,
                  req.getStoreTimestamp(), 0L);
            break;
         case MessageSysFlag.TransactionCommitType:
         case MessageSysFlag.TransactionRollbackType:
            //记录 TranRedoLog
               DefaultMessageStore.this.getTransactionStateService ( )
.getTranRedoLog().putMessagePostionInfoWrapper(
                        req.getCommitLogOffset ( ), req.getMsgSize ( ),
req.getPreparedTransactionOffset(),
                  req.getStoreTimestamp(), 0L);
            break;
```

```
            }
        }

        //... 省略代码
    }
}
//【TransactionStateService】
/**
 * 新增事务状态
 * @param clOffset commitLog 物理位置
 * @param size 消息长度
 * @param timestamp 消息存储时间
 * @param groupHashCode groupHashCode
 * @return 是否成功
 */
public boolean appendPreparedTransaction(//
        final long clOffset,//
        final int size,//
        final int timestamp,//
        final int groupHashCode//
) {
    MapedFile mapedFile = this.tranStateTable.getLastMapedFile();
    if (null == mapedFile) {
        log.error("appendPreparedTransaction: create mapedfile error.");
        return false;
    }

    //首次创建,加入定时任务中
    if (0 == mapedFile.getWrotePostion()) {
        this.addTimerTask(mapedFile);
    }

    this.byteBufferAppend.position(0);
    this.byteBufferAppend.limit(TSStoreUnitSize);

    //Commit Log Offset
    this.byteBufferAppend.putLong(clOffset);
    //Message Size
    this.byteBufferAppend.putInt(size);
    //Timestamp
    this.byteBufferAppend.putInt(timestamp);
    //Producer Group Hashcode
```

```
    this.byteBufferAppend.putInt(groupHashCode);
    //Transaction State
    this.byteBufferAppend.putInt(MessageSysFlag.TransactionPreparedType);

    return mapedFile.appendMessage(this.byteBufferAppend.array());
}

/**
  * 更新事务状态
  *   * @param tsOffset tranStateTable 物理位置
  * @param clOffset commitLog 物理位置
  * @param groupHashCode groupHashCode
  * @param state 事务状态
 * @return 是否成功
  */
public boolean updateTransactionState(
        final long tsOffset,
        final long clOffset,
       final int groupHashCode,
        final int state) {
                SelectMapedBufferResult        selectMapedBufferResult        =
this.findTransactionBuffer(tsOffset);
    if (selectMapedBufferResult != null) {
        try {

            //.... 省略代码:校验是否能够更新

            //更新事务状态
             selectMapedBufferResult.getByteBuffer().putInt(TS_STATE_POS,
state);
        }
      catch (Exception e) {
          log.error("updateTransactionState exception", e);
      }
       finally {
           selectMapedBufferResult.release();
        }
    }

    return false;
}
```